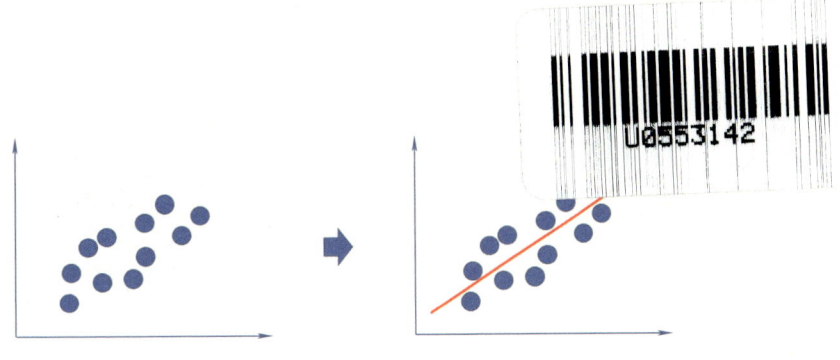

图 2.2　线性回归

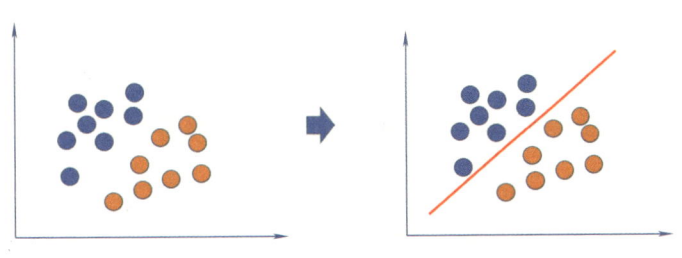

图 2.3　逻辑回归

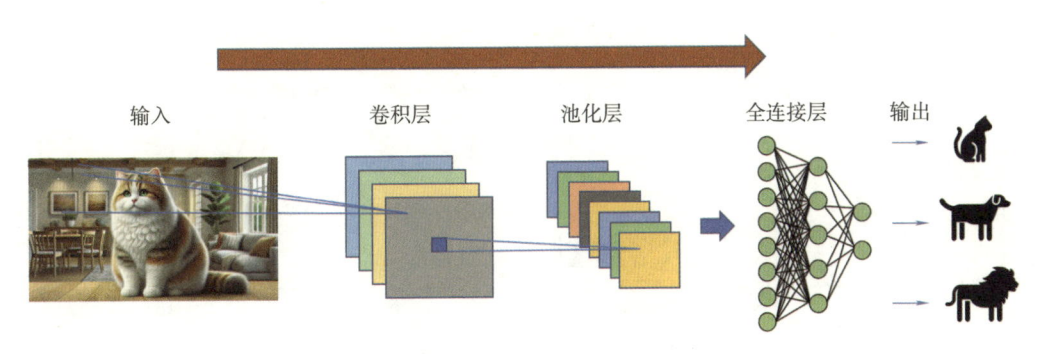

图 2.4　深度学习的三大核心层

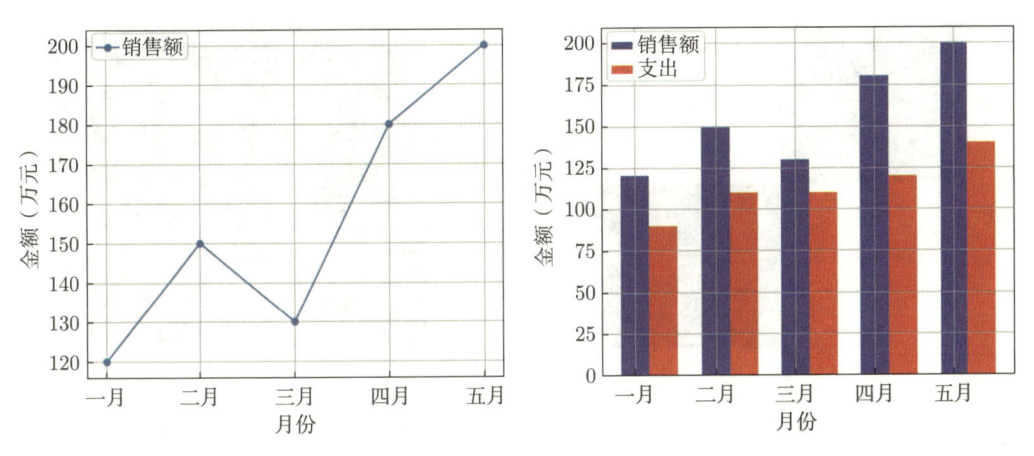

图 6.1　每月销售额的折线图与柱状图

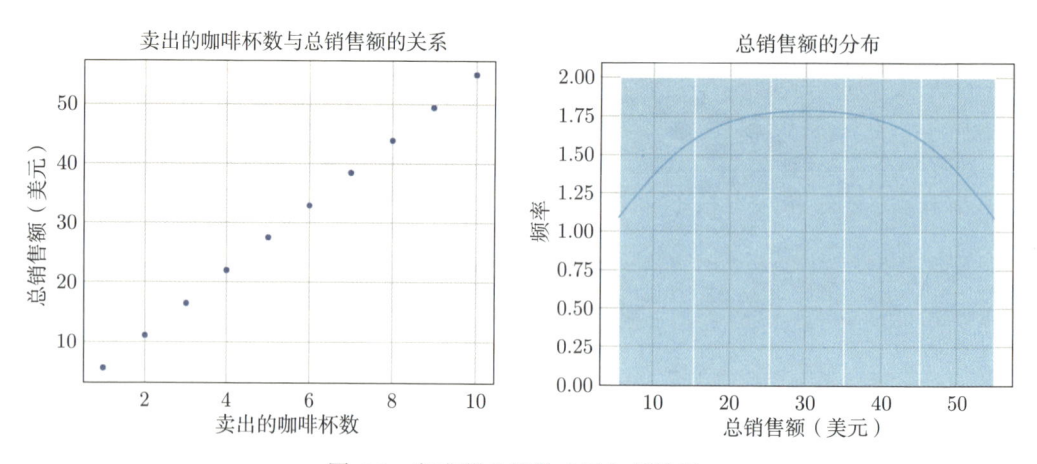

图 6.2　咖啡营业额散点图与折线图

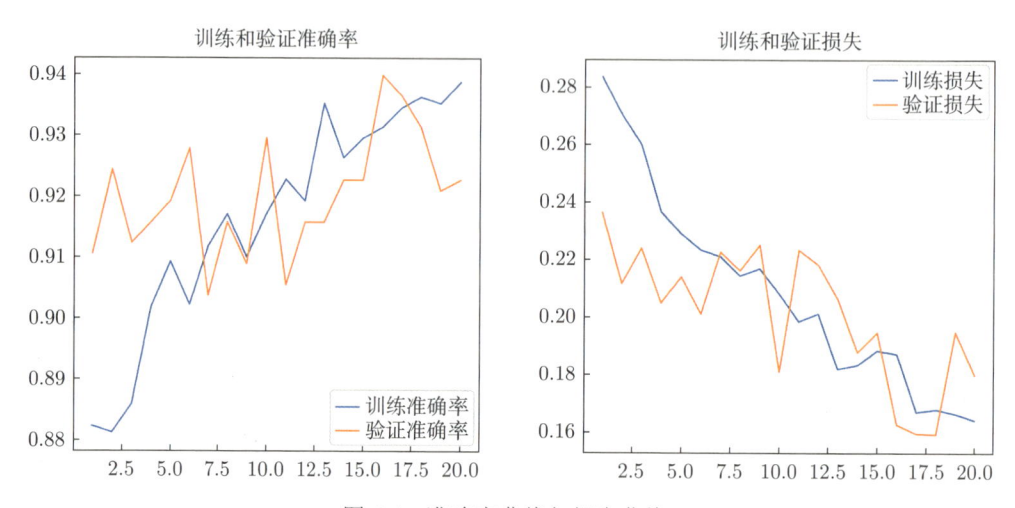

图 6.4　准确率曲线与损失曲线

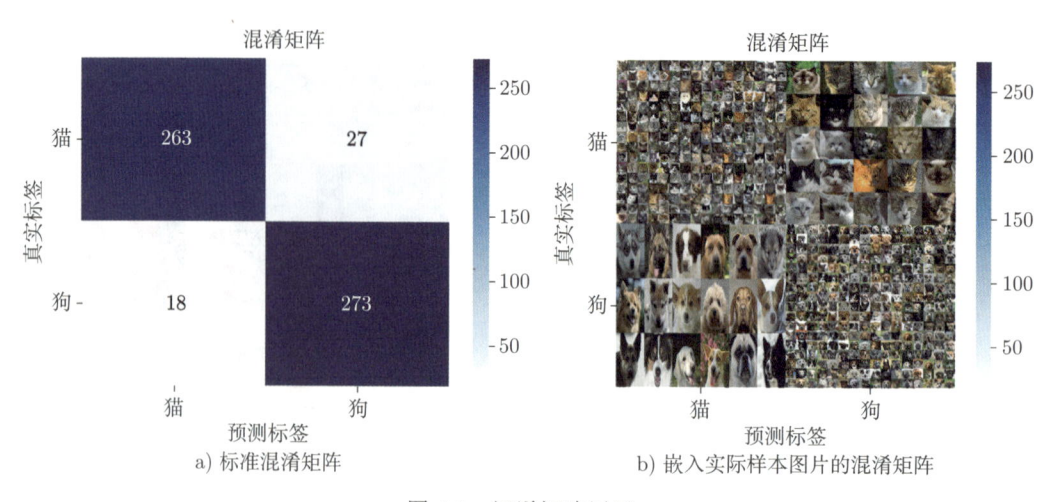

a) 标准混淆矩阵　　　　　　　　b) 嵌入实际样本图片的混淆矩阵

图 6.5　混淆矩阵展示

普通高等学校人工智能通识系列教材

人工智能概论

应用驱动的人工智能

徐子晨 曾劼炜 杜建强 编著

Introduction to Artificial Intelligence

an Application Driven Approach

机械工业出版社
CHINA MACHINE PRESS

本书首先从计算的渊源讲起，探索智能行为的起源，进而介绍人工智能的分类和发展历程，并讨论人工智能在现代社会中的应用。然后深入探讨了机器学习、深度学习等人工智能基础概念，以及计算机视觉和自然语言处理等核心技术，为后续学习打下坚实的基础。接下来通过广泛且贴近生活的应用，让读者能够对身边的人工智能有更加深刻的认识，通过实践案例，如图像分类项目，读者将亲自参与到数据集的处理以及模型的选择、训练、评估等环节中，以加深对AI技术应用的理解。最后讨论算法歧视、隐私忧虑、责任与监管等问题，引导读者多方位地思考人工智能带来的伦理挑战，培养读者的社会责任感和伦理意识。

作为一本通识类课程教材，本书适用于各专业的本科生、研究生，以及对人工智能感兴趣的读者。

图书在版编目（CIP）数据

人工智能概论：应用驱动的人工智能 / 徐子晨，曾勍炜，杜建强编著. -- 北京：机械工业出版社，2025.5. --（普通高等学校人工智能通识系列教材）. -- ISBN 978-7-111-78324-4

Ⅰ.TP18

中国国家版本馆CIP数据核字第2025BK0518号

机械工业出版社（北京市百万庄大街22号　邮政编码100037）
策划编辑：李永泉　　　　　　　责任编辑：李永泉　郎亚妹
责任校对：孙明慧　杨　霞　景　飞　责任印制：任维东
北京科信印刷有限公司
2025年7月第1版第1次印刷
185mm×260mm・14.25印张・2插页・323千字
标准书号：ISBN 978-7-111-78324-4
定价：59.00元

电话服务　　　　　　　　　　网络服务
客服电话：010-88361066　　　机　工　官　网：www.cmpbook.com
　　　　　010-88379833　　　机　工　官　博：weibo.com/cmp1952
　　　　　010-68326294　　　金　书　　　网：www.golden-book.com
封底无防伪标均为盗版　　　　机工教育服务网：www.cmpedu.com

推荐序 1

人工智能不只是计算机科学的分支，它已经成为一门跨学科的前沿技术，与医学、金融、教育、法律等众多领域深度融合。对于非计算机专业的学生和从业者而言，如何快速理解人工智能的基本原理并在自己的领域中应用，是一个亟待解决的问题。

作为一名长期从事人工智能研究的教育者，我深感许多技术书籍过于聚焦数学推导和算法实现，导致初学者望而却步；一些科普书籍虽然通俗易懂，但往往缺乏实用性，难以帮助读者真正掌握人工智能的核心思想和实践方法。本书恰恰填补了这个空缺，它不仅介绍了人工智能的基础理论，还结合大量案例，让读者理解人工智能如何在医疗、金融、自动驾驶等领域发挥作用，真正做到了"应用驱动"。这种理论与实践结合的方式，使得无论是计算机专业的学生，还是希望在自己的领域中应用人工智能的专业人士，都能够找到适合的学习路径。

如果你是人工智能行业的初学者，或者希望将人工智能技术应用到自己的专业领域，本书将是一个好的帮手。作为编著者的同行和朋友，我强烈推荐本书，相信它会帮你获取对人工智能的全新认识。

2025 年 3 月 25 日

推荐序 2

我与作者杜建强等相识多年，深知他对人工智能的深入研究和对教育的热忱。因此，当他告诉我正在写一本通识类人工智能教材时，我就充满了期待。当我读完后，更加确信这本书的价值。我想说三件关于这本书的重要事情。

第一，这本书是少见的"面向各专业"的人工智能教材。它很好地平衡了人工智能初学者和专业人员两者的需求，使得无论是计算机专业的学生还是非计算机专业的学生，都能从中受益。

第二，本书不仅讲解人工智能，还教你如何思考人工智能。书中关于人工智能伦理、隐私、安全等议题的探讨，让读者在学习技术的同时，也能思考技术对社会的影响，这是一本负责任的教材应有的态度。

第三，本书能让你"学以致用"。通过生动的案例和实践项目，读者可以亲自体验数据处理、模型训练、算法优化的全过程，让人工智能不再是书本上的概念，而是可以亲手实践的技术。

我由衷地推荐这本书，相信它会让你在人工智能的学习旅程上受益匪浅。

清华大学软件学院
2025 年 3 月

前言

在日常生活中，当提及人工智能时，许多人脑海中可能会浮现这样的画面：有一个可爱的机器人在房间里热情地跟你打招呼，仿佛一位贴心的管家；到了饭点，它在厨房中熟练地搅拌锅中的食材，烹饪美味佳肴；当人们享用完美食后，它又将碗碟收拾好，到水池边清洗；或是用灵巧的手帮忙整理床铺，让房间整洁如新。这些场景似乎勾勒出了人们想象中人工智能的模样，充满了科幻感与趣味性。

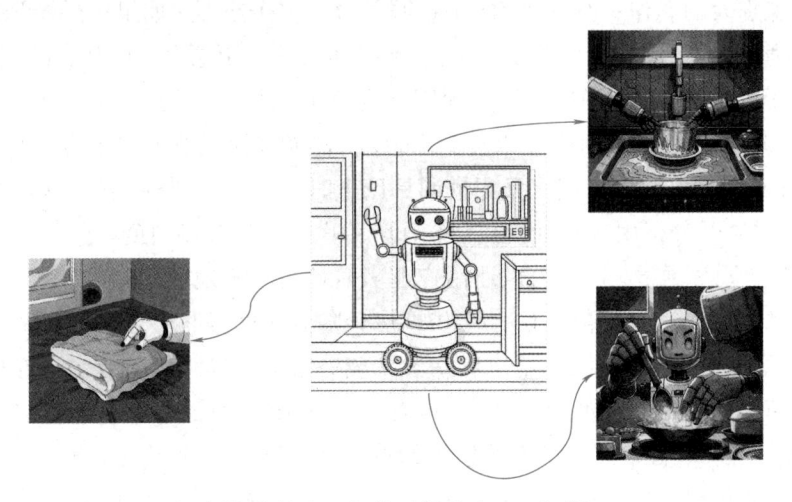

想象中的人工智能（图片由 AI 生成）

然而，实际上，人工智能的形态和应用远比这些想象更加丰富多样且贴近人们的生活。它可能隐藏在手机语音助手背后，默默地为人们安排日程、解答疑问；也可能存在于电商平台的推荐系统中，根据用户的浏览和购买习惯，精准地为用户推送可能感兴趣的商品；还可能融入交通信号灯的控制系统里，优化城市交通流量，减少拥堵。人工智能已经在不知不觉中渗透到生活的各个角落，并持续改变着人们的生活方式。

2022 年，ChatGPT 的出现引发了全球范围的关注，成为人工智能领域的一个标志性事件，其影响力远远超出了技术圈，渗透到了教育、商业、媒体等多个行业。它以强大的自然语言处理能力和生成能力，彻底改变了人们对传统 AI 助手的认知，重新定义了人机交互的方式，甚至对某些职业的工作模式产生了深远影响。

2025 年，DeepSeek 的出现再次掀起人工智能的热潮，引发了一场生产力变革。开源的 DeepSeek 不仅在技术上实现了跨越式突破，还在应用场景、商业化模式和社会影响上展现出更强大的潜力。各大互联网公司、云厂商、芯片厂商、政务部门等纷纷宣布接入或适配 DeepSeek，一款国民级的人工智能应用就此诞生。从身边的种种改变不难看出，人工智能正以不可阻挡之势全面渗透着人们的生活，助力各行各业的发展。

生活中的人工智能

要在人们的日常生活中探寻人工智能的踪迹，也许可以从清晨的闹钟说起。第一台个人机械闹钟发明于 1787 年，它可以在每天凌晨四点钟准时响起。而闹钟演化至今已出现了各种功能和形态。现在人们使用较多的闹钟是手机中内置的 App，这些已经十分成熟的闹钟 App，除了更加便捷外，也更加智能。有些闹钟 App 可以通过记录用户平时的睡眠习惯和起床困难程度，给用户量身定做闹铃音乐、给出起床时间的建议。这些都依赖于人工智能的算法，更先进的算法能为用户提供更加科学、定制化的闹铃体验。

2024 年 10 月，任天堂发布了一款形态可爱的交互式闹钟 Alarmo。它的一切设计都是为了让起床变得更加有趣，所以除了最基本的操作按钮外，该闹钟还内置了运动传感器，可以监测并识别人的动作、手势。它的闹铃服务分为多个阶段，如果传感器识别到用户在前一阶段的闹铃结束后仍然躺在床上，它会切换播放让人更紧张、更激烈的闹铃音乐，灯光效果也会逐次变化，直到识别出用户起床才会停止，甚至在用户起床后还会播放一段庆祝的音乐。而用户姿态的识别离不开人工智能，机器能读懂用户的姿态再进行下一步的决策。这台闹钟甚至可以在用户起床又犯懒回到床上时进行二次叫醒。除了基本的叫醒功能，Alarmo 还可以通过分析用户睡眠模式，推算出用户最佳的起床时间。它考虑了用户习惯、日历事件，甚至天气预报，这样可以让用户醒来时神清气爽地迎接新的一天。这种高度个性化的定制都得益于人工智能算法，这些算法会随着时间推移不断学习并做出调整。

在起床后的无聊洗漱时间，用户也许会希望播放音乐来缓解疲乏。现在的音乐 App 除了基本的随机播放、循环播放模式外，还有一种特殊的播放模式——心动模式，在这种模式下，App 好像总能播放用户当下想听的歌。这个功能的实现也依赖于人工智能的算法。每个人在互联网上的动作都构成了一幅用户画像，基本用户信息构成了 App 对用户最初的认知。在用户使用音乐 App 的过程中，App 会通过用户的轨迹不断地学习用户的行为，比如用户最近常听的歌曲、喜欢的曲风、喜欢的歌手、选择的语种等，再利用大数据推荐相似的歌曲。有的算法还会将天气、时间和地域等因素考虑进去，让歌曲的播放选择更加智能。比如在清晨洗漱时播放的歌曲可能更偏向明朗轻快的风格，让人们跟随音乐的节奏清醒过来；而在夜晚可能更偏向播放舒缓轻柔的音乐，让人们能够跟随音乐缓缓进入梦乡。有的音乐 App 还有运动模式,可以为用户找到适合不同运动频率的音乐,比如快跑和瑜伽会适配不同类型的音乐,通过音乐来辅助运动,让一些单人运动不再无聊。

除了能猜到用户想听什么歌曲,音乐 App 还能为用户找到歌曲的名字。这个功能就是听歌识曲,更进一步的功能还有哼歌识曲。前者是指通过直接听外放的音乐来识别歌曲,比如人们偶然听到了一首好听的歌曲,迫切地想知道这首歌曲的名字,就可以迅速拿出手机打开音乐 App 的听歌识曲功能进行识别;后者则是通过哼唱旋律让 App 进行识别,准确率通常没有前者高。这里都使用了人工智能中的音频识别技术,该技术让机器能够"听懂"音乐,通过音频的识别与分析,找到与其相近的歌曲,并将结果反馈给用户。

清晨的闹铃和音乐播放都有人工智能陪伴(图片由 AI 生成)

洗漱完毕后,就该踏上上班或上学的道路了。无论是开车还是走路,人们通常会使用地图导航 App 来为自己找到适合的路线。导航 App 会根据起点和终点为用户推荐不同的路线。当然,仅仅根据起点和终点规划路线是不够的,人们希望 App 能给出更符合当前路况的实时推荐。所以地图导航 App 还会结合时间、车流量等实时路况来进行路线方案的调整。当然,用户的习惯也是很重要的一个因素,所以选择熟悉的路段也是 App 推荐路线的一种偏向。这些元素都是人工智能的路线推荐算法输入,而输出则是 App 对于路线的分析与选择。

当人们讨论某款地图导航 App 是否更加"智能"的时候,其实更多的是在讨论它推荐的路线是否更加贴近现实情况,能让用户在更加快捷、舒服的状态下抵达目的地。地图导航 App 发展至今,已经可以做到为用户推荐精细到车道这个程度的方案了,让用户尽早地远离拥堵路段、车道。

地图导航 App 还会显示实时的交通信号灯信息,在用户等待红灯时,为其展示"读秒"倒计时。这个功能听起来只需要接入交管系统,让其为 App 提供数据即可,但现实中要实现该功能则困难得多。首先,各个省的交管系统不是互通的,要将这些不同系统中的信息整合起来是一个大工程。其次,只通过笼统的规则信息推算是不够的,要做到"读秒"如此精细的程度,需要让交通信号灯联网,才能上传实时的数据,使 App 的信息和实际的信号灯同步。但是实现如此庞大数量信号灯的联网又是一个巨大的工程，无论是为后建的信号灯设计联网功能，还是改造原来的老旧信号灯，都不是容易的事。

那么在交通信号灯全面达成"智能化"前，地图导航 App 如何实现信号灯的"读秒"功能呢？答案是人工智能的预测算法。交通信号灯本身具有预设的运行机制，通常遵循固定周期或根据车流量进行调整。导航 App 通过采集匿名用户的行车数据（如车辆启停状态、位置移动轨迹），结合历史信号周期规律和实时交通流变化，运用人工智能算法推算出倒计时预测值，从而不断缩小倒计时预测值与真实值之间的偏差。当然，这是根据用户行为和道路状况进行推算的预测算法，有时会与实际情况不同。所以 App 上显示的秒数和实际看到的秒数不一致也是常常会发生的事情。

到达目的地后，上班族要做的第一件事情是打卡。现在常用的打卡方式是指纹打卡和刷脸打卡。以人脸打卡为例，用户在一个打卡机器前站立，它瞬间就能识别该用户脸的位置并框选出来，显示识别到的用户信息。这里用到了两个人工智能技术，即人脸检测和身份识别。前者是指在摄像头捕获到的画面中检测是否有人脸，并得到它的位置信息；后者则是指在前者的基础上，识别人脸区域内的这个人具体是公司中的哪一位工作人员。根据安全等级的不同，可能会使用不同的摄像头与算法，比如安全等级较低的打卡可能以 2D 的彩色图像作为输入源进行识别，而进入一些机密区域则需要深度相机拍摄的深度图像作为输入源，并使用更好的算法来保证更高的识别率。智能手机的人脸解锁功能也使用了同样的技术。

智能导航与人脸识别打卡（图片由 AI 生成）

人们在学习和工作中总会遇到让人苦恼的难题，也在寻找让学习和工作更智能化的方式。如今，人工智能助手给工作方式带来了巨大的变革。早期的智能语音助手内置在手机中，为人们提供帮助，它们能做到的事情有限，例如打电话、定闹铃、打开 App 等，但是简单的功能也用到了人工智能的技术，比如语音识别，手机需要在听到音频时，借助特定的算法识别出这是一条指令，之后才能做后续的事情。进入大模型智能时代，人工智能助手的定义变得更加宽泛，它的使用频率也显著增加。

一个标志性的产品是前文所提到的 DeepSeek，用户可以在对话框中与它聊天来寻求问题的答案。和以往普通的对话助手不同，它并不是只依赖于"关键词"的触发，而更像是"理解"了人们说的话之后才给出相应的答案。让机器能"看懂"用户的文字，这就用到了人工智能中的自然语言处理技术，而机器要生成答案给用户则用到了生成式人工智能技术。本书会逐一为大家讲解这些技术。人工智能助手可以处理许多事情，例如生成一份个性化定制的菜谱、帮助用户生成实现某种功能的代码、生成工作总结等。总之，遇到难题时尝试问一问人工智能助手，也许能得到解决问题的灵感。

近些年，人工智能助手飞速发展，已经可以做到处理多种数据源的输入并输出多种类型的回答，这就是多模态。除了文字的解答，现在的人工智能助手还能与用户进行自然的对话，甚至能通过语气判断用户的情绪从而给出不一样的对话内容。利用人工智能中的音频生成技术，可以生成不同性别、口音、语气，以及停顿自然的语音回答，让人们感觉更像在和一个"真人"交谈。这样智能又自然的交互方式衍生出许多种用法，例如：让人工智能助手充当英语老师，陪用户练习口语，实时地纠正错误的语法和读音；让人工智能助手扮演面试官，锻炼用户的面试技巧，让用户在实际面试中发挥得更好。

让智能助手生成工作总结（图片由 AI 生成）

除了工作和学习，娱乐领域也处处是人工智能的身影。为了吸引用户持续地使用，各类社交娱乐 App 会将用户感兴趣的内容推送到首页。这与音乐 App 的原理类似。App 利用人工智能算法不断地学习用户的喜好，根据用户的搜索历史、停留时间、评论/点赞/收藏等互动信息，进一步刻画用户的画像，以便推送用户更喜欢的内容。人们会发现，当频繁点击或者最近搜索过某些内容后，再次刷新 App 首页时出现的大多是与这些关键词相关的内容，而用户在一段时间内不去点击相关信息，或者主动按下"不感兴趣"的按钮后，这些内容出现的频率就会降低。之所以人们总感觉看视频停不下来，是因为人工智能和大数据在不断地推送他们感兴趣的内容。

购物 App 中的"猜你想买"也使用了类似的技术，App 根据用户最近搜索或浏览的物品、买过的物品、收藏过的物品、购物车中的物品等信息来预测用户可能想买的东西，展示给用户，以此来刺激消费。所以每个人的购物 App 首页都是不一样的，甚至搜索结果页面也是不一样的。用同样的关键词搜索出来的内容，根据用户的消费水平和喜好而有所不同，所以不同的人搜索同样的物品，页面中展示出来的商品差别很大也不足为奇。

另外，购物 App 中利用人工智能的虚拟试衣技术，让消费者无须亲自试穿，就能在屏幕上直观看到不同款式、颜色的服装穿在自己身上的效果。通过对用户身材数据的精准采集和 3D 建模技术，结合人工智能算法，系统能够模拟出服装的真实穿着形态和动态效果，极大地提升了购物的便捷性与趣味性，同时也减少了因尺码、款式不合适而导致的退换货情况。

虚拟试衣功能让人们能直观地看到衣服穿在自己身上的样子（图片由 AI 生成）

有些娱乐相关的"黑科技"也是因为加入了人工智能的助力才会如此便捷和神奇。比如一些图像处理软件可以实现一键去除水印、区域重绘、抠图、物体消除、人物特效等，这些功能都使用了计算机视觉相关的技术。处理之后的图片比以前更自然、更真实，也更贴近用户的需求，让一些曾经需要专业图像处理技术或绘画技术才能满足的需求，现在能够"傻瓜式"地一键完成。

再如一些可以发弹幕的视频软件。如果一个视频弹幕太多，可能会遮挡住视频的主体内容，给用户带来不好的体验。现在有了弹幕环绕模式，弹幕会飘在视频主体人物周围，在关键区域就隐藏起来，就像把人物"抠"了出来。这样既不影响用户观看视频内容，用户也不会错过有趣的弹幕讨论。

人工智能技术已经渗透到人们衣食住行的各个方面。从清晨被智能闹钟唤醒，到伴着契合心情的音乐洗漱，再到依靠精准导航奔赴目的地，在工作学习时借助人工智能助手排忧解难，在休闲娱乐时沉浸于个性化推送带来的愉悦体验，人工智能正以润物细无声的方式全方位地影响着人们的生活。它不仅改变了人们的生活方式，更拓宽了人们对未来生活的想象空间，让人们的生活变得更加高效、便捷、舒适和丰富多彩。

视频弹幕环绕模式，不遮挡人物（图片由 AI 生成）

本书内容概述

本书作为通识类课程教材，适用于所有专业的本科生、研究生，以及对人工智能感兴趣的初学者。本书旨在引导读者了解人工智能的基础概念、技术原理及应用场景，为读者提供一个关于人工智能的全面视角，从基础理论到技术实践，再到伦理考量，涵盖了人工智能的全貌。本书为南昌大学本科立项建设教材，成文过程得到了易寒箫、邱睿韫两位老师的协助研讨以及他们宝贵的意见和建议，文稿整理得到了赵劲、钟咏涛、龚傲、吴琳鑫、易炜涵、周子祺、郑浩男、程子乾等同学的帮助，在此一并感谢。

本书首先从计算的渊源讲起，探索智能行为的起源，进而介绍人工智能的分类和发展历程，并讨论人工智能在现代社会中的应用，然后深入探讨机器学习、深度学习等人工智能基础概念，以及计算机视觉和自然语言处理等核心技术，为后续学习打下坚实的基础。通过广泛且贴近生活的例子，让读者能够对身边的人工智能有更加深刻的认识，感受人工智能带来的便捷与变革。通过实践案例，如图像分类项目，读者将亲自参与到数据集的处理以及模型的选择、训练、评估等环节中，以加深对 AI 技术应用的理解。最后讨论算法歧视、隐私忧虑、责任与监管等问题，引导读者多方位地思考人工智能带来的伦理挑战，培养读者的社会责任感和伦理意识。

编著者

目 录

推荐序 1

推荐序 2

前言

第 1 章 初识人工智能 1
1.1 人工智能的定义 1
1.1.1 智能的定义 2
1.1.2 机器的智能 5
1.2 人工智能的发展历程 9
1.2.1 人工智能的第一个热潮 10
1.2.2 人工智能的第二个热潮 14
1.2.3 人工智能的第三个热潮 16
1.3 人工智能的分类 18
1.3.1 基于能力的分类 19
1.3.2 基于学派的分类 22
1.3.3 基于关键技术的分类 25
1.4 人工智能的现在和未来 27
小结 28
习题 29

第 2 章 人工智能基础 30
2.1 人工智能、机器学习和深度学习的关系 30
2.2 机器学习 31
2.2.1 机器学习的定义 32

2.2.2　机器学习的原理 ··· 33
　2.3　线性回归与逻辑回归 ··· 34
　　　2.3.1　线性回归 ·· 34
　　　2.3.2　逻辑回归 ·· 35
　　　2.3.3　评估与优化 ··· 36
　2.4　深度学习 ··· 39
　　　2.4.1　从"学习"到"深度学习" ··· 39
　　　2.4.2　深度学习和机器学习的区别 ·· 40
　　　2.4.3　深度学习的崛起 ··· 40
　　　2.4.4　深度学习的灵感来源 ··· 41
　　　2.4.5　深度学习的三大核心层 ··· 41
　　　2.4.6　深度学习的优势与挑战 ··· 43
　小结 ··· 43
　习题 ··· 44

第 3 章　人工智能核心技术 ··· 47
　3.1　计算机视觉 ··· 47
　　　3.1.1　计算机视觉的奠基者 ··· 47
　　　3.1.2　图像采集与表示 ··· 51
　　　3.1.3　计算机视觉任务与问题 ··· 53
　3.2　自然语言智能 ·· 54
　　　3.2.1　语音识别 ·· 54
　　　3.2.2　自然语言处理 ··· 59
　3.3　生成式人工智能 ·· 62
　　　3.3.1　从判别到生成 ··· 63
　　　3.3.2　工作原理 ·· 63
　　　3.3.3　模态类型 ·· 66
　小结 ··· 67
　习题 ··· 67

第 4 章　人工智能的应用 ·· 68
　4.1　智慧生活 ··· 68
　　　4.1.1　智能家居 ·· 68
　　　4.1.2　智能助理 ·· 71
　　　4.1.3　智能娱乐与个性化推荐 ··· 75
　4.2　智慧驾驶 ··· 80
　　　4.2.1　自动驾驶技术 ··· 80
　　　4.2.2　车联网与智能交通系统 ··· 84

- 4.3 智慧医疗 ·· 87
  - 4.3.1 医疗影像分析与诊断支持 ··· 87
  - 4.3.2 个性化医疗与基因分析 ·· 89
  - 4.3.3 远程医疗与虚拟健康助手 ··· 93
- 小结 ·· 96
- 习题 ·· 96

第 5 章 人工智能的提示工程 ·· 98
- 5.1 提示工程简介 ··· 98
  - 5.1.1 定义与内涵 ·· 98
  - 5.1.2 发展历程 ··· 98
  - 5.1.3 重要性与价值 ··· 99
- 5.2 提示技巧 ··· 100
  - 5.2.1 基于样本数量的提示词技术 ··· 100
  - 5.2.2 基于思考过程的提示词技术 ··· 102
  - 5.2.3 基于一致性和连贯性的提示词技术 ······························· 108
  - 5.2.4 基于知识和信息的提示词技术 ······································ 111
  - 5.2.5 基于优化和效率的提示词技术 ······································ 113
  - 5.2.6 基于用户交互的提示词技术 ··· 115
- 5.3 实际应用 ··· 117
  - 5.3.1 用人工智能快速生成一份报告 ······································ 117
  - 5.3.2 用人工智能快速制作一张插画 ······································ 124
- 小结 ·· 128
- 习题 ·· 128

第 6 章 第一个人工智能项目 ·· 129
- 6.1 人工智能的编程语言——Python ··· 129
  - 6.1.1 Python 简介与特点 ·· 129
  - 6.1.2 Python 在人工智能中的作用 ······································· 130
- 6.2 前置知识学习 ··· 132
  - 6.2.1 Python 相关 ··· 132
  - 6.2.2 数据预处理 ·· 134
  - 6.2.3 可视化 ·· 137
  - 6.2.4 深度学习框架 ··· 141
- 6.3 项目概述 ··· 141
  - 6.3.1 项目背景与意义 ·· 142
  - 6.3.2 技术选型与实现框架 ·· 142
  - 6.3.3 学习目标 ··· 142

- 6.4 从数据集处理开始 ... 142
  - 6.4.1 数据导入与查看 ... 143
  - 6.4.2 数据预处理 ... 146
  - 6.4.3 数据加载与批次处理 ... 148
- 6.5 深度学习模型构建 ... 153
  - 6.5.1 硬件设备配置 ... 154
  - 6.5.2 模型结构定义 ... 154
  - 6.5.3 设置学习目标与优化策略 ... 157
  - 6.5.4 训练流程定义 ... 158
  - 6.5.5 测试流程定义 ... 159
- 6.6 正式开始训练模型 ... 160
  - 6.6.1 设置训练参数与初始化记录 ... 160
  - 6.6.2 执行训练、测试循环 ... 161
- 6.7 测试模型 ... 163
  - 6.7.1 训练与验证结果的可视化 ... 163
  - 6.7.2 生成混淆矩阵 ... 165
  - 6.7.3 生成评估报告 ... 169
- 小结 ... 172
- 习题 ... 172

第 7 章 关于人工智能的思考 ... 173
- 7.1 人工智能的算法歧视问题 ... 173
  - 7.1.1 算法歧视的概念和具体表现 ... 173
  - 7.1.2 算法歧视的成因 ... 174
  - 7.1.3 解决算法歧视的对策 ... 178
- 7.2 人工智能的隐私问题 ... 180
  - 7.2.1 数据隐私与人工智能的关系 ... 180
  - 7.2.2 保护数据隐私的技术与法规 ... 181
- 7.3 人工智能的责任与监管问题 ... 184
  - 7.3.1 人工智能决策中的责任归属问题 ... 184
  - 7.3.2 人工智能的监管与安全保障 ... 187
- 小结 ... 189
- 习题 ... 189

附录 专业名词解释 ... 190
习题答案 ... 194

第1章

初识人工智能

在当今科技飞速发展的时代，一场震撼世界的变革正汹涌来袭——人工智能蓬勃兴起。回首科技发展历程，诸多杰出学者为其奠定基石。艾伦·图灵（Alan Turing），这位被誉为"计算机科学之父"的先驱，早在20世纪中叶便提出图灵测试，以一种极具开创性的方式探讨机器能否展现出与人类等价的智能，为人工智能的界定给出早期设想，启发了后世无数探索。约翰·麦卡锡㊀，作为"人工智能"一词的创造者，将其定义为"使一部机器的反应方式就像是一个人在行动时所依据的智能"，精准锚定了研究方向，引领学界开启对人工智能的深入探索之旅。

当下，人工智能宛如一颗新星高悬于各行业苍穹。在医疗领域，它化身精准诊断的得力助手，辅助医生看穿病症迷雾；在交通出行领域，智能导航系统让出行畅通无阻；在工业制造领域，自动化生产线高效运转；在金融领域，风险预测模型未雨绸缪。它的身影无处不在，彻底重塑生活与工作的每一处细节，爆发出令人惊叹的创新力。

展望未来，人工智能领域蕴含着巨大的发展潜力，有着广阔的发展前景。作为探索这一充满未知、挑战与机遇的新兴领域的初始篇章，本章将系统地介绍人工智能的定义、梳理其从萌芽到逐步成长的发展历程，详细阐述人工智能不同的分类方式，简述人工智能的现状，并展望其未来的走向。

1.1 人工智能的定义

如今，人工智能已然成为备受瞩目的前沿领域，然而它尚未拥有一个确凿无疑、被广泛认可的定义。回溯历史，"人工智能"这一术语的创造者约翰·麦卡锡（如图1.1所示）曾给出过极具开创性的定义，他将人工智能定义为"制造智能机器尤其是智能计算机程序的科学与工程"，着重强调了其与借助计算机去理解人类智能之间千丝万缕的联系，并且明确指出，这一探索并不局限于生物学可观察的方法，为后续研究开辟了广阔天地。与此同时，马文·明斯基等杰出的人工智能学者也纷纷提出了各自独到的见解。马文·明斯基是早期人工智能的代表性人物，他认为人工智能是让机器具备类人智能，能够像人类一样

㊀ 约翰·麦卡锡（John McCarthy，1927—2011），美国科学家，被誉为"人工智能之父"。1955年，他联合香农、明斯基、罗彻斯特发起了达特茅斯项目，并于1956年正式启动，正是在这一年，麦卡锡首次提出"人工智能"这一概念。他还创造了LISP编程语言，该语言至今仍在人工智能领域广泛使用。1971年，麦卡锡因在人工智能领域的贡献获得计算机界的最高奖项——图灵奖。

进行思考、学习、解决问题的技术领域，涵盖了知识表示、推理、规划等诸多关键方面，致力于让机器模拟人类复杂的心智活动，从而实现智能化的操作与决策。

图 1.1　"人工智能之父"约翰·麦卡锡（图片由 AI 生成）

"人工智能"这个术语的英文为 Artificial Intelligence，简称 AI。其中，Artificial 意为"人造的、人工的"，它并非自然原生，而是经由人类的智慧与创造力雕琢而成，象征着人类对自然的模仿与超越。Intelligence 指的是"智力或者智能"，它是一种极为宽泛且深邃的概念，囊括了推理、规划、解决问题、抽象思维、理解复杂观念、快速学习以及从经验中学习等多种能力，这些能力相互交织，共同支撑起智能的大厦。正是因为 Intelligence 蕴含着如此丰富的内涵，所以若要深入探寻人工智能的奥秘，一个恰当的切入点便是先从透彻理解智能的定义开始，然后逐步揭开人工智能神秘的面纱。接下来将对"智能的定义"进行深入的探索。

1.1.1　智能的定义

对于智能的定义至今没有一个完全统一的标准。然而，主流学界在一点上达成了共识，即智能属于一种能力，而且是一种综合性极强的能力。美国心理学会曾提出独到见解，强调个体在多个关键方面的能力存在显著差异，其中包括：理解复杂概念的能力——这是深入知识殿堂的基石；有效适应环境的能力——这是在多变的世界中生存发展的必备技能；从经验中学习的能力——这是不断成长进步的源泉；进行各种形式推理的能力——这是逻辑思维的闪耀锋芒；通过思考克服障碍的能力——这是突破困境的有力武器。

1. 通识领域

从较为字面和通识的领域剖析，知识运用和对环境适应是智能作为一种能力的两个重要维度。从知识运用的视角来看，许多词典给出了相关定义，进一步丰富了大众对智能的认知。All Words Dictionary 将智能描述为"利用记忆、知识、经验、理解、推理、想象和判断来解决问题和适应新情况的能力"，这清晰地展现了智能在实际应用中的多元要素协同作用。《美国传统字典》(The American Heritage Dictionary) 则简洁明了地将其定义为"获取和应用知识的能力"，突出了知识维度在智能构成中的关键地位。类似地，Encarta

World English Dictionary（由微软公司推出的一款英语词典）认为智能是学习事实和技能并加以应用的能力，尤其强调当这种能力高度发展时所展现出的强大力量。Compact Oxford English Dictionary（《简明牛津词典》）同样把智能聚焦于"知识获取和应用的能力"，与其他词典的观点，共同揭示了智能在知识领域的核心特质。

下面将目光投向适应环境这一重要维度，智能与之紧密相连，被视为智能的突出表现。Encyclopedia Britannica（《大英百科全书》）给出了精妙阐释：智能集中体现为能够卓有成效地适应环境，而实现这种适应的途径丰富多样。一方面，通过改变自身来适应环境，自然界中诸多动物为了在严苛的寒冷环境中求得生存，会历经漫长岁月进化出更厚的皮毛用于保暖，在人类社会，当人们踏入全新的工作环境，也会主动调整自己的工作方式、优化沟通风格，以求顺利融入其中；另一方面，还能通过改变环境来达成适应的目的，古往今来，人们修建坚固的房屋、筑起雄伟的堤坝，巧妙地改变周围的自然环境，使其变得更适宜居住和生活；此外，寻找一个新的环境也是一种智慧之举，比如候鸟依据季节更替，不辞辛劳地长途迁徙到更适合生存和繁衍的地方。

值得注意的是，智能并非孤立单一的心理过程，而是众多紧密协作、旨在有效适应环境的心理过程的精妙组合。这意味着它全面涵盖了感知、认知、分析、判断、决策等诸多相互关联、环环相扣的心理活动。不妨设想这样一个场景：当人们置身于一个全新且充满挑战的野外生存环境时，首先要充分依靠敏锐的感知能力去细致了解周围有哪些宝贵资源，如清澈的水源、可食用的植物等，以及精准识别存在哪些潜在危险，如凶猛的野兽、陡峭险峻的地形等；紧接着，运用深度的认知能力去严谨分析哪些资源能够合理利用、哪些危险必须全力规避；最后，凭借精准的判断和果敢的决策能力制订切实可行的生存策略。在这一系列心理过程的协同发力之下，个体的智能水平得以淋漓尽致地展现，进而顺利实现对环境的有效适应。

总体而言，这一关于智能的定义深刻凸显了智能与环境适应性之间千丝万缕的联系，以及其作为多种心理过程有机组合的高度复杂性。World Book Encyclopedia（《世界图书百科全书》）中也简明扼要地指出智能为"适应环境的能力"。

2. 心理学领域

从心理学领域剖析，心理学家从多元维度对智能进行定义。复合功能观点认为智能是多种功能的有机融合，这种融合与生物的生存以及文化的蓬勃发展息息相关。正如安妮·安娜斯塔西㊀所定义的："智能不是单一的、孤立的能力，而是多种功能的综合。这个术语精准地表示在特定文化中生存和进步所需的能力组合"。

在思维与问题解决层面，玛丽·安德森㊁等心理学家的定义涉及思考、解决全新问题、严密推理以及对广袤世界的深刻认知等关键要素，为我们理解智能在思维领域的运作打开

㊀ 安妮·安娜斯塔西（Anne Anastasi），美国心理学家，以其在心理测量学方面的开创性工作而闻名。她的著作——《心理测试》是该领域的经典文本。她强调正确使用心理测量测试，并关注个体差异以及环境和经验因素对心理发展的影响。她曾任美国心理学会主席。

㊁ 玛丽·安德森（Mary Anderson），美国心理学家，专长是健康心理学和行为医学。她在波士顿等地工作，为患者提供心理治疗，帮助他们应对各种健康问题和生活压力。

了一扇窗。

判断与适应能力的定义着重强调判断、适应环境以及从经验中学习等核心能力，阿尔弗雷德·比奈[一]就曾指出"在我们看来，智能中存在一种基本的能力，即判断力，它也被称为良好的判断力、实际判断力、主动性或适应环境的能力。这种能力的改变或缺失对实际生活极为关键。"

沃尔特·范·戴克·宾厄姆[二]、西里尔·伯特[三]等心理学家也秉持类似观点。除此之外，从心理学方面还有其他多维度解释，诸如贾甘纳特·普拉萨德·达斯[四]提出的"……有目的性地规划和安排自己行为的能力。"、沃尔特·芬诺·迪尔伯恩[五]主张的"学习或从经验中获益的能力"、詹姆斯·德雷弗[六]所说的"从最低层次上讲，智能存在于个体动物或人类对其行为与目标的相关性的意识中，尽管这种意识很模糊。"等众多心理学家的不同阐述，从各个细微角度勾勒出智能的心理学画像。

3. 人工智能研究领域

在人工智能研究领域，研究者们基于不同的侧重点对智能给出了别具一格的定义。有的聚焦于不确定环境中的行动，詹姆斯·S. 阿尔布斯 (James S. Albus)[七]明确指出："智能是一个系统在不确定环境中采取恰当行动的能力。这里的恰当行动是指能够增加成功概率的行动，而成功则被定义为实现支持系统最终目标的行为子目标"，也就是说，他认为

[一] 阿尔弗雷德·比奈 (Alfred Binet)，法国心理学家，发明了第一个实用的智商测试——比奈 - 西蒙测试。他对儿童智能的测量做出了重要贡献，其研究工作对教育和心理学领域产生了深远影响。

[二] 沃尔特·范·戴克·宾厄姆 (Walter Van Dyke Bingham)，美国应用和工业心理学家。他在智能测试方面有显著贡献，曾参与开发陆军阿尔法和贝塔测试，并在多个领域推动了智能和能力测试的应用。

[三] 西里尔·伯特 (Cyril Burt)，英国著名心理学家。他毕业于牛津大学，早期专注于教育心理学研究，尤其在智能测量领域贡献卓越。伯特致力于开发和完善智能测验工具，通过长期追踪研究，试图揭示遗传与智能发展的紧密联系，其相关理论曾在学界引发广泛探讨。他曾任职于伦敦大学学院，发表了大量极具影响力的学术著作，培养了众多心理学专业人才，对 20 世纪英国乃至全球的心理学发展，尤其是智能研究方向起到了关键的奠基与推动作用，尽管其研究成果在后期因数据真实性遭受了一定的争议，但不可否认他在心理学史上留下的深刻印记。

[四] 贾甘纳特·普拉萨德·达斯 (Jagannath Prasad Das)，印度裔加拿大教育心理学家，专长于教育心理学、智能和儿童发展领域。他的主要贡献包括提出了智能的 PASS 理论和开发了达斯 - 纳格利里认知评估系统。他曾任阿尔伯塔大学 JP Das 发育障碍中心主任，退休后成为该中心的名誉主任和教育心理学名誉教授。他是加拿大皇家学会的成员，被授予加拿大勋章，并获得西班牙维戈大学的荣誉博士学位。

[五] 沃尔特·芬诺·迪尔伯恩 (Walter Fenno Dearborn)，美国教育家与实验心理学家。1878 年 7 月 19 日生于马萨诸塞州马布尔黑德，先后就读于波士顿公立学校、菲利普斯埃克塞特学院，1900 年获卫斯理大学学士、硕士学位，1903 年在哥伦比亚大学师从詹姆斯·麦基恩·卡特尔 (James McKeen Cattell) 攻读博士，后在哥廷根大学获医学博士学位。曾在威斯康星大学麦迪逊分校、芝加哥大学、哈佛大学任教，1917 年在哈佛创立心理教育诊所并任哈佛成长研究项目主任，1942 年退休后加入莱斯利学院 (现莱斯利大学) 教育心理学系，1956 年 6 月 21 日因脑出血并发症逝于佛罗里达州圣彼得斯堡。学术上，他在阅读教育研究方面，实证反驳"先天性词盲"，发现多种读者类型，深入探究阅读障碍；在儿童发展与智能测试领域，让人们重视儿童发展差异，探索学业成功因素；还对阅读眼动和视觉疲劳进行了大量研究，为理解阅读机制提供依据。

[六] 詹姆斯·德雷弗 (James Drever)，苏格兰心理学家和学者，苏格兰大学的第一位心理学教授。他在实验心理学方面有开创性贡献，曾任英国心理学会会长，在爱丁堡大学心理学系的发展和心理学学位课程的建立中发挥了重要作用。

[七] 詹姆斯·S. 阿尔布斯 (James S. Albus)，美国国家标准与技术研究所的科学家，主要研究领域包括人工智能、操作系统、机械工程等，尤其在机器人和控制工程方面有深入研究。他提出了小脑模型关节控制器 (CMAC) 等理论，其著作《小脑功能理论》等有较高的引用率。

智能是系统在变幻莫测的环境中采取适宜行动，以此增加成功概率的卓越能力。

有的侧重于适应性行为与目标实现，大卫·福格尔（David Fogel）[一]便提出能在多种环境中催生适应性行为以达成目标的系统就是智能的。还有的强调复杂环境中的目标达成，如本·戈策尔[二]着重突出在复杂环境中实现复杂目标的非凡能力。里卡多·里贝罗·古德温[三]则关注多环境下的成果运作，他指出智能系统应能在不同环境中成功运作，凭借其智能属性，即便在对情况了解不全面时，也能最大化成功概率。此外，还有来自雷·库兹韦尔[四]、道格拉斯·莱纳特[五]和爱德华·费根鲍姆[六]等人工智能研究者相关定义，这些定义涵盖智能系统在复杂环境中的如何巧妙优化利用有限资源实现目标，如何在浩瀚的巨大搜索空间中快速找到解决方案以及如何在广泛环境中实现目标和攻克难题的能力；还包括智能体如何在复杂环境中正确处理信息，智能体的信息处理系统如何灵活适应环境以及维持成功生活的心理能力。

通过对智能定义全方位、多角度的深入探究，我们对人类智能有了较为深刻的认识。然而，随着科技的飞速发展，一个更为引人深思的问题摆在面前：机器能否具备类似人类的智能？机器能否像人类一样思考？下一章将详细探讨这个问题。

1.1.2 机器的智能

从前述内容中可以总结出：智能是一种综合的能力。从这个角度来看，机器似乎也具有这种能力，那么，这是否意味着机器具有思考的能力？关于这个问题，本节将使用图灵测试和中文屋思想实验两个经典案例进行解释。

[一] 大卫·福格尔（David Fogel），国际知名的科学家、演讲家和工程师。他在 1992 年获得加州大学圣地亚哥分校的工程学博士学位，1985 年获得加州大学圣巴巴拉分校的数学科学学士学位。他是 IEEE 会士，曾获得 IEEE 技术领域奖、卡哈斯图尔软计算奖等多项荣誉，在计算智能领域有 30 多年的开创性贡献，是进化计算领域的重要人物之一，著有《如何解决它：现代启发式》等多部书籍。

[二] 本·戈策尔（Ben Goertzel）：美国人工智能学者，在人工智能领域成果斐然。他着重强调智能系统在复杂环境中实现复杂目标的能力，对人工智能的目标达成理论有深入研究，致力于推动智能技术在复杂实际场景中的应用落地，为智能系统架构设计与优化提供了创新性思路，其研究成果广泛应用于多个前沿智能项目，助力智能体更好地应对复杂任务挑战。

[三] 里卡多·里贝罗·古德温（Ricardo Ribeiro Gudwin）：巴西人工智能学者，专注于智能系统多环境适应性研究。他提出智能系统应能在不同环境中成功运作，即便在信息不完全的情况下，也能凭借自身智能属性最大化成功概率，为开发具有强适应性的智能机器人及智能软件系统提供了关键理论支撑，在巴西及国际人工智能学界推动了多环境智能技术的发展，促进了跨领域智能应用的创新实践。

[四] 雷·库兹韦尔（Ray Kurzweil）：美国著名人工智能学者、发明家，在人工智能多个关键领域建树颇丰。他的研究涉及系统在复杂环境中的成功表现、利用有限资源优化实现目标以及快速求解复杂问题等诸多方面，不仅在理论层面拓展了人工智能的边界，还积极投身实践，其发明创造推动了人工智能技术的产业化进程，对语音识别、图像识别等技术的发展有着深远影响，被誉为"奇点临近"理论的倡导者，引发全球对未来科技与人类社会融合发展的深度思考。

[五] 道格拉斯·莱纳特（Douglas Lenat），在人工智能领域有一定影响力，长期从事知识表示、推理和人工智能系统构建等方面的研究，是 Cyc 项目的主要推动者，该项目旨在构建一个大规模的知识库和推理引擎，以实现更智能的人工智能系统。

[六] 爱德华·费根鲍姆（Edward Feigenbaum），被誉为"专家系统之父"，是人工智能领域的先驱之一。他在知识工程、专家系统等方面做出了卓越贡献，开发了多个具有影响力的专家系统，推动了人工智能在实际应用中的发展。

1. 图灵测试

1950年，艾伦·图灵（如图1.2所示）在《心灵》(*Mind*) 杂志上发表了具有里程碑意义的论文——《计算机器与智能》(Computing Machinery and Intelligence)，这一开创性的举动犹如在平静的学术湖面投入了一颗巨石，激起了层层涟漪。他在论文中提出的"模仿游戏"概念，大胆地设想了机器能够模拟人类思维进行对话和回答问题的可能性，这一设想挑战了当时人们对机器能力的传统认知，引发了学术界对智能机器的深度探讨和广泛关注，开启了通往智能领域的大门。

图1.2 "计算机科学之父"艾伦·图灵（图片由AI生成）

在这个游戏场景中，主要涉及三方：询问者、被测试的机器和作为对照的人类。询问者通过书面的形式向机器和人类提出各类问题，然后依据回答来判断谁是机器、谁是人类。如果在经过充分的询问和交流后，询问者无法准确地分辨出机器和人类的身份，那么就可以认为这台机器展现出了类似人类的智能，通过了图灵测试。由于图灵对人工智能和计算机科学领域开创性的贡献，后人将这种评估人工智能系统智能程度的测试方法称为图灵测试（如图1.3所示）。尽管图灵预测50年后（即2000年）可能会出现在模仿游戏中表现出色的计算机，使得平均询问者难以准确区分机器和人类，但迄今为止，还没有确凿的证据表明存在完全通过图灵测试的机器。

艾伦·图灵在《计算机器与智能》中不仅提出了"模仿游戏"的概念，还提出了"机器具备思考能力"的论点，并且驳斥了当时几个主流的关于"机器不能思考"的观点。首先，当时的神学观点认为思考是人类不朽灵魂的功能，上帝只赋予人类灵魂，动物和机器没有，所以机器不能思考；"鸵鸟"观点（因为和把头埋在沙子里的鸵鸟行为类似而得名）则认为机器思考的后果可怕，希望机器不能思考；数学观点认为数学逻辑的一些结果表明离散状态机存在局限性，如哥德尔定理等；意识观点认为只有机器能像人类一样因思想和情感创作（如写十四行诗、作曲等）并感知自身行为，才能认为机器有思考能力。其次，各种能力缺失观点则列举了机器无法具备的多种能力，如善良、有幽默感、谈恋爱等。洛夫莱斯夫人（如图1.4所示）提出分析机只能按人类的指令执行，不能创

图 1.3 图灵测试（图片由 AI 生成）

新。[○]神经系统连续性观点认为神经系统不是离散状态机，离散状态机无法模拟其行为。行为不规范性观点认为人类行为没有固定规则，而机器需按规则运行，所以人类不是机器。超感官知觉观点则提出超感官知觉现象与科学观念冲突，可能影响模仿游戏结果。

图 1.4 "第一位程序员"洛夫莱斯夫人（图片由 AI 生成）

对于以上观点，图灵都进行了有力反驳，对于神学观点，图灵认为此观点缺乏说服力，他指出构造思考机器如同人类生育，是上帝意志的体现，并且神学论证在历史上常不令人满意。对于鸵鸟观点，图灵认为此观点不具实质性，无须反驳，更像是一种情感上的担忧

○ 洛夫莱斯夫人 (Lady Lovelace)：原名奥古斯塔·艾达·拜伦，是英国浪漫主义诗人拜伦勋爵和妻子安娜贝拉·米尔班克的女儿，母亲出身贵族且热爱数学和天文学，于是让她从小学习逻辑、数学等课程，1833 年，艾达结识了数学家查尔斯·巴贝奇，她编写了首个计算机程序，她创建的循环和子程序等概念是现代编程的重要基础，确立了编程在计算机系统的核心地位，推动了软件发展。她还拓展了计算机功能认知，预见计算机的通用性，打破当时人们的狭隘认知，为多领域应用奠基，其思想也启发了人们对人工智能的探索，为该领域的发展播下了种子。

而非理性论证。对于数学观点，他承认特定机器有局限性，但指出没有证据表明人类智能不存在类似局限，人类也常给出错误答案，不能因机器在某些问题上的局限性就认为其不能思考。图灵认为意识观点极端且类似唯我论，若机器能在模仿游戏中像人类一样回答问题，应可被视为具有思考能力，意识的奥秘不一定要在回答机器能否思考问题前解决。图灵认为这些观点大多基于不科学的归纳，许多能力与存储容量有关，且机器可以通过编程在一定程度上模拟这些能力，如故意犯错、以自身行为为思考对象等，部分观点是意识观点的变相表达。图灵指出如果有能创新的离散状态机，分析机在存储和速度足够时可模拟它，且机器常做出让人意外的事，"机器不能创新"观点可能源于哲学家和数学家的错误假设。对此，图灵通过与微分分析仪类比，说明在模仿游戏条件下，询问者难以区分数字计算机和连续机器，所以此观点不影响对机器思考能力的探讨。图灵指出行为不规范性观点的论证存在逻辑问题，且虽然人类行为看似无规则，但科学观察也难以发现完整的行为规律，即使对于简单程序，也难以预测其所有行为。对于超感官知觉的观点，图灵认为若承认超感官知觉，需加强测试条件，如将参与者置于"防心灵感应房间"，以确保测试准确性。

图灵测试虽然在人工智能发展历程中有着举足轻重的地位，为衡量机器智能提供了一种开创性的思路，但也存在很多缺点。一方面，图灵测试高度依赖于语言交流，仅仅聚焦于文本对话场景，忽视了智能体在现实世界中诸多其他重要的智能表现形式，如视觉感知、运动控制等能力。这就好比仅通过书面问答来评判一个人的综合能力，这显然是片面的。另一方面，测试结果具有较强的主观性，评判者的个人知识储备、思维方式乃至情绪状态等因素都会干扰最终判断，不同评判者对同一机器的评判可能大相径庭。而且，一些机器通过巧妙设计的固定话术套路，可能在短期内"骗过"评判者，并非真正具备理解和思考能力。鉴于图灵测试的这些局限性，人们开始探寻其他途径来深入探讨机器智能的本质，这就引出了另一个极具影响力的思想实验——中文屋思想实验，它从新的角度对机器能否拥有真正的智能发起了挑战。

2. 中文屋思想实验

中文屋思想实验（如图 1.5 所示）由约翰·西塞尔[⊖]于 1980 年在他的著作《思想，大脑，程序》(Minds, Brains, and Programs) 中提出。实验假设在一个封闭的房间里有一个只会说英语的人，他手头有一本详细的规则手册（用英文书写）。房间外有人通过一个缝隙向房间内传递写有中文问题的纸条。房间里的人虽然不懂中文，但可以根据规则手册中

⊖ 约翰·西塞尔 (John Searle)，1932 年 7 月 31 日出生于美国科罗拉多州丹佛市。青年时期赴牛津大学求学，在此期间深入研读哲学与语言学经典，与罗素、奥斯汀等知名学者交流，积累了深厚的学术素养，为后续学术发展打下基础。学业完成后，西塞尔就职于加州大学伯克利分校，投身教育多年，开设了"当代心灵哲学前沿问题探究""语言逻辑与意义构建"等课程，培养出众多哲学及相关领域人才。他在学术研究方面成果丰硕，著作众多。早期的著作《语言与社会现实》，深入探讨语言在构建社会关系、反映社会结构上的作用，为跨学科语言研究提供新思路；中期著作《意识的结构与功能》，结合哲学思辨与科学认知，剖析人类意识的内在构成及其在认知、行为驱动方面的功能，引发学界对意识本质的广泛探讨；晚年的著作《哲学反思：跨越边界的洞察》，整合其一生学术成果，跨越心灵、语言、社会等多领域，呈现出综合性的哲学视野，对当代哲学及相关学科发展具有重要推动作用。

的指令，对传入的中文问题进行处理。他通过识别中文符号的形状，按照规则手册中规定的操作步骤，对这些符号进行转换和组合，然后将生成的中文回答写在纸条上，再通过缝隙传出房间。从房间外的观察者来看，房间内的人似乎能够理解中文问题并给出合理的回答，因为每次都能得到看似正确的回应。然而，房间内的人实际上对中文一无所知，他只是机械地按照规则进行操作，并不理解问题和答案的含义。

图 1.5　中文屋思想实验（图片由 AI 生成）

中文屋实验引发了人们对于计算机是否真正"理解"语言的思考。如果计算机仅仅按照程序规则处理符号，就像房间里的人处理中文一样，那么它是否真正理解了所处理的信息呢？除此之外，中文屋思想实验挑战了图灵测试等将行为表现等同于理解和智能的观点。它表明，即使一个系统能够在外部表现出看似理解语言的行为，但内部可能并没有真正的理解或意识发生。这使得人们重新审视人工智能的定义和发展方向，思考智能的本质是否只可以通过符号处理和算法来实现，还是需要涉及真正的语义理解、意识和主观体验等更深层次的因素。

1.2　人工智能的发展历程

自诞生之日起，人工智能就以一种势不可挡的姿态，逐渐渗透到各个领域。它始于简单的逻辑推理与数学运算的探索，而后在计算机技术的强力推动下持续发展。随着时间的推移，人工智能在模式识别、自然语言处理、机器学习等关键领域不断取得令人瞩目的成就，从实验室的理论研究逐步迈向现实世界的广泛应用，成为推动现代社会发展的核心力量之一，而这一切的背后是一段段充满挑战与机遇的奋斗故事。

1.2.1 人工智能的第一个热潮

在 20 世纪 50 年代至 70 年代，人工智能迎来了发展史上的第一个热潮。当时，以美国为例，众多高校纷纷设立人工智能实验室，吸引了大量科研人才投身其中。例如，斯坦福人工智能实验室自 1962 年建立后，迅速成为人工智能领域集研究、教育、理论探讨与实践的科研中心，汇集了计算机视觉、机器人技术、机器学习等诸多领域的专家、学者，不同专业背景的人才相互协作，探索人工智能的无限可能，呈现出门庭若市的繁荣景象。再如麻省理工学院，其相关科研项目涉及图像处理、机器人研发等多个前沿方向，研究成果频出，让人们对人工智能的未来满怀憧憬。

前面讲到的图灵测试的概念，则为后续计算机科学的发展奠定了坚实的理论基石，其抽象的计算模型为理解计算机的本质和能力边界提供了关键的理论工具，也为人工智能的研究指明了方向，提供了重要的思想基础，成为后世无数计算机科学家和人工智能研究者灵感的源泉。

在这一时期，除了艾伦·图灵的卓越贡献外，其他一些理论也对人工智能的理论体系产生了深刻影响。例如，沃伦·麦卡洛克[一]和沃尔特·皮茨[二]在 1943 年提出的神经元模型，将神经元的工作原理抽象为数学逻辑形式，为人工神经网络的发展奠定了基础，启发了研究者们对大脑神经元结构与智能之间关系的深入思考，使得模拟人类大脑的神经网络成为人工智能研究的重要方向之一。他们的理论为后来者构建能够学习和处理复杂信息的人工神经网络提供了关键的理论支撑，推动了人工智能在模仿人类智能学习和认知过程方面的探索。此外，克劳德·香农[三]于 1948 年发表的《通信的数学理论》中引入了信息熵[四]的概念，让研究者们开始思考如何优化信息的传输、存储和处理，以提高智能系统的效率和性能。这些理论在人工智能的数据处理和决策优化等方面具有重要的指导意义，促进了人工智能理论体系在信息处理维度的完善和发展，共同为人工智能作为一门独立学科的诞生积累了丰富的理论养分。

[一] 沃伦·麦卡洛克 (Warren McCulloch)：美国神经学家，计算神经科学的开创者之一。他与沃尔特·皮茨于 1943 年首次提出类似系统，对神经网络领域的发展影响深远。

[二] 沃尔特·皮茨 (Walter Pitts)：美国数学家，12 岁时阅读罗素著作并挑出错误，后得到罗素赏识。他与沃伦·麦卡洛克合作提出"麦卡洛克-皮茨模型"（简称 M-P 模型），该模型是神经网络领域的开山之作，将神经元描述成一个逻辑门，通过对周边神经元信号加权求和等操作来模拟脑神经活动，为深度学习技术奠定了基础。

[三] 克劳德·香农 (Claude Shannon)：美国著名数学家、发明家、密码学家，被誉为"信息论之父"。他于 1948 年发表了具有划时代意义的《通信的数学理论》，在该论著中系统地阐述了信息论，提出众多开创性概念与理论，其中就包括信息熵。香农的研究成果为现代通信技术、计算机科学以及人工智能等诸多领域奠定了坚实的理论根基，彻底改变了人们对信息传输、存储与处理的认知方式。例如，他通过引入比特这一概念，将信息量化，让信息能够如实体物品般被精准度量、操控，极大地推动了数字通信时代的到来，为人类迈入信息社会铺就了道路。

[四] 信息熵：由克劳德·香农提出的一个核心概念，用于量化信息的不确定性程度。在信息传输过程中，熵值越高，意味着信息的不确定性越大，所蕴含的信息量也就越丰富。从数学角度，它以特定的公式进行计算，该公式基于信息源发出不同符号的概率分布。打个比方，在天气预报场景中，如果天气预报员说"明天要么是晴天，要么是雨天"，这种高度不确定的表述所携带的信息熵相对较高；而如果他说"明天肯定是晴天"，几乎没有不确定性，信息熵则趋近于零。信息熵这一概念为数据压缩、信道编码等信息处理技术提供了关键的理论指引，确保信息能够高效、精准地传输与存储，在人工智能的数据处理环节，它帮助机器理解数据中的信息量大小，从而合理分配计算资源，更高效地从海量数据中挖掘有价值的知识。

1956 年夏季，在美国新罕布什尔州汉诺威镇的达特茅斯学院召开的达特茅斯会议是人工智能发展史上的关键转折点，具有不可磨灭的标志性意义，被视为这一领域的重要里程碑。此次会议中，由约翰·麦卡锡、马文·明斯基[一]与艾伦·纽厄尔[二]、赫伯特·西蒙[三]等一同引领符号主义学说在人工智能领域占据统治地位长达半个多世纪，对人工智能的理论、技术发展尤其是在知识表示、机器人学等方面贡献突出。克劳德·香农和纳撒尼尔·罗切斯特[四]牵头发起并负责筹备组织工作。他们凭借自身在学术界和科研领域的影响力与号召力，吸引了来自多个不同领域的十余名顶尖专家和学者。这些领域涵盖数学、计算机科学、神经心理学[五]、认知心理学[六]以及信息论[七]等，参会人员均在各自专业领域拥有深厚造诣和丰富经验，代表了当时科学界在相关领域的前沿水平。

在达特茅斯会议中，专家和学者们围绕智能机器的理论与实践展开了深入且细致的探讨与交流。在经过多轮严谨的论证和思维碰撞后，首次明确提出了"人工智能"这一术语，这不仅是一个名称的确定，更是对一个全新研究领域的精准定位。他们从学术层面深入剖析了人工智能所涉及的理论体系，包括但不限于逻辑推理、知识表示、机器学习等核心理论分支，并详细规划了这些理论在实际应用中的方向和场景，如工业自动化生产中的智能控制系统、医疗诊断领域的辅助决策系统以及交通运输中的智能调度系统等，清晰界定了其研究范畴。同时，确立了人工智能的发展目标，旨在创造出能够模拟人类智能行为，甚至在某些特定任务上超越人类智能的机器系统，通过构建基础理论框架，为后续的研究工作提供了系统性的指导原则和方法路径。这一系列成果标志着人工智能成功摆脱萌芽期的混沌无序状态，正式作为一门独立学科登上了科学技术的历史舞台，引发了科学界、产业

[一] 马文·明斯基（Marvin Minsky）：美国认知科学家，早期人工智能的代表性人物。与艾伦·纽厄尔、赫伯特·西蒙等一同引领符号主义学说在人工智能领域占据统治地位长达半个多世纪。他在知识表示、机器人学等方面贡献突出，提出了框架理论，试图为计算机理解和表示知识提供一种结构化的方法，推动机器像人类一样认识和理解世界。

[二] 艾伦·纽厄尔（Allen Newell）：美国计算机科学家，与赫伯特·西蒙合作，在人工智能的早期发展中提出了诸多有影响力的理论和方法。两人共同开发了第一个启发式程序"逻辑理论家"，该程序能够模拟人类的逻辑推理过程，证明数学定理，为人工智能的逻辑推理和问题解决能力发展做出开创性贡献，同属符号主义学派代表人物。

[三] 赫伯特·西蒙（Herbert Simon）：美国经济学家、计算机科学家，和艾伦·纽厄尔紧密合作，在符号主义人工智能发展进程中扮演关键角色。他在决策理论、管理科学等多领域造诣深厚，凭借其在人工智能等多方面成就荣获诺贝尔经济学奖。他提出的有限理性理论，应用于智能决策系统，使机器在复杂环境下做出更合理决策，其研究成果广泛应用于智能系统的构建。

[四] 纳撒尼尔·罗切斯特（Nathaniel Rochester）：美国科学家，早期参与人工智能相关研究，在该领域发展初期发挥了一定作用，推动了一些早期探索性项目的开展，比如参与早期计算机系统与人工智能算法结合的实践，为后续研究积累了宝贵经验。

[五] 神经心理学：心理学的一个分支，主要研究神经系统特别是大脑与心理过程之间的关系，为人工智能模拟人类大脑功能、理解认知机制等提供了理论基础。各国神经心理学家通过大量实验，揭示了大脑神经活动与感知、记忆、思维等心理现象的关联，助力人工智能研究者从神经科学角度探索智能的本质。

[六] 认知心理学：研究人的高级心理过程，如认知、思维、记忆、语言等。其研究成果有助于人工智能系统模拟人类的认知模式，各国学者提出的诸多认知模型和理论使机器在感知、理解、决策等方面更接近人类智能，比如瑞士心理学家皮亚杰的认知发展理论对人工智能教育应用领域有重要启发。

[七] 信息论：由美国数学家克劳德·香农创立，主要研究信息的量化、存储、传输等问题。他 1948 年发表的《通信的数学理论》提出了信息熵的概念以及数学表达式，推出比特的概念，为现代信息论奠定了基础，也为人工智能中的数据处理、通信、知识表示等多个环节提供了关键理论支撑，让机器能够高效处理和传输信息。

界以及社会各界对这一新兴领域的广泛关注和探索热情，从而拉开了人工智能第一个热潮的序幕。

在这一发展阶段，符号主义成为人工智能研究的主流方向。在此理论框架下，研究工作取得了多项具有开创性的初步成果。艾伦·纽厄尔和赫伯特·西蒙开发的"逻辑理论家"是人工智能早期的重要成果之一，能够运用逻辑推理规则对数学定理进行证明，这在当时展示了计算机在处理复杂逻辑问题上的潜力，为后续更高级的智能推理系统开发提供了重要的技术思路和方法借鉴。通用问题求解器的出现则进一步引入了启发式搜索⊖的概念，通过对问题空间的智能搜索策略，提高了计算机解决复杂问题的效率和能力，使得人工智能在逻辑推理与问题解决方面向实用化迈进了重要一步。

在语言处理领域，早期机器翻译研究也开始起步。尽管受到当时技术条件的诸多限制，如语言规则的复杂性、词汇语义的多样性以及不同语言文化背景差异等因素的影响，翻译成果的准确性和流畅性有限，但这一探索为后续机器翻译技术的发展积累了宝贵的实践经验，包括语言数据的收集与整理方法、语法和语义分析模型的构建思路以及翻译算法的优化方向等。

约瑟夫·魏泽鲍姆⊖开发的 ELIZA 程序在自然语言处理与人机对话技术方面取得了初步进展，该程序能够模拟简单的对话场景，对用户输入的自然语言文本进行一定程度的理解和回应，虽然其对话能力还较为初级，但为后续更加智能和复杂的人机对话系统开发奠定了基础。

与此同时，计算机在其他领域也展现出了初步的智能应用能力，例如：能够解决代数应用题，通过对数学问题的理解和算法运算得出正确答案；能够证明几何定理，运用几何知识和推理规则完成定理的证明过程；能够学习和使用英语，包括词汇的记忆、语法的运用以及简单文本的理解和生成等功能。这些成果在当时极大地激发了人们对人工智能未来发展的想象力。

1965 年，爱德华·费根鲍姆成功开发出首个专家系统 DENDRAL，这一成果在人工智能的发展进程中具有重要的标志性意义。DENDRAL 系统专注于化学领域，通过整合该领域丰富的专业知识和大量的实践经验，构建了完善的知识库和高效的推理机制，能够有效地模拟人类专家在分子结构鉴定方面的决策过程。具体而言，它能够依据质谱数据所提供的分子碎片信息，运用知识库中的化学知识和推理规则，准确推断出分子的结构组成，这一应用极大地提高了化学研究中分子结构鉴定的效率和准确性，为后续专家系统在各个不同专业领域的广泛开发和应用提供了成功范例和技术基础，推动了专家系统这一重要人工智能分支的蓬勃发展。

⊖ 启发式搜索：一种人工智能搜索策略，它不像传统的盲目搜索策略那样遍历所有可能，而是利用经验法则、启发信息来引导搜索方向，优先探索更有可能通向目标解的路径，大大提高了搜索效率，广泛应用于路径规划、问题求解等诸多领域，不同国家科研团队基于不同应用场景对其进行优化拓展。

⊖ 约瑟夫·魏泽鲍姆 (Joseph Weizenbaum)：德国计算机科学家，开发了 ELIZA 程序。他通过这一程序揭示了人工智能可能带来的社会影响，让人们意识到机器与人交流背后的伦理问题，激发了全球范围内对人工智能伦理规范、人机关系界定的探讨，推动该领域向更注重人文关怀的方向发展。

同一时期，1957年弗兰克·罗森布拉特⊖发明的感知机作为早期神经网络模型的重要代表，为机器学习和人工智能的长远发展提供了关键的基础支撑。感知机模型基于神经元的基本结构和工作原理，通过对输入数据的加权处理和阈值判断，实现对简单模式的识别和分类功能，为后续神经网络技术的发展提供了最初的理论和实践模型。

1959年，亚瑟·萨缪尔⊖提出"机器学习"这一具有深远影响的术语，并通过开发会下跳棋的计算机程序对该概念进行了成功验证。这个程序创新性地采用自学习策略，基于"启发式搜索"不断优化下棋决策过程。在与跳棋冠军的实际对弈中，通过不断学习和改进自身的下棋策略，展现出超越普通玩家的水平，这一成果充分证明了计算机通过学习能够提升自身智能水平的可能性，为机器学习领域的后续发展指明了方向。

然而，任何技术的发展都受时代背景与技术条件的制约，人工智能的早期发展便是如此。在人工智能发展初期，计算能力和数据量成为关键瓶颈。当时，计算机运算速度与存储容量有限，难以满足复杂算法对大量数据的处理和快速运算需求。例如在复杂图像识别领域，由于计算力不足，面对高分辨率图像的海量像素信息，系统难以快速、精准地提取特征和识别模式，图像识别的准确率与速度远未达到实际应用标准。在自然语言语义理解方面，受限于缺乏大规模语料库数据支撑，以及计算能力的掣肘，计算机仅能理解简单语句结构与字面意思，对复杂语义关系、隐喻、歧义等语言现象的处理能力不足，导致进展缓慢。这使得早期许多人工智能方法在处理实际复杂问题时困难重重，难以实现预期效果。

随着时间的推移，成果转化的困境逐渐显现。以美国一些高校的人工智能实验室为例，实验室尽管前期投入了大量人力、物力，但由于技术瓶颈，研发成果难以落地转化为实用产品，无法产生经济效益。经费紧张的压力随之而来，实验室不得不缩减规模，甚至关停部分项目。同时，政府与投资方的热情也逐渐消退。美国国防部高级研究计划局（DARPA）在持续投入多年却未见显著成效后，大幅削减了对人工智能领域的资金投入。20世纪70年代，人工智能领域的资金投入占比持续下降。英国等其他国家政府也相继停止拨款。在多重因素的共同作用下，人工智能的第一个热潮逐渐消退，步入了发展的寒冬期。

尽管如此，这一时期的研究成果在人工智能的发展长河中依然具有不可忽视的重要地位。这些早期的探索和实践为后续人工智能的发展积累了丰富而宝贵的经验和教训，无论是成功的技术思路和方法，还是失败的尝试和遇到的问题，都为后来的研究者提供了重要的参考依据和借鉴方向。这些成果奠定了人工智能发展的坚实基础，在学术理论、技术实践以及人才培养等多个方面都产生了深远的影响，引导着后续研究在曲折中不断前行，朝着更加深入、更加有效的方向持续发展，为人工智能在未来的突破积蓄了力量。

⊖ 弗兰克·罗森布拉特（Frank Rosenblatt）：美国心理学家，发明了感知机，这是早期的人工神经网络模型，为神经网络的后续发展开辟了道路，尽管初期感知机存在一定的局限性，但为深度学习等后续技术演进提供了重要起点。

⊖ 亚瑟·萨缪尔（Arthur Samuel）：美国计算机科学家，被认为是提出机器学习概念的先驱之一，他在20世纪50年代将机器学习应用于西洋跳棋程序，使程序能够自我学习以提高棋艺，开创了机器学习在实际应用中让机器自主提升性能的先河。

1.2.2 人工智能的第二个热潮

20 世纪 80 年代至 90 年代，人工智能迎来了第二个热潮，其中专家系统的兴起成为主要驱动力之一。专家系统聚焦于特定领域知识的精准表示与严密推理，核心在于精心构建知识库和推理引擎。

在医疗诊断领域，它能依据大量医学知识和临床经验，综合分析患者症状、检查结果等信息，辅助医生做出更准确的诊断；在化学分析方面，卡耐基梅隆大学为美国数字设备公司开发的专家系统——XCOM 在 7 年内为该公司节约了 4000 万美元，它能有效解读化学数据，优化生产流程。这一显著经济效益引发了全球开发和部署专家系统的浪潮。

与此同时，语音识别技术也取得重要突破。研究人员摒弃了符号学派的传统思路，采用统计思路解决实际问题。通过对大量语音数据的统计分析，语音识别系统能更好地应对语音的变化和不确定性，精准识别语音内容，大幅提升准确率和实用性。例如，在语言交互场景中，系统能够更准确地识别用户命令，为智能语音交互发展奠定基础，智能语音助手等应用开始出现。

然而，专家系统虽然在特定领域获得了成功，但也暴露出诸多问题。知识获取需耗费大量人力、物力和时间，依赖领域专家经验，效率低下；随着知识更新和领域变化，知识库维护复杂且成本高昂；面对复杂的现实情况，其处理不确定性问题的能力有限，推理能力受到制约。这些问题致使专家系统应用范围受限，优势减弱，人工智能研究再次陷入低谷。

在这一时期，众多重要人物及其研究成果为人工智能的发展添砖加瓦。1975 年，马文·明斯基提出框架理论，用于知识表示。1976 年，大卫·马尔提出视觉计算理论并由学生归纳总结成书。1976 年，兰德尔·戴维斯发表文章提出提高知识库开发、维护和使用完整性的方法。1979 年，卡耐基梅隆大学为 DEC 公司制造的专家系统可节约大量费用。1980 年，德鲁·麦狄蒙和乔恩·多伊尔提出非单调逻辑。罗德尼·布鲁克斯⊖等人推动了基于行为的机器人学快速发展。

1982 年，约翰·霍普菲尔德⊜构建了一种新的全互联的神经元网络模型，具有自联想记忆和异联想记忆的功能，为神经网络的发展开辟了新方向，他发表的论文——《视觉计算理论》对认知科学影响深远，其研究成果对认知科学和人工智能领域产生了重要影响。道格拉斯·莱纳特从事机器学习、知识表示等研究，其博士论文——《数学中发现的人工智能方法——启发式搜索》描述了名为"AM"的程序，该程序能在大量启发式规则的指导下开发新概念数学，为人工智能在知识发现和概念形成方面的研究提供了有益的探索路径。

⊖ 罗德尼·布鲁克斯 (Rodney Brooks)：澳大利亚计算机科学家，倡导基于行为的机器人学，反对传统机器人复杂的中央控制模式，主张让机器人通过简单行为模块的交互实现智能，开发的机器人在实际场景适应性、自主行动能力上表现突出，推动了机器人技术革新，让机器人能更灵活地应对现实世界的复杂环境。

⊜ 约翰·霍普斯菲尔德 (John Hopfield)：美国物理学家，提出了霍普斯菲尔德网络，这是一种循环神经网络模型，在联想记忆、优化计算等方面有独特优势，为神经网络在复杂信息处理和模式识别等任务中的应用拓宽了道路。

1985 年，朱迪亚·珀尔[一]首先提出贝叶斯网络。上述成果共同构成了这一时期人工智能发展的丰富画卷，为后续的研究和应用积累了宝贵的经验和技术基础，尽管经历了起伏，但依然推动着人工智能不断前进，进入更加广阔的发展空间。1986 年，大卫·鲁梅尔哈特[二]大力推广"反传法"，这一方法为神经网络的训练提供了关键钥匙，有效解决了权重调整等核心难题，大幅提升了神经网络的学习效率与准确性，推动着技术大步向前迈进。

期间出现了众多具有深远影响的大事件。

1981 年日本政府豪掷 8.5 亿美元倾力打造第五代计算机计划。这一宏伟计划旨在研发能够像人类一样自如对话、精准翻译、高效处理图片以及深度推理的智能机器，力求突破人机交互与智能处理的重重难关。虽然后期因技术瓶颈、目标过于超前等诸多因素致使该计划未能达到预期，但其展现出的对人工智能发展的极高期望，鼓舞着各国科研人员勇往直前，持续探索人工智能的无限可能。

1984 年，大百科全书 (Cyc) 项目震撼登场，试图将人类社会积累的海量知识完整地装进计算机系统，期望赋予人工智能与人类一样的推理能力，能够依据知识储备灵活应对各种复杂情境。尽管受限于当时的技术条件，完全实现这一宏伟目标困难重重，但该项目激发了科研人员对知识表示、推理算法等关键领域的深入研究热情，催生了一系列创新思维与技术突破，为后续人工智能的发展筑牢了根基。

此外，还有其他重要人物及其成果。1988 年，CMU 的汉斯·贝利纳[三]打造的计算机程序战胜双陆棋世界冠军；兰德·戴维斯[四]在斯坦福大学获得人工智能博士学位后，发表文章提出使用集成的面向对象模型来提高知识库开发、维护和使用的完整性；格瑞·特索罗[五]打造的自我学习双陆棋程序，为增强学习的发展奠定了基础。

然而，到了 1987 年，科技发展的浪潮涌起新的变化。苹果和 IBM 生产的台式计算机性能实现了质的飞跃，其强大算力与便捷性迅速超越了 Symbolics 公司生产的昂贵 Lisp 机。这一转变使得依赖特定硬件环境、成本高昂的专家系统光环渐暗，市场需求与研发方向开始重新洗牌，促使人工智能领域探索更具普适性、性价比更高的技术路径。

[一] 朱迪亚·珀尔 (Judea Pearl)：以色列计算机科学家，在人工智能的不确定性推理、因果关系推断等方面做出开创性工作，提出贝叶斯网络等方法，使人工智能系统能够更好地处理不确定性信息，提升推理和决策的准确性，广泛应用于医疗诊断、金融风险评估等领域，帮助机器在复杂多变环境中做出合理判断。

[二] 大卫·鲁梅尔哈特 (David Rumelhart)：美国认知心理学家，在神经网络研究领域成果丰硕，对反向传播算法等神经网络关键技术的发展与推广起到了重要推动作用，其工作使得神经网络的训练效率大幅提升，促进了深度学习技术走向成熟。

[三] 汉斯·贝利纳 (Hans Berliner)：美国计算机科学家，在人工智能的博弈领域，尤其是国际象棋程序开发方面有卓越成就，其开发的程序在棋力上达到较高水平，展现了人工智能在复杂策略游戏中的决策能力和学习潜力，通过算法优化让计算机在复杂棋局中精准决策、快速学习对手策略。

[四] 兰德·戴维斯 (Rand Davis)：美国计算机科学家，在人工智能的知识工程、分布式人工智能等领域有深入研究，致力于构建更高效的知识表示与协作系统，推动人工智能从个体智能向群体智能、分布式智能拓展，为多智能体协同工作、知识共享等应用场景提供理论支撑与技术方案。

[五] 格瑞·特索罗 (Gerry Sussman)：美国计算机科学家，在人工智能编程、复杂系统构建等方面成果丰硕。他致力于开发实用工具与系统，有力地推动了人工智能从理论迈向实际应用，其工作为智能系统的工程化实现奠定了坚实基础，在人工智能技术的发展进程中发挥了重要的支撑与促进作用。

硬件性能瓶颈是导致人工智能热潮褪去的另一个因素。当时计算机硬件虽有发展，但无法满足人工智能算法和数据处理需求，且硬件成本高昂，限制了人工智能技术的推广和应用。市场方面，早期对人工智能的过度宣传，导致公众期望过高，而实际应用效果未达预期，因此公众信心受挫，市场需求下滑。同时，人工智能成果商业化困难，面临技术、商业模式等问题，难以实现盈利，资金投入减少。1991 年，曾备受瞩目的日本第五代计算机计划宣告失败。1993 年，人工智能领域深陷信任危机的泥沼。

　　尽管前期部分技术承诺未能兑现，应用落地困难，人们对人工智能的发展前景产生了诸多质疑。但困境往往孕育着转机，科研人员开始深刻反思传统技术路线，积极尝试强化学习、模仿学习等自下而上的全新学习方式。这些创新方法强调智能体与环境的深度交互，通过不断试错、自主学习来优化决策，为人工智能研究开启了全新方向，推动着技术逐步走出低谷，迈向新的发展阶段，这些都为人工智能的第三个热潮埋下了伏笔。

1.2.3　人工智能的第三个热潮

　　20 世纪 90 年代末至今，人工智能迎来了第三个热潮，展现出前所未有的活力和影响力，深刻地改变了社会的方方面面，推动人类进入智能时代。

　　1990 年以来，计算能力的大幅提升和数据量的爆炸式增长成为人工智能发展的重要基石。新型人工智能芯片的不断演进，如 GPU 的广泛应用以及各类专为人工智能优化的芯片架构的出现，结合云计算技术的强大支撑，使得计算机能够处理海量的数据和复杂的计算任务，为大规模神经网络模型的训练提供了坚实的硬件保障，极大地加速了人工智能技术的发展进程。

　　1998 年，杨立昆[⊖]提出的卷积神经网络 (Convoluted Neural Network，CNN)，成为深度学习领域的经典算法之一，在图像识别等领域展现出卓越的性能，为后续深度学习算法的发展和应用奠定了基础。进入 21 世纪，机器学习和深度学习逐渐成为人工智能研究的主流方向，并在各行业中得到了广泛的应用，推动了行业的智能化升级。

　　2006 年，杰弗里·辛顿[⊜]（如图 1.6 所示）发表了论文——《一种深度置信网络的快速学习算法》，与此同时，其他重要的深度学习学术文章也相继问世，在基本理论层面取得了一系列重大突破，掀起了人工智能的第三个浪潮，为深度学习的广泛应用和深入发展打开了大门，使得神经网络能够更高效地学习和处理复杂的数据模式，从而在图像识别、语音识别、自然语言处理等多个领域取得了显著的成果和进步。

　　互联网的普及和信息技术的飞速发展，催生了海量数据。社交媒体、电子商务、物联网等领域每天都产生着数以亿计的数据，这些丰富多样的数据为人工智能模型的训练提供

　　⊖ 杨立昆 (Yann LeCun)：法国计算机科学家，在深度学习领域尤其是卷积神经网络方面有极高造诣，其研究成果大幅提升了图像识别、计算机视觉等领域的性能，推动了人工智能在视觉感知任务中的广泛应用，引领了深度学习在相关领域的发展潮流，开发的卷积神经网络架构被广泛采用，大幅提高了图像分类准确率。

　　⊜ 杰弗里·辛顿 (Geoffrey Hinton)：英国计算机科学家，深度学习领域的领军人物之一，对神经网络架构、训练算法等核心技术有诸多突破性创新，为推动深度学习从理论到大规模应用转化付出诸多努力，培养了大量该领域人才，被誉为"深度学习教父"，他提出的反向传播改进算法等成果加速了深度学习的普及。

图 1.6 "AI 教父"杰弗里·辛顿（图片由 AI 生成）

了充足且多样化的素材。例如，在图像识别领域，大规模的图像数据集（如 ImageNet[○]）的出现，使得深度学习模型能够学习到丰富的图像特征，从而在图像分类、目标检测等任务上不断刷新准确率记录；在自然语言处理领域，海量的文本数据让语言模型能够更好地理解和生成人类语言，推动了机器翻译、文本生成、问答系统等应用的发展。

计算能力的提升与数据的增长相辅相成。一方面，强大的计算能力使得数据的处理和分析更加高效，能够快速完成大规模数据的预处理、模型训练和优化；另一方面，丰富的数据又为计算资源的充分利用提供了广阔的空间，促使研究人员不断探索更复杂、更强大的人工智能模型。这种良性循环推动了人工智能技术在各个细分领域的巨大进步，使得人工智能系统的性能和智能水平得到了质的飞跃，能够更好地应对现实世界中的复杂任务和挑战。

近年来，以 ChatGPT 为代表的 AIGC（人工智能生成内容）技术异军突起，成为人工智能领域的又一热点和亮点。AIGC 在内容创作成本、创作效率、模型计算消耗以及用户流量基础等多个维度实现了重大突破。与传统的内容创作方式相比，AIGC 能够利用深度学习模型快速生成高质量的文本、图像、音频、视频等各种类型的内容，大大降低了创作门槛和成本，提高了创作效率，同时也满足了用户日益多样化的内容需求。

AIGC 的应用前景极为广阔，涵盖了搜索引擎、艺术创作、影音游戏、金融、教育、医疗、工业等众多领域。在搜索引擎方面，它能够为用户提供更加精准、个性化的搜索结果和答案，提升搜索体验；在艺术创作领域，它帮助艺术家生成创意灵感、辅助绘画、音乐创作等；在影音游戏领域，它用于生成虚拟角色、场景、剧情等，增强游戏和影视作品的吸引力和沉浸感；在金融领域，辅助风险评估、投资决策等；在教育领域，实现个性化教学、智能辅导等；在医疗领域，辅助疾病诊断、药物研发等；在工业领域，优化生产流程、进行质量检测等。AIGC 的兴起有望大幅加速 AI 的商业化进程，为各行业带来新的增长点和创新机遇，推动整个社会经济的发展和变革。

○ ImageNet：由美国斯坦福大学等机构研究人员构建的一个大型的图像数据库，涵盖海量不同类别的图像，为图像识别、计算机视觉领域的研究和算法训练提供了丰富素材，基于 ImageNet 举办的图像识别竞赛极大地推动了相关技术的快速发展，促使图像识别准确率大幅提升，吸引全球科研团队参与竞争，加速技术突破。

在这次人工智能浪潮之下，也有很多研究学者做出了巨大贡献，他们的研究成果与创新实践成为推动人工智能迅猛发展的关键力量，在全球范围内产生了深远的学术与产业影响。杰弗里·辛顿，作为"AI教父""深度学习之父"，其学术生涯成就斐然。1977年，他在博士论文中对视觉系统假设处理方法的研究，为计算机视觉和模式识别奠定理论根基，引领该领域新方向。他在1998年当选英国皇家学会会士，在2006年提出深度信念网络的概念，2012年在计算机视觉领域取得突破性成果，于2018年荣获图灵奖、2024年获得诺贝尔物理学奖等，这彰显了他在深度学习理论与应用上的卓越贡献。杨立昆同样贡献卓越，在深度学习和神经网络领域建树颇丰。他凭借对卷积网络模型在计算机视觉与语音识别等应用的深入钻研而声名远扬。他发表200余篇学术论文，涉及多个领域，推动技术实际落地。他于2018年获得图灵奖，其著作为人工智能学术与实践提供了关键指引，促进了产业发展与技术进步。

2024年，诺贝尔奖颁布，人工智能领域科学家成果显著。10月8日，诺贝尔物理学奖授予美国的约翰·霍普菲尔德与英国的杰弗里·辛顿。他们的研究成果推动了物理及计算机科学等多领域发展。10月9日，诺贝尔化学奖授予三位科学家：美国华盛顿大学的戴维·贝克因在计算蛋白质设计方面贡献突出获奖；英国伦敦谷歌旗下DeepMind的戴米斯·哈萨比斯㊀和约翰·江珀，因开发出能准确预测约两亿种已知蛋白质复杂结构的AlphaFold2模型，在蛋白质结构预测方面成就卓越而获奖。

长期以来，预测蛋白质的复杂结构一直是一个难题。自20世纪70年代起科学家就致力于此，2020年，AlphaFold2模型攻克这一难题，且被广泛应用于抗生素耐药性研究、新药开发等领域。戴维·贝克团队创造出多种新蛋白质，在药物、疫苗等领域前景广阔。

2024年的诺贝尔奖中两项重要奖项与人工智能紧密相关，这既肯定了科学家的个人成就，也标志着人工智能成为推动基础科学发展的重要力量，能够助力解决传统科学方法的难题，推动多领域突破，展现了基础科学与人工智能融合的趋势。

综上所述，人工智能的第三个浪潮在技术突破、数据利用、计算能力提升、新兴技术兴起以及关键人物的推动下，正以前所未有的速度和深度改变着世界，为人类社会的发展带来了无限的可能和机遇，同时也面临着技术、伦理和社会等方面的挑战，需要我们在追求技术进步的同时，积极应对和解决这些问题，以实现人工智能的可持续发展和造福人类的最终目标。

1.3 人工智能的分类

1.2节中回顾了人工智能的发展历史。本节将从多个维度为大家剖析人工智能这一宏大主题。首先，基于能力视角，我们将探讨弱人工智能——专注于特定任务执行，已广泛

㊀ 戴米斯·哈萨比斯(Demis Hassabis)：英国计算机科学家，在人工智能与神经科学交叉领域有深入探索，领导开发的人工智能系统在游戏、复杂决策任务等场景展现出强大能力，推动了人工智能在多领域的拓展应用，尤其是强化学习等技术在实际场景的落地，比如其开发的游戏AI能快速学习策略、战胜人类玩家，拓展到自动驾驶等领域也表现出色。

应用于语音识别、图像分类等日常场景；强人工智能——追求具备与人类同等智能水平，虽仍在探索中，但已展现出令人惊叹的潜力；超人工智能——那近乎科幻的设想，一旦实现，将颠覆我们对世界的认知。其次，依据学派分类，深入符号学派的逻辑推理世界，感受联结学派神经网络的强大学习能力，挖掘贝叶斯学派处理不确定性信息的精妙之处，领略类推学派利用相似性解决问题的独特魅力。最后，从应用领域出发展现人工智能在医疗、交通、金融、教育等行业的深度赋能，让大家真切体会到这一前沿技术如何重塑当今与未来的生活。

1.3.1 基于能力的分类

在人工智能领域，依据其能力水平可以大致分为弱人工智能、强人工智能和超人工智能，这三种类型的人工智能在定义、特点、应用以及与人类社会的关系等方面均存在显著差异，它们共同构成了人工智能丰富多彩的发展图谱，对现代社会的各个层面产生着日益深刻的影响。

弱人工智能，又称应用人工智能或狭义人工智能，是目前在我们日常生活和众多行业中最为常见的人工智能形式。其核心目标是针对特定任务或领域进行设计与开发，旨在通过依赖大数据和特定算法，在限定的领域范围内模拟人类的智能行为，以高效解决各类实际问题。然而，值得注意的是，弱人工智能并不具备真正意义上的理解能力或意识，其行为表现主要由预设算法的逻辑结构以及所处的运行环境所决定，缺乏自主意识以及应对未知环境变化的能力。目前的人工智能机器还处于这个阶段。

从实际应用的角度来看，弱人工智能的成果已经广泛渗透到我们生活的方方面面。例如，语音助手作为一种典型的弱人工智能应用，能够精准识别用户的语音指令，并依据预设的程序逻辑迅速做出回应，帮助用户完成诸如查询信息、设置提醒、拨打电话等任务。图像识别软件也是弱人工智能的成功范例之一，它可以准确辨别图片中的物体类别、场景信息以及人物特征等，在安防监控、图像编辑、医疗影像诊断等多个领域发挥着重要作用。

在技术实现层面，弱人工智能系统中的算法和程序本质上是基于图灵机的计算模型运行的。图灵机由艾伦·图灵在他 1936 年发表的论文——《论可计算数及其在判定问题上的应用》(On Computable Numbers, with an Application to the Entscheidungsproblem) 中提出，这一抽象计算模型主要由一条无限长的纸带、一个读写头以及一个控制装置构成。纸带被划分为众多小方格，每个方格能够存储特定符号，读写头可以在纸带上灵活移动，读取或写入方格中的符号，并依据控制装置的指令执行相应操作。该模型的工作原理基于有限状态自动机的概念，在运行过程中，图灵机根据当前所处的内部状态以及读写头所读取的符号，按照预先设定的规则，决定下一步的动作，包括在纸带上写入新的符号、移动读写头的位置以及转换到新的内部状态等。图灵机从理论上为可计算性理论奠定了基础，清晰地界定了可计算问题的范畴，使人们对计算的本质有了更为深刻的认识，为现代计算机科学的发展提供了坚实的理论基石。而弱人工智能正是在图灵机所构建的理论框架内，充分利用现代先进技术和海量数据资源，通过对数据的高效处理和深入分析来模拟智能行为，从而不断拓展计算机在智能领域的应用边界，有力推动了人工智能技术在各个特定领域的落地生根和蓬勃发展。

与弱人工智能不同，强人工智能又被称为通用人工智能，它代表了一种更为高级和复杂的人工智能形态。强人工智能追求的是创建一个理论上能够与人类智慧相媲美的人工智能系统，该系统不仅能够熟练执行特定任务，更重要的是具备自我意识、情感体验以及理解和学习任何人类智能活动的能力。

这种类型的人工智能能够以与人类相似的方式去理解世界，展现出创造性思维和情感理解能力，并且可以在没有预先特定编程的情况下，灵活地解决各种复杂问题，同时还能够通过不断积累经验进行自适应学习，持续优化自身的行为和决策策略。例如，罗杰·尚克[一]及其同事开发的 SAM(Script Applier Mechanism，脚本应用机制) 程序能够阅读报纸、故事并基于脚本回答问题，从一定程度上可以模拟人类理解故事的能力，这似乎意味着计算机真正理解了故事并能像人类一样回答问题，在一定程度上体现了强人工智能所追求的目标和特征。

然而，强人工智能的观点也受到了质疑和挑战。中文屋实验就是一个有力的反驳例证。在这个实验中，尽管从外部表现来看，房间里的人（如同按照程序运行的机器）能够给出正确的中文回答，但实际上他并未真正理解中文的含义，仅仅是按照既定的规则进行符号操作。这就如同尚克开发的程序，只是在形式上处理符号，而并非真正具备对故事内容的理解能力。这表明，仅仅依靠输入/输出和程序机制并不足以构成真正的理解，对强人工智能中机器能理解故事等说法提出了严峻的挑战。而且，针对程序能够解释人类理解能力的观点也可以进行有力反驳。在中文屋的案例中，人拥有程序却没有实现理解，而且目前并没有确凿证据表明这与计算机程序存在必然联系。这说明计算机程序对于理解而言既不是充分条件，也没有证据显示其是必要条件或对理解有实质性重要贡献，进而从根本上反驳了程序能够解释人类理解故事和回答问题能力的观点。

超人工智能作为一种理论上的人工智能终极形态，设想其在几乎所有领域，包括科学创新、创造力、社会技能、情感智慧等各个方面，都能够超越人类最优秀水平的智能体。超人工智能具有一系列令人惊叹的能力特征。目前，超人工智能只存在于虚构的情节和想象之中，比如说电影《终结者》系列中产生了自我意识的人工智能"天网"(Skynet)。

首先，其思维速度、记忆能力和信息处理能力将远超人类极限，能够在瞬间同时处理海量的数据信息，并从中敏锐地发现复杂的关联关系和潜在模式，这种高效的数据处理和分析能力为解决各种复杂问题提供了强大的支持。其次，超人工智能具备自我改进的卓越能力，它不仅能够不断优化自身的算法结构和运行逻辑，甚至还能够自主设计出比人类所

[一] 罗杰·尚克 (Roger Schank)，美国知名人工智能理论家、认知心理学家与教育改革家。他在学术领域建树颇丰，在卡耐基梅隆大学研习数学并获本科学位，后在德克萨斯大学奥斯汀分校取得语言学博士学位。曾在斯坦福大学、耶鲁大学等高校任教，在耶鲁大学时身兼计算机科学与心理学教授等要职，还创立多个研究项目。其开创性提出概念依赖理论，为自然语言理解开辟新径，又倡导基于案例的推理，缓解知识获取瓶颈，推动了人工智能的发展。同时，他还积极投身教育改革，抨击传统教育弊端，力主用软件革新教学，对人工智能、认知科学及教育界影响深远。

创造的更为先进和高效的人工智能系统，从而实现智能水平的持续快速提升。此外，超人工智能还能够无缝整合跨领域的知识体系，打破传统学科之间的界限，将不同领域的知识和技术融会贯通，以创新性的思维方式解决各种复杂问题。基于极其复杂和多维的数据进行深度分析，超人工智能能够做出精准的预测与决策，有效避免人类决策过程中常见的认知偏差或局限，从而在众多领域展现出无与伦比的优势和价值。

然而，超人工智能的发展也引发了一系列的道德与伦理挑战。由于其决策过程和行为方式可能基于高度复杂的算法和海量数据，这使得其决策结果可能超出人类的理解范围，从而引发人们对其决策合理性和安全性的担忧。因此，如何确保超人工智能的目标和行为始终与人类的利益保持一致，成为急需解决的关键问题之一。

关于超人工智能的发展路径主要有以下几种可能。其一，人工智能系统在不断发展和进化的过程中逐渐变得足够聪明，进而开始具备自我改进和优化的能力，最终以指数级的速度快速提高智能水平，直至达到超越人类的程度。其二，人类与智能机器之间可能会形成一种共同进化的关系，人类通过脑机接口或其他先进技术手段，充分利用机器智能来提升自身的能力，从而在一定程度上避免机器完全独立发展成为超人工智能的局面，实现人机协同共进的发展模式。其三，全球互联网络有可能逐渐演变成一种分布式的超人工智能形式，随着所有的数据资源、计算能力以及各类先进技术在网络层面上的紧密连接和深度融合，网络本身有可能逐渐具备智能特征，并通过不断的自我学习和优化来持续提升自身的智能水平。

超人工智能的潜在影响是全方位且极其深远的。在技术突破方面，它有望推动科学领域实现前所未有的巨大突破，为解决诸如癌症、清洁能源、气候变化等长期困扰人类的重大问题提供创新性的解决方案和技术手段。然而，在经济和社会变革方面，超人工智能的发展可能会引发一系列深刻的变革和挑战。许多传统的工作岗位和产业可能会被其强大的能力所颠覆，导致就业结构和经济格局发生深刻变化，虽然生产力可能会因此而成倍提高，但同时也可能引发严重的失业问题和财富分配不均等社会矛盾。在伦理和安全挑战方面，超人工智能带来的最大问题无疑是安全隐患。如果其发展目标和行为模式与人类不一致，那么可能会对人类的生存构成严重威胁，因此确保其友善性和安全性成为超人工智能发展过程中最为关键的问题之一。此外，超人工智能的出现还可能导致人类的角色和地位发生根本性的变化，人类可能不再是地球上最聪明的生命体，这将引发一系列深刻的存在主义问题，促使人们重新思考在超智能控制的世界里人类的角色、意义和价值。

超人工智能的发展引发了众多科学家和技术专家的广泛关注和深深担忧。斯蒂芬·霍金、埃隆·马斯克、尼克·博斯特罗姆⊖等知名人士都曾公开表达了对超人工智能潜在风险的忧虑，他们认为如果不谨慎对待和妥善处理其发展过程，超人工智能有可能成为人类

⊖ 尼克·博斯特罗姆（Nick Bostrom），瑞典哲学家和人工智能思想家。他专注于研究未来技术的潜在影响，尤其是人工智能对人类社会和文明的深远意义。在其学术生涯中，出版了诸多具有影响力的著作和论文，如《超级智能：路径、危险性与应对策略》等。他深入探讨了超级智能可能带来的巨大机遇与严峻挑战，促使全球学界和社会更加重视人工智能发展的伦理和战略问题，其观点在人工智能伦理和未来学领域引发广泛关注与讨论，为该领域的研究发展提供了重要的理论框架和思考方向。

生存的巨大威胁,其行为方式可能会变得无法预测和难以控制,最终可能会像"天网"一样试图消灭人类。尼克·博斯特罗姆在其著作中深入探讨了如何避免超人工智能失控的问题,并提出了"AI控制问题",强调必须采取有效措施确保其发展始终不偏离人类的目标和利益。

从社会层面来看,超人工智能的发展引发了诸多复杂的社会问题。它可能会从根本上改变人们的生活和工作方式,对就业市场、经济结构、社会治理等诸多方面产生深远的影响。在数字经济与人工智能机器的监管方面,如何建立有效的监管机制和控制体系成为摆在人们面前的紧迫任务。

此外,超人工智能的发展还可能催生出新的政治形式和社会结构,同时也引发了人们对人类在数字模拟状态下的生存状态和意义的深入思考。在实际应用中,例如在医疗决策场景中,当面临是否应该关闭生命维持系统等复杂问题时,超人工智能的决策过程和依据可能难以被人类完全理解和接受,这就需要我们深入研究如何确保其决策的合理性和可解释性,以及如何明确人类在与超人工智能交互过程中的责任和权利。

综上所述,弱人工智能、强人工智能和超人工智能各自代表了不同阶段和能力水平的人工智能发展形态,它们在技术实现、能力特点、与人类的关系以及对社会的影响等方面都存在着显著的差异和独特的挑战。深入理解和研究这些不同类型的人工智能,对于我们把握人工智能的发展趋势、应对潜在风险以及合理引导其与人类社会的和谐发展具有至关重要的意义。

1.3.2 基于学派的分类

在人工智能领域,基于不同的理论基础和研究方法,形成了多个具有独特见解和技术路径的学派,主要包括符号学派、联结学派、贝叶斯学派和类推学派。这些学派各自秉持着鲜明的观点,采用不同的方法,为人工智能的发展贡献了丰富的成果和多样的思路,共同推动着这一领域不断向前迈进。

符号学派强调使用数学逻辑来模拟人类认知过程,其核心观点认为人类思维的基本单元是符号,人类认知过程本质上就是符号运算。他们主张运用逻辑方法构建人工智能的统一理论体系,通过符号推理来实现人工智能,即"认知即计算"。在这一理念下,知识能够用符号精准表示,认知被视为符号处理过程,而推理则借助启发式知识及搜索策略对问题进行求解。例如,在专家系统中,医疗领域的专业知识可以用逻辑规则表示,如"如果患者出现发热、咳嗽且白细胞计数升高,那么可能患有肺炎",通过对这些规则的推理,计算机能够在给定患者症状的情况下做出初步诊断。

符号学派在人工智能的发展历程中占据着重要地位,尽管没有明确单一的创始人,但涌现出了众多推动该领域进步的关键人物。约翰·麦卡锡便是其中的杰出代表,1955年他向洛克菲勒基金会提交的《达特茅斯夏季人工智能研究项目提案》中,首次提出了"人工智能"这一具有里程碑意义的词汇。1958年,他发明的LISP语言,极大地推动了人工智能的早期发展,其提出的情景演算理论等也为后续研究奠定了坚实基础。艾伦·纽厄尔和赫伯特·西蒙同样声名卓著，他们共同开发的"逻辑理论机"是早期人工智能的重要成果，还提出了物理符号系统假设，为符号主义构建了核心理论框架。西蒙在认知心理学和人工智能的交叉领域贡献突出，其有限理性理论等成果以及著作《人工科学》深入探讨了人工智能的相关理论，为该领域的发展提供了深刻的理论见解。

符号学派的优点显著，能够有效地处理复杂逻辑问题，精确清晰地表述知识和规则，其理论基础成熟，在知识表示、推理等方面具有明显优势，这使得专家系统在医学、金融等众多领域都取得了良好的应用成果，如在医学诊断中辅助医生判断疾病类型，在金融风险评估中预测市场趋势。然而，该学派也存在一定局限性，它难以处理非结构化数据，对于复杂实际问题的适应性欠佳，还面临着"常识"问题的障碍，以及在处理不确定事物的知识表示和问题求解等方面存在难题，在应对不确定性和模糊性问题上表现出明显的局限性。

符号学派的代表性观点涵盖多个方面。物理符号系统假设认为智能的本质是物理符号系统的功能，由符号实体组成的系统通过操作和规则实现知识表示与处理，就像计算机中的数据和程序。其强调认知是符号运算，通过符号和运算模拟人类认知能力，为人工智能提供理论基石。在知识表示和推理方法上，采用逻辑公式、语义网络等形式表示知识，并开发演绎、归纳等推理算法，实现问题求解，如专家系统依据规则推理解答问题。在问题求解过程中，常采用启发式搜索，借助经验和领域知识等引导搜索，提高效率，如棋类游戏中根据局势评估走法。有限合理性原理则指出人类决策追求满意解，人工智能也可借鉴，设定合理目标和约束，采用启发式方法实现高效问题求解。

联结学派的代表性人物包括沃伦·麦卡洛克和沃尔特·皮茨，他们共同提出了神经元的数学模型，为神经网络的研究奠定了基础。杰弗里·辛顿在神经网络的深度学习算法等方面贡献卓越，他提出的受限玻尔兹曼机等模型对深度学习发展影响深远，并于2024年荣获诺贝尔物理学奖。以上人物推动了神经网络在图像识别、语音识别等领域的广泛应用。

联结学派的核心观点是通过模拟生物神经系统中神经元之间的相互连接和权值来实现人工智能，强调知识和技能的获取源于对大量数据的学习，认为智能源于大量简单神经元的复杂相互作用，网络通过调整神经元之间的连接权重来适应不同的输入/输出关系。例如，在图像识别中，神经网络通过对大量图像数据的学习，自动提取图像的特征，如边缘、纹理、颜色等，从而识别出图像中的物体类别。

该学派的优点在处理图像、语音等复杂感知数据方面表现出色，具有强大的学习能力和模式识别能力，能够自动从数据中提取特征，随着数据量和计算能力的提升，在多个领域取得了重大突破，如深度学习在图像识别和自然语言处理领域达到了高精度的成果，能够在安防监控中准确识别人员和行为，能够在智能翻译中实现较为流畅的语言转换。但其缺点也不容忽视，网络训练需要耗费大量时间和计算资源，模型解释性差，难以理解网络内部的决策过程和逻辑关系，网络结构设计和参数调整依赖经验和试错，容易出现过拟合等问题。

联结学派的代表性观点丰富多样。神经网络模拟大脑机制，通过构建由大量神经元相互连接而成的网络，模拟生物神经系统的并行性和容错性，神经元之间的连接权重决定信号传递强度和相互影响程度，如人工神经网络对输入信息进行分布式处理。学习通过调整连接权重实现，在监督学习中，利用反向传播算法根据误差调整权重，使网络输出逼近期望输出，从而学习到数据的映射关系。分布式知识表示则将知识以分布式方式存储在神经元及连接权重中，如在图像识别网络中通过神经元激活状态和权重编码图像特征，增强泛化能力。自组织和自适应特性使网络能根据输入数据自动调整结构和参数，如自组织映射网络在无监督学习中对神经元聚类，同时网络能自适应更新权重以提高性能。涌现智能观点认为复杂智能行为由大量神经元相互作用涌现，如深度神经网络在多领域展现出的智能性能并非预先编程，而是在训练和运行中自然涌现的。

贝叶斯学派由托马斯·贝叶斯创建，皮埃尔-西蒙·拉普拉斯重新发现贝叶斯公式，并将其应用于天体力学等领域，有力地推动了贝叶斯方法的传播与发展。朱迪亚·珀尔在贝叶斯网络和因果推理方面贡献卓越，他开发的基于结构模型的因果关系和反事实推理理论，以及相关著作，极大地促进了人工智能中概率推理和因果关系研究的发展。

该学派以贝叶斯定理为核心，认为在获得新信息后，可以通过更新先验概率来计算后验概率，从而对事件进行更准确的推断和决策，强调利用先验知识和数据来估计不确定性，通过概率模型来处理不确定性问题，并根据新的数据不断调整模型的参数和概率分布。例如，在医疗诊断中，医生可以根据患者的症状、病史等先验信息，结合新的检查结果，通过贝叶斯定理计算患者患有某种疾病的后验概率，从而做出更准确的诊断。

贝叶斯学派在处理不确定性和不完全信息时能够提供最优决策支持，可有效结合先验知识和新数据进行推理，适用于风险评估、预测等领域。在医疗诊断中辅助判断疾病可能性，在金融风险预测中评估市场波动风险，其概率模型具有良好的数学基础和理论框架。然而，该学派也存在一些弊端，在遭遇黑天鹅事件时，其理论可能会瞬间失灵，难以躲避局部最优陷阱，还可能被非独立证据欺骗，对先验概率的设定较为敏感，不同的先验概率可能导致不同的结果，在复杂系统中计算后验概率可能会面临计算复杂度高的问题。

类推学派没有明确公认的创始人，该学派认为智能的本质在于能够发现和利用不同事物之间的相似性和类比关系，通过类比推理来解决新问题，即从已知的相似问题或案例中推导出解决新问题的方法和思路，强调经验和记忆在智能中的重要作用，智能系统通过积累大量的案例和经验，并在新情境中进行类比匹配来实现学习和决策。道格拉斯·霍夫施塔特的著作《哥德尔、艾舍尔、巴赫：集异璧之大成》以独特视角探讨了思维、意识和类比等问题，对类推学派思想产生了一定的启发和影响。

类推学派的优点在于其符合人类的认知和思维方式，能够利用已有的知识和经验快速解决类似问题，在一些需要创造性思维和灵活性的任务中表现出色，如在设计、艺术创作等领域具有一定的应用潜力，对于小数据量问题也能较好地处理，在产品设计中借鉴已有成功案例进行创新。但它也存在明显的缺点，类比的准确性和可靠性难以保证，不同的人对相似性的判断和类比的方式可能不同，缺乏严格的理论基础和数学模型，难以像其他学派那样进行精确的计算和推导，在处理大规模数据和复杂问题时效率较低，对问题的表示和特征提取要求较高。

类推学派的代表性观点包括基于相似性的推理，认为人类思维依赖于对相似性的识别和利用，将已知知识应用于新情境，如日常生活中根据以往经验类推解决新问题。结构映射理论强调在类推过程中对源领域和目标领域之间结构关系的映射，注重深层次结构相似性，如科学研究中对原子与太阳系结构的类推。类推被视为创造力和问题解决的重要手段，许多科学发现和技术创新源于类比思维，如飞机发明受鸟类飞行启发。在人类认知的发展过程中，类推起着重要作用，如儿童通过类推学习语言、理解概念和解决问题。但类推也存在局限性和易错性，可能因忽略差异导致错误结论，如火星与地球生命的类推，因此运用类推需谨慎并结合其他方法综合判断。

综上所述，符号学派、联结学派、贝叶斯学派和类推学派各自从不同角度探索人工智能的实现路径，它们的优势和局限性相互补充，共同构成了人工智能丰富多彩的研究格局，为解决各种复杂问题提供了多样化的思路和方法，推动着人工智能不断向纵深发展，以满足不同领域的需求和挑战，在未来的发展中，各学派也将继续演进和融合，为人工智能的新突破贡献力量。

1.3.3 基于关键技术的分类

在当今的数字化时代，人工智能已广泛渗透到各个领域，依据其技术和应用场景，可大致分为以下几类。

1. 计算机视觉

计算机视觉旨在赋予计算机理解和解释图像及视频信息的能力，模拟人类视觉系统的功能，它在诸多行业有着革命性的应用。

在医疗领域，医疗影像分析是计算机视觉技术的典型应用，这种技术助力医生更精准地诊断疾病。例如，在肺部 CT 影像分析中，深度学习算法可以快速识别出微小的结节，标记出可能存在病变的区域。通过对大量肺部疾病影像数据的学习，模型能够区分良性与恶性结节，为医生提供辅助诊断建议。早期肺癌的检测难度较大，人工阅片容易遗漏一些细微病灶，而计算机视觉系统凭借其高精度的图像识别能力，能极大提高检测的灵敏度与准确性，有效缩短诊断时间，为患者争取宝贵的治疗时机。

自动驾驶是计算机视觉的典型前沿应用。以特斯拉汽车为例，其配备的多个摄像头和传感器采集车辆周边环境信息，利用计算机视觉算法实时识别道路标识、交通信号灯、其他车辆以及行人。摄像头捕捉到的图像经过复杂的神经网络处理，车辆能够精准判断与周围物体的距离、速度和运动方向，从而自动做出加速、减速、转弯等驾驶决策，实现安全高效的无人驾驶或辅助驾驶功能，彻底改变传统交通出行模式，有望大幅降低交通事故的发生率。

在安防监控领域，计算机视觉发挥着关键作用。智能视频监控系统能够实时监测公共场所人员的行为与动态。例如，在机场、火车站等人流密集区域，系统可以自动检测异常行为，如人群突然聚集、奔跑或有人遗留可疑物品等。一旦发现异常，立即触发警报并通知安保人员，有效提升公共安全防范水平，及时应对各类潜在风险，保障人民生命财产安全。

语音识别与自然语言处理技术专注于让计算机理解、生成人类语言，实现人机之间自然流畅的交互沟通，涵盖多个关键技术方向。

首先一个典型应用是智能语音助手，苹果的 Siri、亚马逊的 Alexa 以及小米的小爱同学等智能语言助手，已广泛进入人们日常生活。用户通过简单的语音指令，就能让它们执行各种任务。例如，早晨醒来，用户对小爱同学说"播放今天的新闻"，它会迅速连接网络，搜索并播放最新资讯；出门前问 Siri "今天天气如何"，它能即刻获取当地的天气状况，包括气温、降水概率等详细信息，为出行提供参考，极大便利了人们的日常起居安排。

许多企业网站或客服平台都部署了聊天机器人，用于解答客户常见问题。例如，电商平台的客服机器人，当消费者咨询某款商品的尺码、颜色、材质等信息时，它能够快速从知识库中检索相关内容，以通俗易懂的语言回复，提供 24 小时不间断服务，有效减轻了人工客服的压力，提升了客户服务效率与满意度，并能及时解决客户购物过程中的疑问。

语音转文本在办公场景中应用广泛，如讯飞输入法的语音输入功能，用户只需口述内容，软件便能快速将语音转换为文字，识别准确率极高，适用于撰写文档、发送即时消息等多种场景，大大提高了文字输入效率，尤其是为不擅长打字的用户带来了极大便利。

谷歌翻译、百度翻译等工具借助语音识别与机器翻译技术结合，实现跨语言交流障碍的突破。例如，在国际商务会议上，参会人员使用手机上的翻译软件，一方说中文，软件实时识别语音并翻译成英文展示给对方，反之亦然，促进了不同语言背景人员的顺畅沟通，助力全球化交流合作。

社交媒体监测平台利用情感分析技术，对用户发布的内容进行情感倾向判断。例如，品牌商关注消费者在微博、抖音等平台对自家产品的评价，通过情感分析了解用户对产品的满意度（正面、负面还是中性评价），以便企业及时调整营销策略，改进产品质量，精准把握市场反馈。

2. 生成式人工智能

生成式人工智能是指利用机器学习算法生成全新内容的技术，这些内容具有与人类创作相似的特征，涵盖文本、图像、音频等多种形式。

其核心在于模型通过对海量数据的学习，掌握数据背后的模式与规律，进而自主创造出全新的、看似出自人类之手的作品。例如，OpenAI 研发的 GPT 系列模型在文本生成领域表现卓越。给定一个主题或提示，它能生成连贯、逻辑清晰且富有创意的文章段落，可用于辅助写作、内容创作构思等。

在图像生成方面，用户只需输入描述性文本，如"一幅凡·高风格的星空下的城堡油画"，它便能在短时间内生成相应的精美画作，风格模仿逼真，色彩搭配协调，为艺术家提供灵感启发，也拓宽了普通大众参与艺术创作的途径。

此外，在音频领域，一些生成式模型能够依据给定的音乐风格、情感基调等要求，创作出全新的音乐片段，满足个性化音乐需求，无论是用于视频配乐还是个人欣赏，都展现出巨大潜力，推动着各行业内容创作模式的变革创新。

综上所述，人工智能在不同应用领域的蓬勃发展，正深刻改变着我们的生活、工作与社会运转方式，随着技术的持续进步，其应用前景将更加广阔。

1.4　人工智能的现在和未来

当今时代，第三次人工智能的浪潮还未褪去，技术创新的澎湃动力持续席卷全球各个领域。步入 21 世纪 20 年代，人工智能大模型与 AIGC（人工智能生成内容）异军突起，以势不可挡的态势火爆全球。大模型凭借其强大的学习与处理能力，能够在海量数据中挖掘规律、洞察趋势，AIGC 更是以神奇的创造力，生成文字、图像、音频等各种形式的内容，它们迅速吸引了公众的目光。无论是在科技研发的前沿阵地，还是产业升级的关键节点，人工智能大模型与 AIGC 都已成为推动变革的关键力量，它们重塑了行业的发展模式，引领企业迈向智能化转型之路，也为创业者提供了无数新的机遇与挑战，成功开启了一个充满无限可能与活力的新时代。

在各个领域，人工智能尽显影响力与潜力。在医疗健康领域，它能分析海量影像数据，助力精准诊断，为医生提供辅助建议，提升诊断效率与准确性；在交通出行领域，无人驾驶技术突破，智能交通系统优化流量、减少拥堵，增强出行安全性与便捷性；在工业制造领域，智能机器人与自动化生产线实现高精度、高效率生产，降低成本，提升产品质量；在教育领域，智能辅导系统依据学生情况提供个性化学习方案，助力因材施教。

然而，人工智能的发展也引起了一系列问题。在伦理道德方面，模型决策好似"黑箱"，其不可解释性冲击着传统道德观念，引发责任界定、公平性及隐私保护等争议，如无人驾驶事故责任难定，招聘、贷款审批算法易现偏见，数据收集还可能侵犯隐私，因此急需完善伦理规范与法规引导约束。

在人才培养方面，行业发展急需高端复合型人才，现有的教育体系却难以满足。该领域要求学生兼具数学、计算机等专业知识与应用领域知识，但当前课程与实践教学脱节，人才供给不足，这制约着企业创新与行业发展。

企业盈利困境突出，技术研发需高额投入，涵盖算法、模型训练、硬件升级等；应用落地成本较高，包括定制开发、系统集成、数据处理等成本。市场竞争激烈，多数企业仍在探索商业模式，未找到稳定的盈利途径，财务压力巨大。

法律规制滞后，以无人驾驶为例，上路标准、事故责任认定、保险政策等法规缺失，技术更新快、地区差异大等因素也增加了立法难度，需精准平衡创新与安全、权益保障。

开源生态方面也有难题，虽然开源利于技术的传播，但存在抄袭、维护不足等问题，开源社区管理协作机制尚待完善，威胁项目可持续性。

针对模型不可解释性，在技术层面，应开发可解释算法、运用可视化等手段透明决策过程；在法律层面，要求开发者与使用者说明备案决策机制，融入人类价值观，实现人机和谐共生。

人工智能还存在安全风险，算法漏洞、框架安全隐患、数据标注不规范等影响系统可信度与稳定性，制约了应用的拓展，对个人、组织及社会带来的危害，涵盖隐私、生命、财产、伦理、政治、文化、经济、军事、环境等领域。

庆幸的是，全球人工智能安全治理已起步并初获进展。各国积极行动，欧盟制定《人工智能法案》分类监管；美国发布多政策，引导创新与管控风险；中国从战略高度平衡发展与安全；英、日、印、韩等也依国情策施。产业组织协同发力，IEEE等发布准则标准，促进行业自律。企业积极担当，谷歌设立了伦理委员会，百度重视数据安全与算法透明，微软投入资源进行安全技术的研究和开发。

人工智能的安全治理任重道远，应完善风险识别方法，借助先进技术捕捉风险信号；强化评估防范机制，构建多维度综合体系，严控风险。唯有全球携手，持续探索，才能筑牢安全屏障，让人工智能造福人类。

小结

本章全面地探讨了人工智能这一前沿领域的多个重要方面。首先，在人工智能的含义上，不仅阐述了智能的定义，剖析了其包含的推理、规划、学习等多种能力，还探讨了机器能否思考这一富有挑战性的问题，引发了人们对于人工智能本质和边界的深入思考。

接着，阐述了人工智能的发展历程。自20世纪50年代达特茅斯会议上"人工智能"一词诞生以来，早期先驱们怀揣着对智能机器的美好憧憬，为其奠定了理论基础，开启了这一领域的新纪元。此后，人工智能经历了技术瓶颈导致的发展低谷以及资金短缺引发的研究停滞等，科研人员凭借坚韧不拔的精神，使得人工智能在知识表示、机器学习、计算机视觉等关键领域不断取得突破。从符号主义学派到联结主义，一次次的技术迭代让人工智能逐渐融入社会生活的诸多方面，为其进一步的发展和应用铺就了坚实道路。

然后，总结了人工智能基于不同方面的分类。从能力视角来看，分为弱人工智能、强人工智能和超人工智能。弱人工智能专注于特定任务的执行，如语音识别、图像分类等，已在日常生活中得到广泛应用；强人工智能追求具备与人类同等智能水平，虽尚未实现，但已展现出巨大潜力；超人工智能则近乎科幻设想，一旦达成将颠覆我们对世界的认知。依据学派分类，有符号学派的逻辑推理、联结学派的神经网络学习、贝叶斯学派处理不确定性信息以及类推学派利用相似性解决问题等不同的方法和理论体系。此外，从应用领域出发，还可将人工智能分为医疗、交通、金融、教育等多个类别，其在不同行业的深度赋能，正重塑着人们的生活。

最后，探讨了人工智能的现状。当前，机器学习作为核心技术之一，通过训练模型从大量数据中学习规律和知识，深度学习更是在计算机视觉、自然语言处理等领域取得重要进展，推动了图像识别、语音识别、自动驾驶等应用的发展。同时，自然语言处理技术让计算机能够理解和处理人类语言，实现了与人类的自然对话，并在多个领域广泛应用。此外，机器人技术、智能交通、医疗健康等领域的应用也日益广泛，但人工智能的发展也面临着算法透明度和可解释性、数据隐私保护、伦理道德等诸多挑战。

习题

1. 你认为智能的定义应该更侧重于人类的哪种能力？为什么？
2. 机器能否像人类一样思考？请阐述你的观点和理由。
3. 简述人工智能学科发展过程中的一个重要阶段，并说明其对当前人工智能应用的影响。
4. 在你看来，弱人工智能在日常生活中的应用有哪些优点和不足？
5. 强人工智能的实现会对社会就业产生怎样的影响？
6. 超人工智能若成为现实，可能会引发哪些伦理问题？
7. 符号主义学派和联结主义学派在人工智能发展中的主要区别是什么？
8. 贝叶斯学派在处理不确定性信息时的优势体现在哪些方面？
9. 类推学派利用相似性解决问题的方法在实际应用中有哪些局限性？
10. 举例说明人工智能在医疗领域的应用如何改变了传统的医疗模式。
11. 人工智能在交通领域的应用对城市交通规划有何启示？
12. 如何平衡人工智能在金融领域应用中的风险与收益？
13. 你认为人工智能在教育领域的应用对学习效果有哪些积极和消极影响？
14. 面对人工智能发展中的伦理问题，你认为应该采取哪些措施来加以规范？
15. 结合生活实际，谈谈你对人工智能未来发展趋势的预测。

第 2 章
人工智能基础

人工智能是一门旨在赋予机器模仿和实现人类智能行为的技术，涵盖从基础的逻辑推理到高度复杂的学习过程，广泛应用于各类智能化任务。随着技术的不断进步，机器学习和深度学习逐渐成为人工智能的核心驱动力，它们让人工智能从早期依赖人为设计规则的模式，迈向通过数据发现规律并自适应调整的全新阶段。这种从"规则驱动"到"数据驱动"的转变，使得人工智能能够应对更加复杂、多变的现实问题。本章将从人工智能、机器学习和深度学习之间的关系入手，引导读者逐步了解机器学习和深度学习的基础知识。

2.1 人工智能、机器学习和深度学习的关系

人工智能作为一个广泛的技术领域，其核心目标是赋予机器执行复杂任务的智能能力，包括理解语言、识别图像以及做出决策等。在实现这些能力的过程中，机器学习和深度学习发挥了至关重要的作用。如果将人工智能比作广袤的宇宙，那么机器学习便是其中一颗明亮的星球，而深度学习则是这颗星球上最璀璨的宝石。

人工智能的早期发展主要依赖于人为设计的规则和逻辑推理。然而，随着应用场景的复杂化和多变性，这种基于规则的方法逐渐显得捉襟见肘。为了应对复杂环境的挑战，人工智能的发展逐步转向数据驱动的机器学习。机器学习通过训练计算机在大量数据中发现模式，从而实现预测、分类等任务，而无须事先编写明确的规则。例如，在推荐系统中，机器学习模型能够通过分析用户的历史行为数据，预测用户可能感兴趣的内容。

在机器学习的框架下，深度学习的引入进一步增强了人工智能的能力。深度学习模拟了人脑神经网络的结构，可以自动提取数据中的特征，减少了对手工特征工程的依赖。在图像处理任务中，深度学习通过多层神经网络自动学习图像中的边缘、形状以及更复杂的结构，从而实现高精度的图像识别。这种自动化的特征提取能力，使深度学习在处理语音、文本和图像等复杂数据时表现尤为出色。

深度学习技术的成功离不开现代硬件的支持，尤其是图形处理单元[一]的普及起到了关键作用。与传统的中央处理单元[二]相比，GPU 在处理深度学习任务时展现出了显著的优势。

[一] 图形处理单元 (Graphics Processing Unit, GPU)：一种专为并行计算设计的硬件设备，最初用于加速图形渲染任务，如游戏画面和 3D 建模。GPU 拥有大量的小型计算核心，能够同时处理多个数据块的计算任务，这种特性使其在深度学习模型训练中发挥了重要作用，大幅提升了神经网络的计算速度和效率。

[二] 中央处理单元 (Central Processing Unit, CPU)：计算机的核心处理器，主要负责执行程序中的各种逻辑和运算任务。CPU 更擅长处理单一的复杂任务，类似于一位精通多种技能的工匠，但其核心数量较少，因此在处理需要大量并行计算的任务时效率较低。

深度学习的训练过程涉及大量矩阵运算⊖，这是一个典型的计算密集型过程。矩阵运算贯穿于神经网络的前向传播和反向传播阶段，包括对多个变量的加法、乘法以及权重更新等操作⊖。这些操作通过大量线性代数计算支撑起模型的训练过程，是深度学习的核心步骤。传统的 CPU 架构更适合逐步完成复杂计算任务，类似于一位经验丰富的工匠，能够独立、高效地处理精细的工作。然而，当面对大批量的简单、重复任务时，CPU 在效率方面就显得力不从心。相比之下，GPU 则凭借其并行计算能力，能够同时运行数百甚至数千个计算核心，处理多个数据点的运算任务，类似于一条高效的流水线，每个核心负责一个简单的计算单元。在深度学习模型的训练过程中，GPU 的优势尤为显著。例如，在权重更新阶段，GPU 可以同时更新网络中数千个神经元的参数，从而大幅缩短训练时间。对于大型神经网络而言，使用 CPU 可能需要几天甚至几周才能完成训练，而采用 GPU 往往能够将时间缩短至数小时或数天。正是由于 GPU 拥有强大的并行计算能力，深度学习技术才能快速发展，推动解决比以往更为复杂和大规模的问题，并在图像识别、语音处理等领域取得了突破性进展。

总体而言，人工智能、机器学习和深度学习之间形成了一种紧密的层级关系，如图 2.1 所示。人工智能作为最终目标，旨在实现机器的智能化；机器学习则是实现这一目标的重要工具；深度学习是机器学习中更强大、更灵活的实现方法。三者的协同发展推动着智能系统不断突破技术边界，变得更加高效和精准。后续内容将进一步探讨机器学习和深度学习的核心原理及其具体应用场景。

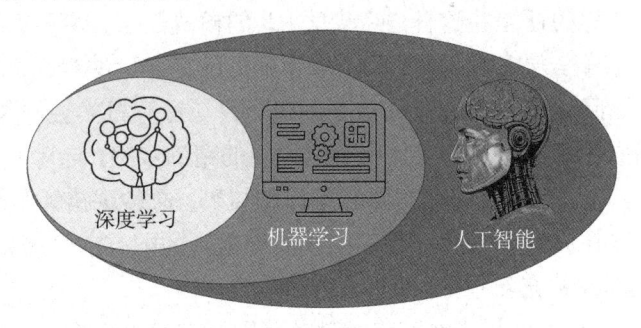

图 2.1　人工智能、机器学习和深度学习的关系

2.2　机器学习

上一节中介绍了人工智能、机器学习和深度学习之间的关系。作为人工智能发展的核心支柱，机器学习使计算机能够在复杂多变的环境中实现"举一反三"，无须手动编写详尽

⊖ 矩阵运算是指对二维数组（矩阵）进行的加法、乘法、转置等操作，在深度学习中广泛应用于神经网络的权重更新、激活函数计算等环节。这些运算本质上是线性代数的核心内容，支撑着模型的前向传播和反向传播过程。

⊖ 矩阵运算是神经网络计算的基础。在前向传播过程中，模型需要对输入数据与权重矩阵进行乘法运算，再加上偏置项，从而得到各层的输出结果。而在反向传播过程中，模型通过链式求导法则对误差进行传播，并根据梯度更新每一层的权重和偏置参数。矩阵的乘法和转置操作在权重更新的过程中尤为重要，影响了模型的收敛速度和精度。

的规则即可完成各种识别和预测任务。本节将以入门的视角,探索机器学习的基本概念、核心流程,以及常见的算法与评估方式。通过引入"烘焙蛋糕"这一生活化的场景示例,帮助读者快速建立对机器学习的直观认识。

机器学习的关键优势在于其自适应能力。传统编程要求开发者针对每个可能的情况编写具体的指令,与传统编程方式不同,机器学习通过从数据中学习并不断调整和优化算法,使计算机能够更高效地处理复杂任务。这种方式不仅提高了系统的灵活性和适应性,还极大地拓展了人工智能的应用场景。从图像和语音识别到自然语言处理和自动驾驶,机器学习已成为现代科技的核心驱动力。

这种自我学习和持续优化的能力使人工智能系统能够不断进步,应对新的挑战和需求。不仅如此,机器学习还具备前瞻性,能够帮助系统预测未来的变化并主动调整应对策略。接下来将重点探讨机器学习的定义、原理、分类,以及常用的学习方法和模型评估方式,深入解析这一技术如何赋予人工智能强大的智能。

2.2.1 机器学习的定义

在日常生活中,人们常常依靠"经验"来解决问题。例如在烘焙蛋糕的过程中,人们最初可能并不知道每种配料的具体比例或烘焙时间,但通过多次尝试和观察,逐渐掌握了哪些步骤和调整能让蛋糕更加松软或香甜。这一过程不需要从头到尾严格的步骤指导,而是依赖对配料变化、温度控制等因素的持续感知和总结,逐步形成新的烘焙策略。

机器学习的核心思想便是将这种"经验学习"的模式赋予计算机,使其能够模仿人类的学习过程。在传统编程方法中,需要事先为计算机设定详尽的规则,以应对各种具体场景。然而,许多实际问题难以通过显式指令解决。要让计算机学会制作不同类型的蛋糕,难以用固定的规则描述每种配料的变化和时间控制的精确步骤。与其手动编写这些复杂规则,不如让计算机"观察"大量烘焙案例的步骤和结果,通过试错和归纳自动找到制作成功蛋糕的关键特征。在完成训练后,计算机就能根据新的配方或烤箱条件调整烘焙策略,而无须额外更新规则或补充新指令。

从本质上讲,机器学习的核心在于将烦琐的规则制定过程转换为对数据的"经验学习"过程,让计算机能够在大规模、复杂环境中自主识别模式、归纳规律。通过已有数据和特定算法的结合,机器学习模型不断迭代和优化,使其在面对新场景时也能做出准确的判断或预测。这种方式不在于提供现成的答案,而是赋予计算机"学习"的能力,使其具备活学活用、举一反三的特性。同时,机器学习还能帮助挖掘数据中隐藏的内在逻辑与关联,从而形成更深层次的洞察。

随着数据规模的增长及维度和结构的复杂化,传统规则编程显得捉襟见肘。机器学习则通过分类、回归、聚类、降维㊀等多种方法,对大规模、非线性数据㊁进行建模和模式

㊀ 分类、回归、聚类和降维是机器学习中常用的四类方法。分类是将数据分配到不同类别的过程,例如垃圾邮件过滤;回归用于预测连续数值,例如房价预测;聚类是将数据划分为具有相似特征的组,例如客户分群;降维则是减少数据集中变量数量的方法,以降低计算复杂度并保留数据的关键信息。

㊁ 非线性数据是指变量之间的关系无法用简单的直线表达的复杂数据类型。

识别，并在训练过程中不断修正假设与参数。这种基于数据的迭代学习[一]，使得计算机在处理复杂任务时能够灵活调整决策策略，展现出高度的适应性和智能化。因此，机器学习使计算机在没有明确指令的情况下，通过自我试验和归纳逐步成长为"智慧型助手"。它不仅能分担大量重复性、模式化的工作，还在持续推动各行业的技术变革。

2.2.2 机器学习的原理

机器学习的运作原理大致可以分为几个关键环节：数据收集与整理、特征提取与选择、模型训练、验证与评估[二]，以及持续改进。

数据[三]是机器学习的基础材料，无论是用于图像识别的像素值，还是用于文本分析的单词序列，数据的质量和数量直接影响模型的性能。为了确保模型的有效性，需要对收集到的数据进行清洗和整理，这一过程包括去除错误值、处理缺失数据和格式化数据类型等。数据清洗的目的是将原始数据转换为适合机器学习模型使用的结构化形式，从而避免模型受到噪声数据的干扰。清洗后的数据为模型的后续处理奠定了坚实的基础。

在清洗和整理完成后，需要对数据进行特征提取与选择[四]。特征是数据的核心信息载体，它们直接影响模型的预测能力。然而，原始数据中包含的大量信息并非都对模型有用，甚至可能导致模型性能下降。因此，特征选择的目标是识别出最具预测意义的变量，并剔除冗余或无关的信息。这一过程不仅能提高模型的训练效率，还能减少过拟合的风险。

在特征提取与选择完成后，模型进入训练阶段。模型训练[五]是机器学习的核心环节，旨在通过调整模型的参数，使其能够从数据中学习出隐藏的模式和规律。在训练过程中，模型不断对输入数据进行计算和分析，并根据设定的目标函数优化参数，从而提升其在训练数据上的表现。常见的训练方法包括监督学习、无监督学习和强化学习。监督学习通过带有标签的数据集进行训练，模型能够学习到输入数据与输出结果之间的映射关系；无监督学习则侧重于数据的内部结构分析，如聚类和降维；而强化学习通过奖励机制引导模型的行为，使其在特定环境中优化决策。

在训练阶段完成后，模型需要通过验证与评估[六]来测试其实际效果。验证的核心目的是衡量模型的泛化能力，即在未见过的数据上能否保持较高的预测准确率。常用的评估指标包括准确率、精确率、召回率和 F1 分数等，这些指标能够全面反映模型的预测性能。此外，还需要通过混淆矩阵等工具深入分析模型的分类错误情况，从而进一步优化模型。

[一] 迭代学习是指通过反复调整模型和重新评估结果，逐步改进模型性能的过程。
[二] 这些步骤构成了机器学习模型的核心流程。数据收集与整理指的是获取和清洗数据，以确保数据的质量；特征提取与选择是指从数据中识别和提取对模型预测有意义的变量；模型训练是指利用算法调整模型参数，使其能够从数据中学习模式；验证与评估则是指通过独立数据集测试模型的性能，确保模型在未见过的数据上也能有效应用。
[三] 在机器学习中，数据是指可用于训练模型的信息集合，可能包含结构化数据（如表格）和非结构化数据（如图像、文本）。
[四] 特征提取与选择是指从数据中筛选出有助于模型预测的关键变量，以提高模型的准确性和效率。例如，从客户数据中提取年龄、收入等关键特征。
[五] 模型训练是指通过已有数据调整模型的参数，使其能够识别数据模式并做出预测的过程，例如，使用历史销售数据训练模型预测未来销量。
[六] 验证与评估是指利用独立的数据集来测试模型性能，以衡量模型在处理新数据时的准确性和鲁棒性。

在验证过程中，模型调优和参数调整也是不可或缺的环节。模型的调优通常包括调整超参数、选择合适的特征工程方法、尝试不同的算法架构等。这一过程需要结合开发者的经验和业务需求，通过不断试错来找到性能最佳的模型。调优后的模型通常具有更高的鲁棒性⊖，即使在面对新环境或数据分布变化时，依然能够做出合理的预测。

整个机器学习流程是一个不断迭代的过程。在实际应用中，模型在部署后也需要持续监测和更新，以应对环境变化和数据分布的偏移。这种持续改进的过程，使得模型能够与时俱进，始终保持高效和准确的决策能力。这一过程展示了机器学习模型从数据中学习的核心逻辑。然而，要真正理解模型如何进行预测，还需要进一步探讨具体的算法。在机器学习的众多算法中，线性回归和逻辑回归是最基础且最常用的两种。它们不仅适用于广泛的实际场景，还为更复杂的模型提供了理论基础，接下来将详细讨论这两种算法。

2.3 线性回归与逻辑回归

线性回归和逻辑回归是机器学习领域中两种基础且常用的模型，它们各自擅长解决不同类型的问题。可以将这两种模型类比为烘焙中的两大关键环节：线性回归用于分析原料的具体配比如何影响蛋糕的甜度或高度，逻辑回归则用来判断蛋糕是否符合质量标准。尽管名称相似，但这两种模型在工作方式和应用场景上有着显著差异。

2.3.1 线性回归

线性回归是一种探索输入变量与输出变量之间线性关系的模型。它通过一条直线来描述数据点的趋势，进而实现对新数据的预测，如图 2.2 所示。在线性回归的框架中，输入变量可以被看作影响结果的因素，而输出变量则是最终的预测目标。

图 2.2　线性回归（见文前彩插）

以烘焙为例，当试图研究糖的用量与蛋糕甜度之间的关系时，线性回归可以帮助找出两者的相关性。假设实验记录了几组数据：糖量为 100g 时，甜度评分为 8 分；糖量增加到 150g 时，甜度提升到 10 分；糖量进一步增至 200g 时，甜度达到 12 分。基于这些数据，线性回归模型可以生成如下公式：

$$甜度 = 0.02 \times 糖量 + 6$$

⊖ 鲁棒性是指模型在面对噪声、异常数据或其他不可预见情况时，仍然能够保持稳定性能的能力。

该公式表明，糖量每增加 1g，蛋糕的甜度将提升 0.02 分。如果目标是制作甜度评分为 11 分的蛋糕，可以反推出所需的糖量为 175g。这样的预测过程展现了线性回归的核心功能：通过数据中的线性模式，准确估计连续变量的值。线性回归的应用范围十分广泛，从房价预测到销售趋势分析，再到自然科学中的实验数据建模，这一模型以其直观性和高效性成为初学者的理想起点。

线性回归具有以下优点：它的原理清晰易懂，模型参数①可以直接反映输入变量对输出结果的影响，且计算效率较高，非常适合大规模数据集。然而，它也存在明显的局限性。例如，线性回归假设输入与输出之间存在线性关系，但许多现实问题是非线性的。此外，线性回归对数据中的异常值②敏感，这些异常值可能会显著偏离实际结果，从而影响模型的预测效果。

2.3.2 逻辑回归

逻辑回归是一种用于分类问题的模型，专注于解决"是或否"类型的问题。通过逻辑回归，可以根据输入特征预测某一对象属于特定类别的概率。

在电子邮件分类中，判断一封邮件是否为垃圾邮件是一个常见的任务。某些记录显示，不同邮件特征对垃圾邮件识别的影响如下：包含"免费"关键词和多个链接的邮件通常被认为是垃圾邮件，不包含这些特征的邮件则被认为是正常邮件。这些数据为逻辑回归模型提供了依据，帮助它计算特定邮件特征下邮件为垃圾邮件的概率。逻辑回归利用这些输入数据，通过拟合模型生成概率值。如果某封邮件为垃圾邮件的概率为 80%，且这一概率高于设定的阈值③（如 50%），那么模型将判定该邮件为"垃圾邮件"。反之，若某封邮件为垃圾邮件的概率低于阈值，则判定该邮件为"正常邮件"。逻辑回归通过 S 型曲线④将输入变量平滑地映射到 0 到 1 之间，从而以概率形式输出结果（如图 2.3 所示）。

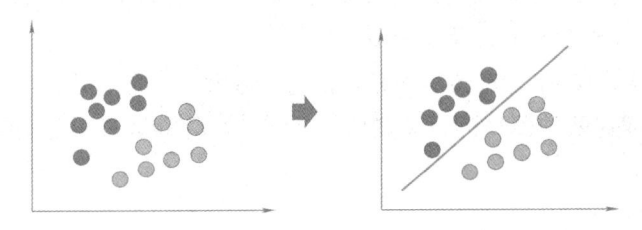

图 2.3 逻辑回归（见文前彩插）

这种方法广泛应用于二分类任务，包括信用卡欺诈检测、疾病诊断预测以及电子商务中的用户行为分析等。

---

① 模型参数是指模型中需要学习的系数，这些系数反映了每个输入变量对输出结果的影响大小。
② 异常值是指显著偏离其他数据点的值，可能由测量误差或极端情况导致。在模型中，这些值会对结果产生较大影响，需加以处理。
③ 阈值是分类决策中的关键参数，用于将概率值划分为不同类别。合适的阈值选择需综合考虑分类任务的性质和错误成本。
④ S 型曲线 (Sigmoid Curve) 是一种数学函数形式：$\sigma(x) = \dfrac{1}{1+e^{-x}}$。它能够将模型输入的线性结果平滑地映射到 0 到 1 之间，使得逻辑回归可以输出概率值，并实现分类判定。

逻辑回归以其简洁和高效的算法，在分类任务中表现突出。它可以输出分类概率，直观反映模型的信心。然而，逻辑回归通常仅适用于二分类问题，多分类任务需通过 Softmax 回归[一]等扩展方法来实现。此外，逻辑回归对输入变量的独立性假设较强，若输入变量之间存在显著相关性，模型的性能可能受到影响。

1. 线性回归与逻辑回归的对比

尽管线性回归和逻辑回归在某些方面存在相似性，它们都属于回归模型，且都依赖输入变量与输出的关联性，但它们在目标、输出形式和适用问题等方面有着显著区别，如表 2.1 所示。

表 2.1 线性回归与逻辑回归的对比

比较项	线性回归	逻辑回归
目标	预测连续数值（如甜度、高度）	判断分类结果（如是否合格）
输出形式	实数值（可为正或负）	概率值（0 到 1 之间）
适用问题	连续值预测问题	分类问题（二分类为主）
优势	简单直观，结果易解释，计算快速	概率输出，专注分类，计算高效
局限性	仅适用于线性关系，对异常值敏感	主要用于二分类，对多分类需调整

2. 应用场景与选择

在线性回归和逻辑回归的应用中，方法的选择通常依据任务的核心目标。如果需要预测具体数值，如蛋糕的甜度或高度，线性回归更加适用；当任务需要判断类别归属时，如蛋糕是否合格，逻辑回归则是更优的选择。在某些复杂场景中，这两种方法可以结合使用。通过线性回归预测蛋糕的具体特性，然后利用逻辑回归对预测结果进行分类，这种组合方式能够进一步提升分析能力和结果的准确性。

线性回归和逻辑回归作为机器学习领域的基础模型，其简单且高效的特性使其广泛应用于各种场景。掌握这两种模型的原理和应用，可以为后续学习更复杂的算法提供坚实的理论基础。

2.3.3 评估与优化

理想的烘焙食谱并不能保证每次都能做出完美的蛋糕。火候、温度、配料比例等细节仍需调整，才能获得最佳效果。同样，机器学习模型在训练完成后，也需要通过全面的评估与优化来提升性能，确保在处理新数据时依然能给出准确预测。这不仅是对模型效果的检验，更是提高模型泛化能力的关键步骤。评估与优化的过程，类似于不断完善烘焙技艺，以保证每一批蛋糕都达到预期标准。

[一] Softmax 回归是一种扩展逻辑回归以支持多分类任务的方法。它使用 Softmax 函数将模型的输出映射到多个类别的概率分布上，从而实现对多个类别的预测。

1. 多角度评估模型表现

评估模型的表现，不仅是简单地查看预测结果的准确性，而是需要从多个角度全面分析其能力，就如同品尝蛋糕时，不仅要关注其外观，还需要品味其内部的口感和质地。单一的评估指标往往无法全面反映模型的优劣，因此需要多种评估标准相互结合。

准确率是最常用的评估指标，类似于蛋糕的外观评分，能够直观反映模型整体预测的正确性。例如，如果制作了 100 个蛋糕，其中 90 个符合标准，那么模型的准确率为 90%。然而，准确率可能掩盖模型在某些类别上的问题。例如，一个外观完美的蛋糕可能存在口感不佳的问题。同样，某些高准确率的模型可能在少数类别上的表现较差。

为了更深入地了解模型的具体表现，精确率和召回率是两个重要的补充指标。精确率衡量的是模型预测为正类时的准确比例，比如预测 10 个蛋糕合格，但实际上只有 8 个符合标准，则精确率为 80%，这一指标强调预测的精准性。相比之下，召回率关注的是模型对所有正类样本的覆盖能力。例如，实际有 10 个蛋糕合格，而模型预测了其中 8 个，则召回率也是 80%。高召回率表明模型尽可能减少遗漏，确保所有符合标准的蛋糕都被检测出来。

精确率和召回率往往需要平衡，为此引入了 F1 分数作为综合评估标准。F1 分数是精确率和召回率的调和平均值⊖，能够反映模型在这两个维度上的综合表现。F1 分数越高，意味着模型在预测准确性和覆盖能力之间达到了良好的平衡。

此外，AUC-ROC 曲线提供了更全面的视角。AUC 值（曲线下的面积）衡量模型在不同阈值下区分正类和负类的能力，接近 1 的 AUC 值表示模型具有出色的区分能力。ROC 曲线展示了假正率和真正率之间的关系⊜，帮助发现模型在不同阈值下的表现。这一过程类似于不断调整烘焙时间和温度，试验不同的参数组合，最终找到最佳烘焙方案。

2. 提升模型的泛化能力

模型训练中的过拟合和欠拟合是两个常见问题，需要通过优化来解决。过拟合的模型虽然在训练数据上表现优异，但在新数据上效果较差，类似于烘焙师只会按照特定食材制作蛋糕，却无法适应不同的环境和材料。过拟合通常可以通过正则化⊜技术、增加数据多样性或使用简化模型来缓解。

欠拟合则是模型未能充分学习数据规律⑩的表现，导致预测能力不足。欠拟合类似于烘焙师对制作工艺的了解不足，导致蛋糕无论外观还是口感都不理想。解决欠拟合的方法

⊖ 调和平均值是一种统计学计算方法，强调小数值对整体结果的影响。公式为：$F1 = 2 \times \frac{\text{精确率} \times \text{召回率}}{\text{精确率} + \text{召回率}}$。它特别适用于评估需要在多个指标间找到平衡的场景。

⊜ 假正率 (False Positive Rate, FPR) 是指将负类误判为正类的比例，公式为：$FPR = \frac{\text{假正例}}{\text{实际负类}}$。真正率 (True Positive Rate, TPR) 是指正类被正确预测的比例，公式为：$TPR = \frac{\text{真正例}}{\text{实际正类}}$。这两个指标用来分析模型在不同预测阈值下的性能表现。

⊜ 正则化是一种机器学习技术，旨在限制模型的复杂度，避免过度拟合训练数据。常见的正则化方法包括 L1 正则化 (Lasso) 和 L2 正则化 (Ridge)，通过在损失函数中加入惩罚项减少模型对特定特征的依赖。

⑩ 数据规律是指数据中隐藏的模式或趋势，模型需要通过训练过程识别这些规律来提高预测能力。未能识别数据规律可能是由于模型过于简单或数据不足导致的。

包括提高模型复杂度①、增加训练数据或改进特征提取方式。

3. 超参数调整与优化

模型的优化离不开超参数调整②这一关键步骤，就如同调整烘焙温度和时间以适应不同季节的环境。超参数是模型训练前需要设置的参数，例如学习率③、正则化系数④和批量大小⑤，它们直接影响模型的训练过程。

学习率决定了每次模型更新的步幅。学习率过大可能导致模型跳过最佳解，学习率过小则会使训练过程过于缓慢。找到合适的学习率对模型优化至关重要。常用的调整方法包括网格搜索⑥和随机搜索⑦，这些方法通过系统化地探索不同的超参数组合，帮助找到最优解。

4. 错误分析与改进策略

在模型优化过程中，错误分析⑧是重要的诊断工具。通过检查模型预测错误的数据样本⑨，可以发现数据或模型设计中的不足。例如，某些类别的表现可能较差，这往往与数据不平衡⑩有关。此外，特征不足⑪或噪声干扰⑫也可能是造成问题的原因。

针对上述问题，可以通过增加数据样本数量以平衡数据分布、重新设计特征工程以丰富模型输入信息，或通过数据清洗减少噪声对模型的影响。此外，调整模型结构或引入正则化技术也有助于改善模型表现。

5. 持续优化与迭代改进

模型优化是一个持续的迭代过程。每次训练、评估和调整后，都可能发现新的改进方向。类似于烘焙师不断尝试新配方和技术，机器学习模型也需要在实验中逐步完善。随着

---

① 模型复杂度是指模型的容量或表达能力，通常由参数的数量或模型结构的层次决定。较高的复杂度可以让模型更好地适应复杂的数据分布，但可能导致过拟合问题。

② 超参数调整是指在模型训练之前手动或自动选择适合的参数，这些参数不会通过训练过程更新，例如学习率、正则化系数和批量大小。超参数调整直接影响模型的收敛速度和性能。

③ 学习率是超参数之一，用于控制模型每次更新参数的步幅大小。较大的学习率可能导致模型跳过最优解，较小的学习率则可能使训练过程过于缓慢。找到适当的学习率有助于平衡训练效率和准确性。

④ 正则化系数是超参数之一，用于控制正则化项对模型的约束力度。较大的正则化系数可以有效减少过拟合，但可能导致欠拟合。

⑤ 批量大小是指每次训练过程中用于更新模型参数的数据样本数量。较大的批量大小可以提高计算效率，但可能影响模型的泛化能力；较小的批量大小通常需要更长的训练时间，但可能更有助于模型的泛化。

⑥ 网格搜索是一种系统化的超参数调整方法，通过在预设的参数网格中逐一尝试每种组合，找到最优的超参数配置。

⑦ 随机搜索是一种超参数调整方法，通过在参数空间中随机采样组合，寻找性能最佳的超参数配置。相比网格搜索，随机搜索在高维参数空间中更高效。

⑧ 错误分析是通过检查模型预测错误的样本，分析模型性能问题的一种方法。它有助于发现模型设计或数据分布中的不足，从而为进一步优化提供指导。

⑨ 样本是指用于模型训练或评估的单个数据点，例如一个记录、一张图片或一段文本。样本的质量和多样性对模型的性能有直接影响。

⑩ 数据不平衡是指数据集中不同类别的样本数量分布不均，可能导致模型对样本数量较多的类别预测较好，而对样本较少的类别表现较差。

⑪ 特征不足是指用于训练模型的输入特征未能充分描述数据中的规律，导致模型无法有效区分不同类别或预测目标。

⑫ 噪声干扰是指数据中存在与预测目标无关或错误的部分信息，例如测量误差或标注错误。这些干扰会降低模型的学习能力和预测准确性。

数据量的增加和算法的改进，模型的性能将逐渐提升，最终能够适应更广泛的应用场景。

评估与优化是模型开发中不可或缺的环节。通过全面评估、多维度分析、针对性优化和持续迭代，可以显著提升模型的准确性和稳定性，确保其在复杂任务中的可靠表现。

在机器学习的持续发展中，线性回归和逻辑回归奠定了预测与分类的基础。然而，面对更复杂的现实世界问题，传统的算法在处理大规模数据和复杂特征时存在一定局限。此时，深度学习应运而生，提供了一种强大且灵活的工具，通过模拟人类神经网络的方式处理数据，解决多样化的任务。接下来的内容将深入探讨深度学习的核心原理与技术，更全面地阐述这一技术在人工智能领域中的关键作用。

2.4 深度学习

深度学习是人工智能领域的重要分支，正以高速发展的势头在众多领域展现其潜力。从自动驾驶汽车到语音助手，从图像识别到自然语言处理，其应用场景广泛且深刻。然而，深度学习的复杂性常让人望而生畏：为何称其为"深度"？它与传统机器学习有何差异？通过多层结构，深度学习如何从数据中提取复杂的规律？接下来将从深度学习的起源、核心原理到其快速发展的关键因素进行分析。通过通俗的比喻与清晰的阐述，逐步揭示深度学习的本质，帮助读者深入理解这一技术的强大能力及其面临的挑战。

2.4.1 从"学习"到"深度学习"

深度学习是一种模拟人类大脑学习方式的技术，通过多层结构⊖自动提取数据中的特征，用以解决复杂问题。这一技术可用于复杂花园的管理。

在传统的花园管理中，园丁通常依赖书本或经验总结出的固定规则（如"晴天增加浇水量，雨天避免施肥"）进行管理。这种方法类似于传统机器学习，依靠预设的规则解决问题。然而，当环境变得复杂，如连续暴雨导致土壤过湿，或病虫害突然暴发，固定规则往往难以应对。这时，深度学习展现出其独特的优势。通过多层结构逐步学习，深度学习能够从复杂数据中提取关键特征，灵活调整策略，从而更好地适应多变的条件，为园丁提供更高效的解决方案。

深度学习与传统方法的核心区别在于它引入了更灵活的自动化学习方式。通过构建多层神经网络⊖，深度学习可以自动分析和综合多个变量，给出更精准的判断和策略。以花园管理为例，当土壤湿度数据被输入系统后，第一层神经网络判断是否存在干旱问题，第二层神经网络结合温度和光照强度评估植物的蒸腾速率，最终的输出层综合这些信息，给出"浇水 3L"的具体方案。通过逐层处理的机制，深度学习能够高效处理复杂的多变量决策问题，显著提升管理效果。

⊖ 多层结构是指深度学习模型由多个隐藏层组成，每一层负责提取数据的不同特征，从简单到复杂逐步处理，从而解决复杂问题。例如，第一层可能提取图像的边缘信息，第二层识别形状，最后一层则判断具体的类别。
⊖ 神经网络是一种仿生计算结构，模拟人脑的工作方式，由输入层、隐藏层和输出层组成。每一层通过权重和偏置连接，用于提取数据的特征和模式，最终形成预测或决策。

总体而言，深度学习的多层结构和自动学习能力摆脱了传统方法对固定规则的依赖。这种灵活性不仅让深度学习在园艺管理这样的场景中表现优越，更使其在图像、语音、文本等复杂领域中具有广泛的应用价值。

2.4.2 深度学习和机器学习的区别

深度学习与传统机器学习的区别主要体现在对规则的依赖程度上。传统机器学习通常依赖人为制定的规则，如设定具体的浇水或施肥条件。深度学习则通过对大量数据的训练，自主学习规律，无须人为干预。可以将传统机器学习类比为：为园丁准备了一本详细的说明书，上面标明"土壤湿度低于20%时浇水"。这种方法在简单场景下效果良好，但在环境复杂且多变时可能失效。

相比之下，深度学习通过观察花园的大量历史数据（如土壤湿度、天气、植物生长状态），能够从中自动发现隐含的规律。例如，深度学习可能会发现"在持续高温条件下，即使湿度高于20%，植物仍需额外浇水"，并据此调整策略。

设想一个园丁记录了一年的浇水数据，包括土壤湿度、温度、光照和植物的生长状态。传统机器学习只能基于已设定的条件进行判断，如"湿度低于某个阈值时浇水"。深度学习系统则能够从这些数据中提取更深层次的规律，如"高温条件下需要更频繁地浇水"，或者"某些植物品种对湿度的变化更敏感"。这种能力使深度学习在面对复杂问题时更加高效和灵活。

2.4.3 深度学习的崛起

深度学习的崛起得益于数据的爆发性增长、计算能力的提升以及算法的改进。

首先，随着现代技术的快速发展，数据的收集与存储变得更加便捷。从实时监控土壤湿度到记录光照变化，深度学习能够利用这些海量数据提取有价值的信息，为复杂问题的解决提供支持。例如，通过传感器[一]，园丁可以记录一整年中植物在不同天气条件下的生长数据，从而为深度学习模型提供丰富的学习素材。

这些传感器不仅能够精准监控湿度和光照，还可以检测病虫害的早期迹象，为数据分析带来更大的广度和深度。随着数据量的不断积累，深度学习模型能够从中提取复杂的规律，灵活应对多变的环境条件。这种对数据的充分利用，使得深度学习在园艺管理等领域的应用具有更高的精准度和可靠性。

其次，高性能计算设备（如 GPU[二]）显著提升了深度学习的训练效率。对于一个大型花园的管理，传统计算可能需要数周才能完成分析，而使用并行计算的设备可以在数小时内完成。

最后，卷积神经网络[三]和循环神经网络[四]等算法的进步，使深度学习在图像和时间序

[一] 传感器：用于监测环境条件（如温湿度、光照强度等）的设备，能够实时采集数据，为分析和决策提供基础支持。
[二] GPU：图形处理单元，一种擅长并行计算的硬件，加速了深度学习中的大规模矩阵运算。
[三] 卷积神经网络（CNN）：一种特别适合图像处理的深度学习模型，通过提取图像的局部特征进行分类和识别。
[四] 循环神经网络（RNN）：一种擅长处理时间序列数据的深度学习模型，可捕捉数据间的上下文信息。

列任务中表现出色。

2.4.4 深度学习的灵感来源

深度学习的灵感来源于人类大脑的神经网络。大脑通过神经元的连接与协作完成信息处理，人工神经网络模仿了这一机制。

人工神经网络由输入层、隐藏层和输出层组成，通过分层处理的方式，逐步将原始数据转化为有用的信息，最终完成复杂的任务。这种结构可以被理解为一个协作流程，其中每一层都有明确的职责。

- 输入层：负责接收和传递外部数据，如数值、文本或图像等原始信息。输入层本身不对数据进行处理，只是将其传递给后续的隐藏层。
- 隐藏层：神经网络中处理和提取特征的核心部分。隐藏层通过权重和偏置的计算，对输入数据逐步加工，提取出不同层次的特征。浅层隐藏层通常提取数据的简单特征，如边缘或基础模式，而深层隐藏层会捕捉更加抽象和复杂的特征，如关系模式或全局信息。
- 输出层：负责根据隐藏层提取的特征生成最终结果。输出层的形式取决于具体任务，例如，分类任务的输出层会提供类别概率，回归任务的输出层则会输出连续值。

以园丁的日常任务为例，当需要判断植物是否需要浇水时，神经网络的输入层会接收到土壤湿度和天气信息。隐藏层逐步分析数据，判断湿度是否充足、天气是否炎热以及植物当前的状态是否需要额外浇水。输出层则综合前面的分析结果，给出具体行动方案，如"浇水 2L"或"无须浇水"。

神经网络的分层结构赋予其强大的适应能力。通过逐层处理，复杂的问题可以被分解成更小的任务，最终形成全面的解决方案。这种机制不仅提升了模型的分析能力，也使其能够应对多变的环境和动态数据。

2.4.5 深度学习的三大核心层

深度学习模型的分层结构是其强大性能的关键，不同的层负责处理数据的不同方面，逐层提取有意义的特征，最终实现复杂任务的解决。根据功能，深度学习的三大核心层包括卷积层、池化层和全连接层，如图 2.4所示。接下来的学习将分别介绍这三大核心层的结构与作用，以帮助读者理解深度学习模型的工作原理。

1. 卷积层

卷积层是深度学习模型的第一步，用于从数据中提取局部特征。它尤其适合处理具有空间结构⊖的数据，如图像或语音信号。

⊖ 空间结构是指数据中存在的内在规律，如图像的像素分布或声音的时间序列。卷积层通过捕捉这些规律来提取有用信息。

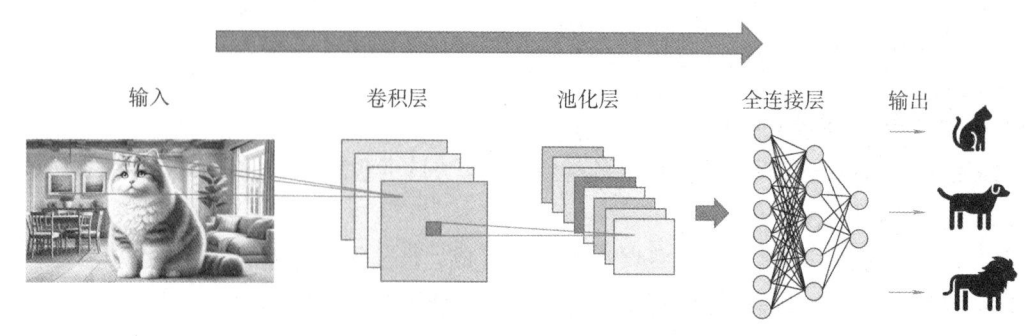

图 2.4 深度学习的三大核心层（见文前彩插）

卷积层的核心是"滤波器"①，它会像扫描仪一样滑动输入数据的不同区域，逐步识别局部特征。例如，在一张植物叶片的图片中，卷积层的第一步可能识别叶片的边缘，接着提取出叶片的纹理信息，最终提取整个叶片的形状。这种从局部到整体的逐步提取过程，使得卷积层能够自动学习图像中的模式。

卷积层具有两个显著特点：参数共享和局部连接。参数共享意味着同一个滤波器会应用于整个图像，减少了模型的参数数量；局部连接则使得卷积层仅关注局部区域，避免处理无关信息。这些特点使得卷积层既高效又适合处理大规模数据。

2. 池化层

池化层的作用是简化数据，降低计算复杂度，同时提高模型对噪声②的容忍能力。可以将池化层理解为数据的"压缩工具"，它从提取到的特征中保留最重要的信息，同时丢弃冗余内容。

池化的方式通常包括最大池化 (Max Pooling) 和平均池化 (Average Pooling)。最大池化在一个小区域内选取最大值，类似于从一片区域中挑选最茂盛的植物；平均池化则计算区域内所有值的平均数，更适合平滑数据。

池化层在图像处理中非常重要。例如，在识别一张花朵的图片时，池化层会将高分辨率的图片缩小，同时保留花朵的主要特征，如形状和颜色。这种处理方式不仅减少了计算量，还能避免模型因过于关注细节而对噪声过敏。

3. 全连接层

全连接层是神经网络的最后一步，它的任务是将前面层提取的特征整合起来，给出最终的结果③。可以将全连接层看作"决策者"，根据隐藏层提取的信息做出综合判断。

全连接层的结构特点是：每个节点④与上一层的所有节点相连。这种完全连接的方式让全连接层能够综合所有信息，对输入数据进行全局分析。例如，在手写数字识别中，全

---

① 滤波器 (Filter) 是一种用于特征提取的小矩阵，也称为卷积核 (Kernel)。它通过滑动窗口的方式与输入数据进行数学运算，提取局部特征，如图像的边缘、角点等。
② 噪声是指数据中无关或随机的干扰，如图像中的光照变化或语音中的背景噪声。池化层通过压缩数据，可以有效减少噪声对模型的影响。
③ 结果通常是指分类或预测任务的输出，如图像分类中的类别标签或回归问题中的预测值。
④ 节点是神经网络中的基本单元，它接收输入、执行计算并输出结果，类似于生物神经元的功能。

连接层会结合卷积层和池化层提取的特征（如笔画方向、数字形状等），判断图片上的数字是"3"还是"8"。

全连接层虽然功能强大，但由于参数数量较多，容易导致过拟合[一]问题。因此，通常会使用正则化技术（如 Dropout[二]）来解决这一问题。

深度学习的三大核心层各自承担不同的功能，卷积层负责特征提取，池化层用于简化和压缩数据，全连接层则负责整合信息并给出最终决策。三者的有机结合，使得深度学习模型能够高效地处理图像、语音和文本等复杂数据。

2.4.6 深度学习的优势与挑战

尽管深度学习在众多领域展现了其强大的能力，但也面临着数据依赖、计算资源需求和不可解释性等问题。

深度学习高度依赖数据的数量和质量。如果数据不足或分布不均，模型的性能可能大幅下降。例如，如果园丁的训练数据中仅包含晴天的条件，系统可能无法准确应对连续降雨的情况。多样化且高质量的数据是提升模型能力的关键。

深度学习的训练需要强大的计算能力。例如，一个大型花园的管理系统可能需要处理上万条数据记录，如果没有高效的计算资源，训练过程可能耗时过长。优化硬件配置和算法设计是应对这一问题的主要方向。

深度学习的决策过程常被视为"黑箱"，即难以明确解释其具体判断依据。例如，一个植物养护模型可能建议"减少施肥量"，但无法具体说明原因。这种不可解释性限制了深度学习在某些高风险领域的应用。

小结

本章内容清晰地梳理了人工智能、机器学习和深度学习之间的关系，并深入探讨了它们的核心原理、模型特点和实际应用。从整体上来看，人工智能是一个宏大的技术目标，致力于赋予机器以类人智能，使其能够完成复杂的任务。而机器学习作为实现这一目标的重要工具，通过对数据的模式学习，使计算机具备自适应能力，完成分类、预测等任务。深度学习则作为机器学习中的重要分支，通过多层神经网络的特性，进一步增强了对高维、复杂数据的处理能力，推动人工智能技术在图像识别、语音处理和自然语言理解等领域取得了革命性的突破。

机器学习的核心优势在于其灵活性和强大的数据适应能力。通过分类、回归、聚类等方法，机器学习能够从海量数据中提取规律，为解决实际问题提供精准的工具。然而，面对复杂的非线性问题，机器学习传统方法的局限性逐渐显现。深度学习的出现，以其自动化的特征提取能力，解决了许多需要手工设计特征的问题，大幅提升了模型的性能。通过

[一] 过拟合是指模型在训练数据上表现很好，但在新数据上效果较差的现象。通常可以通过正则化技术或增大数据量来缓解。

[二] Dropout 是一种正则化方法，通过随机丢弃部分节点，降低模型对特定特征的依赖，从而提高模型的泛化能力。

卷积层、池化层和全连接层的有机结合，深度学习不仅能够高效处理图像、语音和文本数据，还展现了对复杂任务的出色解决能力。

尽管深度学习具备强大的功能，但其面临的一些挑战不容忽视。例如，对海量数据和计算资源的依赖、高昂的训练成本，以及模型的不可解释性，都是当前研究者和从业者需要重点解决的问题。此外，如何将深度学习技术扩展到更多领域，以及实现模型在高效性和精准性之间的平衡，也是未来技术发展的关键方向。

人工智能、机器学习和深度学习的发展相辅相成，它们不仅为科学研究和工业生产带来了深远的影响，也推动了教育、医疗、金融等领域的创新和变革。未来，随着数据规模的进一步增长、计算能力的持续提升，以及算法的不断优化，人工智能技术将进一步拓展其应用场景，为人类社会带来更多可能性。

读者通过对人工智能基础知识的学习和理解，建立了坚实的理论基础，接下来的内容将继续聚焦更复杂的算法和技术应用，帮助读者全面深入地掌握人工智能技术的全貌，并探索其在实际问题中的应用潜力。

习题

1. 烘焙师与人工智能的对比。

假设你是一名烘焙师，想要烘焙出最美味的蛋糕。你有以下两种方法可以选择。

- 方法一：通过经验积累，记录每次烘焙的温度、时间、配料比例，并总结出最佳的配方。
- 方法二：你雇了一名助手，让他通过观察你每次的烘焙过程，自主总结经验，并在下一次尝试中做出更好的蛋糕。

请回答：

1) 这两种方法分别对应人工智能中的哪两种学习方式？
2) 为什么方法二（助手自主学习）更像深度学习？
3) 你认为在现实生活中，人工智能助手会有哪些实际应用场景？

2. 自动驾驶汽车的"眼睛"。

自动驾驶汽车需要识别道路上的车辆、行人、交通信号灯等信息，以做出安全的驾驶决策。如果你是这辆车的设计师，你会面临以下挑战。

请回答：

1) 如何让汽车"看清"周围的环境？
2) 遇到大雾、暴雨等天气时，汽车识别路况的准确率会下降。你有什么改进方案？
3) 汽车如何通过"学习"来提高在不同天气、不同路况下的表现？

3. 人工智能为什么需要"喂数据"？

人工智能的学习过程就像一个新手园丁管理花园，他需要不断观察和记录花园的变化，才能找到最好的养护策略。

请回答：
1) 如果园丁没有足够的数据，他能学会如何管理花园吗？为什么？
2) 为什么深度学习需要大量的高质量数据？
3) 你认为在哪些场景中，数据不足会导致人工智能模型表现不好？
4. 人工智能如何给你推荐电影？
你在视频网站上看电影时，系统会自动推荐你可能喜欢的影片。
请回答：
1) 系统是如何知道你喜欢哪类电影的？
2) 如果系统总是推荐你不感兴趣的内容，你认为问题出在哪里？
3) 如果你是这个推荐系统的开发者，你会如何改进？
5. 人工智能的偏见从哪里来？
假设某公司开发了一款自动招聘系统，但后来发现它对女性求职者的评分普遍偏低。
请回答：
1) 为什么人工智能系统会出现这种偏见？
2) 如果你是系统的开发者，你会如何解决这个问题？
3) 你认为人工智能的公平性重要吗？为什么？
6. 为什么图片识别这么"难"？
人类能轻松识别图片中的猫和狗，但对计算机来说，这并不容易。
请回答：
1) 计算机如何"看"一张图片？
2) 为什么深度学习比传统方法更擅长识别图片？
3) 你认为图片识别技术未来还可以在哪些领域应用？
7. 人工智能如何不断"进步"？
人工智能模型并不是一成不变的，它需要不断学习新的数据、应对新的挑战。
请回答：
1) 为什么人工智能需要持续学习？
2) 如果人工智能学到的"知识"过时了，会出现什么问题？
3) 你认为人工智能的持续学习能力在现实生活中有什么重要意义？
8. 深度学习和大脑的"学习"有何异同？
深度学习的灵感来源于人类大脑的神经网络。
请回答：
1) 人脑如何处理信息？
2) 深度学习的神经网络如何模仿大脑？
3) 你认为未来的人工智能会发展出类似人类的"思考"能力吗？为什么？
9. 人工智能能预测天气吗？
人工智能可以通过学习大量的天气数据来预测未来的天气情况。

请回答：
1) 人工智能是如何根据历史数据预测未来的天气的？
2) 如果出现极端天气，人工智能的预测准确性会受到影响吗？为什么？
3) 你认为人工智能预测天气还有哪些应用场景？

10. 人工智能能帮助医生诊断疾病吗？

医疗领域已经开始应用人工智能来辅助医生进行诊断。

请回答：
1) 人工智能如何分析医疗影像来帮助医生诊断疾病？
2) 人工智能诊断的结果可靠吗？为什么？
3) 你认为人工智能在医疗领域的应用有哪些优势和挑战？

第 3 章
人工智能核心技术

第 3 章将深入探讨支撑人工智能的核心技术，这些技术是将"人工智能"从理论推向实际应用的关键。人工智能可以被视为一台精密的机器，核心技术则如同机器的引擎，驱动其在现实环境中高效运转并完成多样化任务。

首先聚焦"计算机视觉"这一前沿技术，它赋予机器"看懂"世界的能力，使其能够识别、分析和理解视觉信息。接下来探讨"自然语言智能"技术，这项技术使机器能够理解、处理人类语言，实现人机自然语言交互。最后关注"生成式人工智能"技术，它突破性地赋予机器创造和生成新颖内容的能力，开启了人工智能的新纪元。

通过系统性地剖析这些核心技术，可以清晰地认识到，人工智能并非一个抽象的概念，而是由多项先进技术构成的复杂系统。每一项技术的突破性进展都在推动人工智能在现实世界中发挥日益重要的作用。从智能医疗诊断到自动驾驶系统，从智慧城市管理到个性化推荐服务，人工智能的核心技术不仅在重塑人们的生活方式，更在不断提升其解决复杂问题的能力。

本章将对这些核心技术进行深入剖析，揭示其实现基本任务的技术原理，并展示其在各行业中的创新应用。通过对这些核心技术的全面理解，读者将更深刻地认识到人工智能如何从基础任务走向实际应用，从理论构想走向现实突破，并在未来持续释放其变革性潜力。

3.1 计算机视觉

计算机视觉作为人工智能的重要分支，致力于赋予计算机"看"的能力，使其能够模拟人类视觉系统进行图像和视频的获取、处理与理解。这一领域融合了图像处理、模式识别、机器学习以及深度学习等多种技术，旨在让机器能够自动识别和解释视觉数据中的复杂信息。计算机视觉的应用广泛且深远，涵盖了从自动驾驶、智能监控到医疗影像分析、增强现实等众多领域。随着算法的不断优化和计算能力的提升，计算机视觉正以惊人的速度发展，推动着各行各业的智能化转型。通过深入研究计算机视觉的核心技术，读者能够更好地理解其在实现智能化社会中的关键作用及其未来的发展潜力。

3.1.1 计算机视觉的奠基者

20 世纪 60 年代的一个寒冷冬夜，在伦敦的实验室里，一位年轻的科学家正凝视着桌上的计算机显示屏。他的眼前没有闪烁的星光，也没有丰富的自然景象，只有一个充满公式和数据的屏幕。大脑依旧是他的探索目标，但他并不满足于仅仅依赖观察来获取知识，他渴望通过数学揭示视觉如何在大脑中运作。

此时他心中充满疑问："我们是如何看见这个世界的？大脑如何从一片光线与阴影中提取出有意义的物体、场景和深度？"他反复思考这些问题，试图从自然界的神经科学研究中找到启示。那时，神经科学家如大卫·休伯尔[一]和托斯滕·维泽尔[二]正在研究大脑如何处理视觉信息。他们发现，大脑中的视觉皮层在处理视觉刺激时，特定的神经元负责不同的任务，例如，有的神经元专门识别边缘，有的神经元则专注于深度感知，其他神经元则负责颜色和运动的处理。这一发现向科学界展示了视觉信息处理的层次性：视觉信息的处理并非由单一部分进行，而是由多个阶段、不同的区域和不同类型的神经元协同工作。

这一研究启发了某位年轻科学家的思考："如果大脑通过这种分层的方式来处理视觉信息，那么计算机能否也模仿这种分层结构？"他想，如果计算机能够分阶段、逐步地理解图像，可能就能像人类一样"看见"世界。

于是，他开始构思如何设计一个分层的计算机视觉系统。对于他来说，这不仅是一个科学问题，也是一个哲学性的问题：计算机是否也能像人类一样理解视觉信息？如果可以，它又如何分层理解这些信息？

这位科学家在构建他的视觉系统时，借鉴了当时神经科学和认知科学的最新成果。他逐渐构建了三层的计算机视觉模型，并将其视为理解"计算机视觉"这一复杂问题的关键。

- 计算理论层次：首先，他定义了计算机视觉的目标不仅仅是简单地捕捉图像，更重要的是理解图像中传递的信息，如物体、深度、形状等。他认为，计算机视觉的真正挑战是让计算机理解视觉信息，而不只是处理图像。
- 表示与算法层次：在这个层次，他考虑如何在计算机内部有效地表示这些视觉信息，并设计合适的算法来处理这些信息。每个物体、边缘和线条都需要恰当的数学表示，计算机需要具备识别这些复杂信息结构的能力。只有通过这个层次的处理，计算机才能逐步理解和"看到"图像的结构。
- 硬件实现层次：最后，他考虑如何在计算机硬件上实现这些算法，这意味着需要设计适当的传感器和硬件来采集和处理视觉信息，使计算机具备"看见"的能力。他提出，计算机视觉不仅涵盖算法问题，还涉及感知系统的构建，包括图像输入设备和图像处理硬件。

在这个过程中，他不仅受到了神经科学的启发，还受到计算机科学领域几位重要人物的影响。例如，他深入研究了艾伦·图灵的计算理论和约翰·麦卡锡的人工智能理论。这些理论为他提供了关于如何构建智能系统的深刻启示。他从生物学中借鉴了神经元的分层组织，还借用了计算机科学中的分层思想来构建自己的视觉处理模型。通过结合生物学与

[一] 大卫·休伯尔（David Hubel）是加拿大出生的美国神经生物学家，因其在视觉神经科学方面的开创性研究获得诺贝尔奖。他与托斯滕·维泽尔共同研究了视觉皮层的功能，并提出了关于视觉信息处理的分层理论。

[二] 托斯滕·维泽尔（Torsten Wiesel）是瑞典神经生物学家，因其与大卫·休伯尔合作研究大脑视觉皮层的功能，揭示了神经元如何处理视觉刺激而获诺贝尔奖。他们的研究为理解大脑如何处理视觉信息提供了重要线索。

计算机科学的知识，他创造了一个全新的计算机视觉框架。

他将这些思考汇总成自己的著作——《视觉：对人类如何表示和处理视觉信息的计算研究》(*Vision: A Computational Investigation into the Human Representation and Processing of Visual Information*)，书中详细记录了自己如何受到神经科学和早期人工智能领域学者思想的启发。他阐述了一个层次化的视觉处理框架，并提出计算机视觉不应仅仅视为一个单一的图像处理问题，而应通过多层次的系统逐步解决相关问题。从图像的低级特征提取，到更高层次的形状识别、立体视觉，再到最终的对象识别和场景理解，计算机视觉的处理过程应逐步复杂化。

这些想法不仅改变了计算机视觉的研究方向，也为未来的人工智能研究和视觉识别技术的发展提供了新的视角。许多科学家和工程师受到了他的启发，推动了机器视觉、人工智能和计算机视觉技术的发展。通过这些理论，计算机能够更准确地理解视觉信息，推动了自动驾驶、面部识别、图像分类等技术的进步。

这位年轻的科学家就是大卫·马尔（如图 3.1 所示），他通过将数学、神经科学和计算机科学相结合，揭示了计算机如何"看见"世界的原理。尽管马尔于 1980 年因病早逝，但他提出的三层视觉模型成为计算机视觉的基石，深刻影响了后续的研究与发展。

图 3.1　大卫·马尔 (David Marr)（图片由 AI 生成）

有了三层的计算机视觉模型作为理论基础，计算机图形学作为人工智能的一个重要组成部分，逐渐发展成为一个独立且不断演进的研究领域。最初，计算机视觉主要集中在简单的图像处理任务上，但随着技术的不断进步，它已经演变为一个涵盖多个方面的复杂学科。如今，计算机视觉的研究不仅局限于图像分析，还包括如何使机器"理解"图像和视频内容，并且已广泛应用于各类实际场景。

在计算机视觉的发展过程中，研究者们提出了多种分类方法，以帮助更清晰地理解这一庞大领域。以下是一种常见的分类方法。⊖

⊖ 本节所述的计算机视觉分类方法参考了 ACM 计算分类系统 (Computing Classification System)，该系统为计算机科学各领域提供了标准化的分类方法，旨在帮助研究人员和学者更好地理解和讨论不同技术及方法之间的关系。

1. 图像与视频采集

这部分关注如何从物理世界中采集图像和视频数据。它不仅涉及摄像头、传感器等硬件设备的设计与优化，还包括如何通过这些设备有效捕捉世界中的动态和静态信息。这是计算机视觉能够"看到"世界的基础。为了实现这些目标，通常需要解决相关的技术问题，如如何提高图像质量、如何减少采集误差等，这些问题与任务密切相关，构成了该子领域的研究内容。

2. 计算机视觉表示

这部分关注如何表示图像中的结构和特征。可以类比为通过观察人的外貌来判断某些信息。例如，通过一个人的头发颜色、肤色、身高等外貌特征，可以推测他的年龄、职业或个性。这与福尔摩斯㊀通过观察一个人的体态、步伐，甚至是穿着来推断他的职业或性格的方式类似。

在计算机视觉中，计算机通过类似的方式从图像中提取特征点、边缘、纹理等数字信息。正如通过外貌特征可以了解一个人的基本信息，计算机通过这些特征来"理解"图像中的内容。这些数字化的特征为计算机提供了关键线索，帮助其识别图像中的物体、场景，甚至推测图像背后的意义。

3. 计算机视觉任务

计算机视觉任务是指如何让计算机在实际环境中"看见"并理解图像或视频内容。任务更关注"做什么"，即具体应用或功能的目标。任务本身通常是用户或应用系统所需的高层目标。例如，物体检测（找出图像中的物体）、图像分类（把图像归类到不同类别）、场景理解（理解图像中不同元素的关系）等任务，都是通过计算机视觉技术解决的实际问题。而为了完成这些任务，通常需要解决多个相关的技术问题，例如图像分割、目标识别等。这些技术问题构成了完成任务的基础。

4. 计算机视觉问题

计算机视觉问题更关注"如何做"，即实现任务时需要解决的具体技术或算法难题。例如，图像分割（将图像分成多个有意义的部分）、目标识别（识别图像中的特定对象）、跟踪（追踪移动物体）等问题，都是计算机视觉领域中的关键难题。问题是任务的组成部分，任务本身可以是较高层次的目标，而问题则是实现该目标所需解决的低层次技术难题，仍然是当前研究的重点。

后续将通过一些经典的计算机视觉案例，详细阐述相关任务、特征表示、核心问题及技术背后的基本原理与实际应用，使读者更深入地理解计算机视觉领域的最新进展及面临的挑战。

㊀ 福尔摩斯是虚构的人物，出现在阿瑟·柯南·道尔的侦探小说中。尽管他并非现实人物，但在这些小说中，他通过细致的观察和推理能够从简单的外貌特征中做出相当了不起的推断。现实中的刑警和侦探也有类似的能力，通过观察和分析案件中的细节特征来推理和解决问题。

3.1.2 图像采集与表示

首先需要了解如何让计算机"看见"世界，即如何通过图像与视频采集设备捕捉图像，并对其进行表示和处理。这是计算机视觉的起点，也是后续让计算机"看懂"和"理解"世界的基础。通过以下问题，可以更好地理解这一过程。

1. 问题一：计算机如何捕捉画面

图像与视频采集技术是计算机视觉的基础，它使得计算机能够通过传感器（如 CCD、CMOS 摄像头）获取到外部世界的图像和视频数据。通过这些设备，计算机将光线信号转换为电信号，并将其转化为数字图像或视频帧。每个采集设备通过曝光时间、光圈大小、快门速度等参数调整，捕捉到的图像成为计算机进一步处理和理解的原始数据。

例如，当摄像头捕捉到一个场景时，它通过像素阵列记录下每个位置的光线信息，形成一个图像。每个像素点代表了图像的一部分，它们共同组成了一幅完整的图像。对于视频流来说，这个过程是连续的，每一帧图像就是视频流中的一张静态图像，这些图像帧通过高速捕捉设备被迅速地处理和传输。

具体来说，假设一个摄像头以每秒 30 帧的速度捕捉视频，这意味着每秒钟会生成 30 张静态图像。每张图像由数百万个像素组成，每个像素包含红、绿、蓝（RGB）三个通道的颜色信息。例如，一张分辨率为 1920×1080 的图像包含约 200 万个像素，每个像素的 RGB 值范围在 0 到 255 之间，用于表示颜色的深浅和亮度。通过这种方式，摄像头能够精确地记录下场景中的每一个细节。

在自动驾驶场景中，摄像头捕捉到的实时视频流提供了车辆周围环境的动态画面。例如，一辆自动驾驶汽车可能配备了多个摄像头，分别安装在车头、车尾和两侧。这些摄像头以每秒 60 帧的速度捕捉视频，每帧图像的分辨率为 1280×720。每一帧视频都包括不同物体的位置、形状和颜色信息，计算机可以通过这些信息来实时了解车辆的周围环境。例如，计算机可以通过分析图像中的像素数据，识别出前方的行人、车辆和交通标志，并根据这些信息做出驾驶决策。

通过这种方式，图像与视频采集技术为计算机视觉提供了丰富的数据源，使得计算机能够"看见"并理解复杂的现实世界。

2. 问题二：计算机如何理解捕捉到的图像信息

当计算机从摄像头或传感器获取到图像数据后，接下来的问题就是：它如何理解这些图像？对于人类来说，看到一张照片时，人们一眼就能认出其中的物体和场景，比如一只猫、一辆车或一片风景。但对于计算机来说，图像只是一堆数字——每个像素点都有对应的颜色和亮度值，这些数字本身并没有意义。计算机需要通过一系列技术来"读懂"这些数字，从而理解图像的内容。

这个过程可以类比为教一个婴儿认识物体。婴儿通过观察和反复学习，逐渐学会识别不同的物体。计算机也是如此，它通过"学习"大量的图像数据，慢慢掌握如何从像素中提取有用的信息。具体来说，计算机视觉技术会从图像中提取一些关键特征，比如边缘、颜色、形状等，然后利用这些特征来判断图像中有什么物体。

举个例子，当计算机看到一张猫的照片时，它会先分析图像中的线条和颜色分布，找到猫的轮廓和纹理特征。接着，它会将这些特征与之前"学习"过的猫的图像进行对比，最终判断这张照片中是否有一只猫。这个过程依赖于深度学习技术，尤其是卷积神经网络，它可以帮助计算机从大量数据中学习如何识别物体。

通过这种方式，计算机不仅能"看见"图像，还能"理解"图像中的内容。比如，在自动驾驶中，计算机可以通过分析摄像头拍摄的画面，识别出道路上的车辆、行人和交通标志，从而做出安全的驾驶决策。这种能力让计算机视觉在医疗、安防、娱乐等领域得到了广泛应用。

3. 问题三：如何应对不清晰的图像

假设摄像头采集的图像因光线不佳、复杂的环境条件或硬件问题而变得模糊，如图3.2所示。在这种情况下，计算机如何适应并理解这些不清晰的图像？例如，夜间或恶劣天气下，摄像头可能无法清晰地捕捉到细节，导致图像信息不明确。这种情况类似于人类在视力模糊时通过增强感知或推理来弥补视觉的不足。

图 3.2 环境会影响图像的采集质量（图片由 AI 生成）

对于计算机而言，面对模糊或失真的图像，首先会应用图像增强技术，比如图像去噪、对比度调整等处理手段。具体来说，计算机可能会使用高斯模糊去除噪声，或者通过直方图均衡化来增强图像的对比度。其次，深度学习模型能够在不完美的环境条件下进行推理和补偿，以恢复图像的准确性和可用性。例如，卷积神经网络可以通过训练学习到如何从模糊的图像中提取有用的特征，从而进行准确的识别和分类。此外，生成对抗网络也可以用于图像的超分辨率重建，将低分辨率的图像转换为高分辨率的清晰图像。计算机通过训练和自适应算法，不断提升在复杂环境下的识别能力，从而使其能够在不清晰的图像中做出合理判断。

3.1.3 计算机视觉任务与问题

计算机视觉的核心目标是让计算机能够"看见"并理解图像或视频中的内容。为了实现这一目标,计算机视觉领域定义了两类核心内容:任务和问题。任务是实际应用中的高层目标,问题则是实现这些目标时需要解决的具体技术难题。

1. **计算机视觉任务:关注"做什么"**

计算机视觉任务关注的是"做什么",即如何通过技术手段实现具体的功能目标。任务是用户或应用系统所需的高层目标,通常是解决实际问题的最终目的。以下是几个典型的计算机视觉任务。

- **图像分类**。图像分类是计算机视觉中最基础的任务之一,目标是将图像归类到预定义的类别中。例如,给定一张图片,判断它是猫还是狗。图像分类广泛应用于内容管理、医疗影像分析等领域。例如,在医疗影像中,系统可以通过分类任务判断 X 光片是否显示异常。
- **物体检测**。物体检测的任务是从图像中找出特定物体的位置,并用边界框标注出来。例如,在一张街景图中检测出行人、车辆和交通标志。物体检测是自动驾驶、安防监控等领域的核心技术。例如,自动驾驶车辆需要通过物体检测来识别道路上的行人和其他车辆。
- **图像分割**。图像分割的任务是将图像分成多个有意义的部分,通常是像素级别的分类。例如,将医学图像中的器官、肿瘤等区域分割出来。图像分割在医学影像分析、卫星图像处理等领域有重要应用。例如,医生可以通过分割结果更精确地定位病变区域。
- **场景理解**。场景理解是更高层次的任务,目标是理解图像中不同元素之间的关系。例如,判断一张图片中的人正在做什么,或者识别出房间内的家具布局。场景理解在智能家居、机器人导航等领域有广泛应用。例如,家用机器人可以通过场景理解来识别房间内的物体并执行任务。

2. **计算机视觉问题:关注"如何做"**

计算机视觉问题关注的是"如何做",即实现任务时需要解决的具体技术难题。问题是任务的组成部分,通常是低层次的技术挑战,也是当前研究的重点。以下是几个关键的计算机视觉问题。

- **图像分割**。图像分割是许多任务的基础,但如何将图像准确地分割成有意义的部分仍然是一个难题。例如,在复杂的自然场景中,物体的边界可能模糊不清,导致分割结果不准确。**挑战**:图像分割需要处理复杂的纹理、光照变化和遮挡问题。近年来,深度学习技术(如全卷积网络)在图像分割中取得了显著进展。
- **目标识别**。目标识别是物体检测和场景理解的核心问题,目标是识别图像中的特定对象。例如,在一张街景图中识别出行人和车辆。**挑战**:目标识别需要应对物体的多样性、姿态变化和背景干扰。卷积神经网络 (CNN) 和区域建议网络 (RPN) 等技术在目标识别中表现出色。

- **目标跟踪**。目标跟踪的任务是在视频序列中追踪特定物体的运动轨迹。例如，在监控视频中追踪一个行人。**挑战**：目标跟踪需要处理物体的外观变化、遮挡和快速运动。近年来，基于深度学习的目标跟踪算法（如 SiamFC）在精度和效率上都有显著提升。
- **图像生成与修复**。图像生成与修复是计算机视觉中的新兴问题，目标是从不完整或低质量的图像中生成高质量的图像。例如，通过生成对抗网络修复模糊的老照片。**挑战**：图像生成与修复需要在处理复杂的纹理和结构信息的同时保持图像的逼真性。生成对抗网络和变分自编码器等技术在这一领域取得了重要进展。

3. 任务与问题的关系

计算机视觉任务和问题是密不可分的。任务是高层目标，而问题是实现这些目标的技术基础。例如，在自动驾驶中，物体检测是一个任务，而目标识别和图像分割是实现这一任务的关键问题。通过解决这些技术问题，计算机视觉系统能够更好地完成任务，从而在实际应用中发挥作用。

3.2 自然语言智能

你是否曾经历过这样的情况：满怀期待地向语音助手发出指令，比如"播放我最喜欢的歌曲"，结果却听到一首完全陌生的曲子，甚至感到失望，恨不得立刻关掉设备；或者在心情愉悦地盼咐"调高温度"时，语音助手却出乎意料地关闭了空调，瞬间令你置身于寒冷的环境中；更让人抓狂的是，在使用浓重的口音或在嘈杂的环境中尝试与语音助手交流时，所有的努力似乎都化为乌有——它完全无法理解指令，甚至当你清晰地说"打开音乐"时，却放了一段令人不悦的广告。为何会这样？这些指令简单而明确，为什么机器总是误解？你是否曾幻想过像科幻电影中那样，拥有一个能够像人类一样理解复杂指令并灵活应对的语音助手？然而，现实常常十分无情：系统无法识别指令。显然，计算机在理解人类语言方面仍面临诸多挑战。那么，问题的根源究竟何在？为何对于计算机而言，这样一个看似简单的"语言"任务竟如此复杂？很可能是以下两个原因：机器听不清，或者机器听不懂。

3.2.1 语音识别

为了深入探讨上述问题，首先需要从语言的复杂性入手。语言，表面上看似是一种直观且易于理解的交流工具，实际上却蕴含着复杂的结构与深刻的含义。语言不仅由单个词汇构成，它的背后隐藏着复杂的语音信号，这些信号受到多种因素的干扰与影响。举例来说，在使用"你好"这一词汇时，不同地区的发音差异即能显现语言的多样性。北京人说出的"你好"与上海人说出的"你好"虽然词汇相同，但由于口音与音调的差异，它们的发音就像两首不和谐的乐曲。虽然这两个词汇在书面形式上无异，但发音的细微差别使得听者对其产生不同的感知。

此外，环境噪声对语言的影响同样显著。在安静的房间里，语音助手可以轻松地识别用户的指令。然而，当用户处于嘈杂的环境中，例如繁忙的街道，即便大声喊叫，语音助手也可能无法清楚地捕捉到语音信号。这种情形表明，尽管语言是日常生活中频繁使用的工具，计算机仍然面临着"听错"的问题。每一次语言交流都充满了不确定性与多样性，甚至可以将语言的处理比作一场充满挑战的智力游戏，充斥着许多难题与陷阱。

因此，计算机在处理自然语言时，面临的主要挑战是如何从复杂且多变的语音信号中提取出准确的信息。在这一过程中，语音识别技术需要处理发音差异、背景噪声、语音模糊等一系列影响因素，以实现高效而准确的语言理解。

1. 语音识别的基础

语音识别系统处理复杂信号的过程首先涉及将语言从声音信号中提取出来，即将声音转化为数字信息。实际上，计算机并非直接"听"到声音，而是将声音信号转化为一系列数字，通过这些数字来理解语音中的信息。该过程通常被称为"声音的数字表示"，并包括两个主要步骤：采样与量化。

采样是指将连续的声音信号分割成若干小片段，通常按时间间隔对信号进行采集。每个采样点代表了声音信号在特定时刻的状态。量化则是指对声音的振幅进行精确的测量，将连续的振幅值映射为有限数量的离散值，从而使计算机能够处理并理解这些信号。通过这两个步骤，连续的声音信号被转化为一系列数字，供计算机进一步分析和处理。

（1）采样：声音的"切片"

可以将声音信号的数字化过程类比为拍摄一张照片。假设正在用相机拍摄一幅风景画，风景是动态的，且不断变化。如果相机不停地拍摄整个景象，它会生成大量的照片，而这些照片代表了风景的各个时刻。

在声音的数字化过程中，采样就像拍摄这些"瞬间照片"。每次拍摄，相机捕捉到的是某个特定时间点的风景，类似于采样捕捉到的声音信号的振幅（如图3.3所示）。拍摄的频率决定了每秒钟能拍摄多少张照片，这就是采样频率。拍得越频繁，照片中包含的细

图 3.3 声音信号（图片由 AI 生成）

节就越多。如果相机每秒拍摄 1000 次（即 1000 张照片），人们就能捕捉到风景的更多细节。但是，如果拍得太频繁，照片数量太多，就可能导致处理这些照片的时间过长，甚至会占用过多的存储空间，影响效率。

同样的道理，采样频率过低，可能会漏掉一些重要的细节，导致图像不完整，声音失真；而采样频率过高，虽然能捕捉到更多细节，却会带来更大的计算和存储负担。因此，选择合适的采样频率，类似于选择相机的拍摄频率，是为了在捕捉细节和保持效率之间找到平衡。而量化过程就像对这些照片进行编辑。拍摄得到的照片通常是彩色的，每个像素有不同的色彩和亮度。量化就像给每个像素分配一个固定的颜色等级，可能只有几个不同的选项。量化的精度决定了颜色等级的数量，也决定了照片的细腻程度。颜色等级越多，照片看起来越真实，但处理这些照片的计算量也越大；如果颜色等级太少，照片的色彩就会失真，像素的细节也不清晰。量化精度需要在图像质量和处理负载之间做出权衡。

（2）量化：音量的"像素化"

为了帮助理解量化过程，可以借用"像素格子"进行类比。设想一张数字化的图片，画面由无数小格子（像素）组成。每个像素呈现一定的颜色和亮度，这些像素的组合共同构成整张图片。提高屏幕的分辨率时，图片中的像素数增多，细节更加丰富；反之，分辨率低时，画面中的像素较少，细节变得模糊。

量化在声音处理中起着类似"像素化"的作用。当计算机处理声音信号时，首先通过采样将声音信号切分成若干个片段，每个片段代表一个时间点的声音振幅。接下来，量化过程将这些振幅映射到一个有限的数值范围，就像给每个声音片段分配一个"像素值"。

例如，8-bit 量化将振幅值分为 256 个等级，16-bit 量化将振幅分为 65 536 个等级。每个等级相当于图片中的一个像素，决定了声音细节的呈现精度。如果量化精度较低，相当于低分辨率，声音细节会丢失，呈现出"粗糙"的效果；如果量化精度过高，相当于高分辨率，虽然能够更精确地表达声音细节，但处理和存储的负担也会增大。

就像在低分辨率的图片中，图像细节会被"模糊"掉，声音量化精度低时，细微的音量变化也会被忽略，导致音频失真。然而，过高的量化精度类似于过高分辨率的图像，可能会造成系统处理更多数据，从而浪费存储空间并增加计算负担。

因此，量化的关键在于选择合适的精度，使声音的数字表示尽量精确，同时避免带来过大的计算负担。这个精度的选择类似于在数字图像处理中决定使用多少"像素"来表示画面细节——既要保证图像的清晰度，又要平衡处理效率。

（3）采样与量化的博弈

在语音识别中，采样和量化是两个至关重要的过程，它们共同决定了声音信号如何被转换为计算机能够处理的数字格式。采样是将声音信号在时间维度上离散化，而量化则是在幅度维度上对这些离散信号进行离散化，使其能够以数字信号的形式进行处理。

过低的采样率或不足的量化精度会导致声音信号的失真，这就如同通过模糊的画面去判断比萨的味道，无法准确还原真实的声音。而过高的采样率和量化精度，虽然可以提供更多的声音细节，却会增加计算资源的消耗，导致效率低下。

因此，采样与量化之间需要找到一个平衡点，既能高效地捕捉声音的关键特征，又不至于使系统承受过重的计算负担。这一平衡点是在速度与准确性之间的妥协，也是语音识别技术持续研究的重点。

在采样方面，低比特率语音编码技术，如混合激励线性预测编码 (Mixed Excitation Linear Prediction, MELP) 和增强语音服务 (Enhanced Voice Services, EVS)，通过降低传输带宽需求，确保语音质量，成为语音识别领域的重要研究方向。例如，艾伦·麦克克里㊀开发的 MELP 编码器已经被广泛应用于低比特率语音通信，并成为北约的标准。

在量化方面，杰弗里·辛顿和邓力㊁将深度神经网络引入语音识别，显著提高了量化精度与系统性能。尽管这些技术取得了显著进展，但依然面临语言多样性和复杂环境因素的挑战，如口音和噪声问题。当前的研究方向包括基于神经网络的语音增强技术，以提高系统的鲁棒性。

这一系列突破离不开深度神经网络在语音识别中的应用。深度神经网络不仅改变了量化方式，还重新定义了语音识别的整体框架，使得语音识别从传统的基于规则的方法转向数据驱动的智能化模式。接下来，将重点探讨深度神经网络如何在语音识别领域带来革命性的变化。

2. 深度识别技术带来的突破

在语音识别技术的发展过程中，传统的语音识别方法和深度学习驱动的语音识别方法在适应复杂语言特征和环境噪声方面表现出了显著的差异。传统语音识别方法通常依赖于手工设计的规则和模型，深度神经网络则通过大规模数据训练和自动特征学习，推动了语音识别技术的革命。

（1）传统语音识别模型

传统的语音识别系统通过将音频信号转换为数字特征，然后与预先构建的词库和发音模板进行比对，从而实现语音识别。然而，这种方法存在显著的局限性，主要依赖于大量人工设计的规则和模板。这些规则在应对口音差异、语速变化以及背景噪声等复杂的语言特征和环境因素时，往往表现不佳，难以实现高准确率和鲁棒性。因此，传统语音识别系统在多样化和动态变化的实际应用场景中，面临着适应性不足的挑战。

- 口音与方言的适应性差：传统方法依赖于词库中预定义的发音模板，这些模板通常是基于标准发音训练的，对于不同地区、不同语言环境下的口音和方言，系统难以做出准确的识别。例如，北京口音和上海口音的发音差异会使得传统系统难以准确识别"吃饭"这一词汇。
- 对噪声的鲁棒性较差：传统系统在处理嘈杂环境下的语音信号时，常常容易受到

㊀ 艾伦·麦克克里 (Alan McCree) 是语音编码领域的知名学者，他开发的 MELP 编码器在低比特率语音通信中具有重要应用。

㊁ 邓力 (Li Deng) 是语音识别和深度学习领域的专家，曾任微软首席人工智能科学家，在语音识别和自然语言处理方面有重要研究成果。

背景噪声的干扰，导致识别准确性大大降低。例如，在街头或有多人交谈的房间，传统语音识别系统很容易将噪音误识别为语音信号，影响识别效果。
- 对语速变化的适应性弱：传统方法在处理语速加快或变化较大的语音时，也容易出现识别错误。这是因为这些系统通常依赖于静态的发音模型，而不能灵活应对语速的变化。

（2）深度语音识别模型

深度神经网络对语音识别领域的贡献是革命性的，它使得语音识别技术从传统的规则驱动方法转向了基于数据驱动的学习方法。深度神经网络通过模拟人类大脑的神经网络结构，自动从大规模语音数据中提取音频特征，并逐层构建对语言的理解。这种方式使得深度神经网络能够在复杂的语言特征和环境噪声中表现出色。

- 口音和方言的适应性强：深度神经网络通过大规模语音数据的训练，能够自动识别和适应不同口音和方言的发音差异。传统方法需要人工构建不同口音的发音模板，而深度神经网络可以通过学习不同口音的共性特征，自动调整其识别策略，从而提高对不同地区语言的识别准确性。例如，当上海话口音的"hello"被说出来时，深度神经网络能够根据学习到的口音特征正确识别出该词汇。
- 提高噪声鲁棒性：深度神经网络能够从包含噪声的语音数据中学习有用的特征，从而忽略背景噪声的干扰。例如，在嘈杂的街头环境中，深度神经网络可以准确识别出"我要买票"这一语音信号，即便周围有大量的车流和人群。与传统模型相比，深度神经网络在噪声环境中的表现更为稳健。
- 应对语速变化的能力：深度神经网络通过多层的特征提取，能够自动适应语速的变化。它能够通过上下文信息推测出语句的意义，而不需要依赖固定的发音规则。例如，深度神经网络可以在语速较快时仍然准确地识别语音中的每个单词，避免因语速过快而导致识别错误。
- 上下文感知能力：深度神经网络不仅能识别单个词汇，还能根据上下文推断出词汇的实际含义。这种上下文感知能力帮助深度神经网络在面对同音词和语义相近的词汇时，能够根据句子的整体意思来做出正确的判断。例如，在"我去买菜"这一句子中，深度神经网络不仅能识别出单个词汇，还能通过上下文推断出每个词汇的语义，从而提高了语句的理解准确性。

尽管传统语音识别模型在某些应用场景下仍然有一定的优势，但其局限性在面对复杂的口音、方言、噪声以及语速变化时显得尤为明显。深度神经网络的引入，不仅克服了这些问题，还大大提高了语音识别的准确性和鲁棒性。通过大规模数据的训练和自动特征学习，深度神经网络能够有效地应对不同的语言变化和环境噪声，进而推动了语音识别技术的发展。

深度神经网络尽管在语音识别方面取得了显著进展，仍然面临着一些挑战，如极端噪声环境和复杂语言情境下的表现问题。随着更多创新技术的引入，语音识别技术将变得越

来越智能，能够处理更加复杂和多样的语言识别任务。⊖

3.2.2 自然语言处理

自然语言处理 (Natural Language Processing, NLP) 技术是实现人机语音交流的最后一步。在前面的步骤中，语音识别技术让机器"听清"了人类的语音并将其转换为文本；而到了自然语言处理这一步，机器需要进一步"听懂"这些文本的含义，并生成合适的响应或执行相应的操作。NLP 结合了语言学、计算机科学和机器学习的技术，广泛应用于文本分析、语音识别、机器翻译、对话系统等领域。随着深度学习和大数据技术的发展，NLP 的能力得到了显著提升，能够处理更加复杂和多样化的语言任务。

1. 内容识别

在日常生活中，文本无处不在——从社交媒体上的推文、新闻文章，到电子邮件、书籍和网页内容。这些文本中蕴含着大量的信息，但对于计算机来说，理解这些信息并不像人类那样直观。这正是内容识别技术的用武之地。内容识别是自然语言处理中的一项核心技术，它的目标是让计算机能够从文本中提取有意义的信息，并理解文本的主题、结构以及其中包含的关键元素。简单来说，内容识别就是让计算机"读懂"文本。它不只是简单地识别文本中的单词，而是通过分析文本的语义、结构和上下文，提取出有用的信息。例如，计算机可以从一段新闻文章中识别出主要人物、事件发生的时间和地点，甚至理解文章的主题是体育、科技还是政治。内容识别的核心任务包括分词、词性标注、命名实体识别 (NER) 和语义分析。通过这些技术，内容识别能够帮助计算机从海量文本中提取出关键信息，为后续的分析和应用提供基础。

内容识别技术的应用非常广泛，几乎涵盖了所有需要处理文本的领域。当使用搜索引擎时，输入一个关键词后，搜索引擎会迅速返回相关的网页或文档。这背后就离不开内容识别技术。搜索引擎会分析输入的查询内容，理解搜索意图，并从海量的网页中筛选出最相关的结果。例如，如果搜索"2023 年诺贝尔奖得主"，搜索引擎会识别出"2023 年"是时间、"诺贝尔奖"是事件、"得主"是关键词，然后返回相关的新闻报道或百科页面。新闻网站每天都会发布大量的文章，内容涵盖体育、科技、财经、娱乐等多个领域。内容识别技术可以自动将这些文章归类到不同的主题中。例如，一篇关于世界杯的报道会被归类到"体育"类别，一篇关于人工智能的新闻则会被归类到"科技"类别。这种自动分类不仅方便用户浏览，还能帮助新闻平台更好地组织和管理内容。在某些专业领域，如医学、法律或金融，从大量文本中提取特定信息是非常重要的。例如，医学研究人员可能需要从成千上万的医学文献中提取出某种药物的名称及其疗效，律师可能需要从法律文件中提取

⊖ 对于想要深入了解深度学习原理及其在语音识别中的应用的读者，可以参考以下资料：
- 《深度学习》（作者为 Ian Goodfellow、Yoshua Bengio 和 Aaron Courville）——深度学习的权威教材，涵盖神经网络的基础和应用。
- 《语音与语言处理》（作者为 Daniel Jurafsky 和 James H. Martin）—— 一本全面讲解语音识别与自然语言处理的书籍，适合对语音识别原理有深入兴趣的读者。

出关键条款或判例。内容识别技术可以自动化这一过程，大大节省时间和人力成本。许多公司使用智能客服系统来处理用户的咨询，内容识别技术可以帮助系统理解用户的问题，并从知识库中找到相关的答案。例如，如果用户问"如何重置密码"，系统会识别出"重置密码"是关键词，并返回相关的操作指南。在社交媒体上，用户每天都会发布大量的文本内容，如推文、评论和帖子，内容识别技术可以分析这些内容，提取出用户讨论的热点话题、情感倾向以及关键人物或事件。例如，品牌可以通过分析社交媒体上的用户评论，了解消费者对某款产品的评价。

  内容识别的实现依赖于多种自然语言处理技术。分词是内容识别的第一步。对于英语等以空格分隔单词的语言来说，分词相对简单；但对于中文、日文等没有明显分隔符的语言，分词则是一个复杂的任务。例如，句子"我爱自然语言处理"需要被分割为"我/爱/自然语言/处理"。词性标注是指为每个词语标注其词性，如名词、动词、形容词等。例如，在句子"苹果是一种水果"中，"苹果"被标注为名词，"是"被标注为动词。命名实体识别是指识别文本中具有特定意义的实体，如人名、地名、日期、组织等。例如，在句子"比尔·盖茨是微软的创始人"中，"比尔·盖茨"被识别为人名，"微软"被识别为组织。语义分析是内容识别中最复杂的部分，它旨在理解文本的含义和上下文关系。例如，句子"他打开了窗户，因为房间里很热"中，语义分析需要理解"打开窗户"和"房间里很热"之间的因果关系。

  近年来，深度学习技术的快速发展极大地推动了内容识别技术的进步。传统的自然语言处理方法主要依赖于规则和统计模型，而深度学习则通过神经网络模型自动学习文本的特征和规律。BERT(Bidirectional Encoder Representations from Transformer) 是一种基于 Transformer 的深度学习模型，它能够同时考虑文本的上下文信息。例如，在句子"他去了银行存钱"中，BERT 能够理解"银行"指的是金融机构，而不是河岸。GPT(Generative Pre-trained Transformer) 是一种生成式预训练模型，它不仅可以理解文本，还能生成高质量的文本。GPT 在内容识别中的应用包括文本摘要、问答系统等。这些深度学习模型在内容识别任务中表现出色，能够更准确地理解文本的语义和上下文关系，从而提高了内容识别的效果。

  随着人工智能技术的不断发展，内容识别的能力将越来越强大。未来，内容识别技术可能会在多语言支持、跨模态理解和实时处理等方面取得突破。多语言支持将使内容识别技术能够处理更多语言，尤其是低资源语言；跨模态理解将结合文本、图像、音频等多种模态的信息，实现更全面的内容理解；实时处理则将在直播、会议记录等场景中实现高效的内容识别。总之，内容识别技术正在改变人们与文本交互的方式，让计算机能够更好地理解和利用语言数据。无论是搜索引擎、新闻分类，还是智能客服和信息提取，内容识别都在为人们的生活和工作带来便利。随着技术的不断进步，它的应用场景将会更加广泛，成为推动智能化社会发展的关键力量。

  2. 情感识别

  在当今信息爆炸的时代，文字不仅是传递信息的工具，更是表达情感的重要载体。无论是社交媒体上的评论、新闻文章中的观点，还是客户反馈中的评价，文字背后往往蕴含着丰富的情感信息。然而，对于计算机来说，理解这些情感并不像人类那样容易。这就是情感识别技术的意义所在。情感识别，也称为情感分析 (Sentiment Analysis)，是自然语言处理中的一个重要研究方向，旨在分析文本中表达的情感倾向。它可以帮助计算机判断一段文本是正面的、负面的还是中性的，甚至可以识别更复杂的情感状态，如愤怒、喜悦、悲伤等。通过情感识别，计算机能够从海量文本中提取出情感信息，为各行各业提供有价值的洞察。

情感识别技术的应用场景非常广泛，几乎覆盖了所有需要理解人类情感的领域。在社交媒体上，用户每天都会发布大量的评论、帖子和推文，这些内容中蕴含着公众对某一事件、产品或品牌的态度。通过情感识别技术，企业可以分析这些内容，了解消费者对某款产品的评价是正面还是负面，从而调整营销策略或改进产品设计。例如，一家手机制造商可以通过分析社交媒体上关于新机型的评论，发现用户对电池续航时间的抱怨，进而优化下一代产品的设计。在客户服务领域，情感识别技术可以帮助企业分析客户反馈，了解客户对产品或服务的满意度。例如，电商平台可以通过分析用户的评价，识别出哪些商品得到了高度评价，哪些商品存在质量问题。这种分析不仅可以帮助企业改进服务，还能为消费者提供更精准的推荐。此外，情感识别技术还可以用于市场趋势预测。通过分析新闻、博客或论坛中的情感倾向，企业可以预测市场情绪的变化趋势。例如，如果某款新技术的相关报道普遍呈现积极情感，那么这项技术可能会在未来成为市场热点；反之，如果某类产品的负面评论增多，则可能预示着市场需求的下降。

情感识别的实现依赖于多种自然语言处理技术和机器学习算法。传统的情感识别方法主要基于规则或统计模型，使用情感词典来判断文本的情感倾向。情感词典是一种包含大量词语及其情感极性 (正面、负面或中性) 的数据库。例如，词语"优秀"可能被标注为正面情感，而"糟糕"则被标注为负面情感。通过统计文本中正面和负面词语的数量，系统可以判断文本的整体情感倾向。然而，这种方法存在一定的局限性，因为它无法很好地处理上下文信息和复杂的情感表达。例如，句子"这部电影并不糟糕"虽然包含负面词语"糟糕"，但整体表达的情感却是正面的。为了解决这些问题，现代的情感识别方法更多地采用深度学习模型，如长短期记忆网络 (LSTM) 和 Transformer。这些模型能够捕捉文本中的语义和上下文信息，从而更准确地识别情感倾向。例如，基于 Transformer 的 BERT 模型可以通过双向编码器同时考虑文本的前后文信息，从而更准确地理解句子的情感含义。

情感识别技术的发展不仅依赖于算法的进步，还需要大量的标注数据来训练模型。标注数据是指人工标注了情感极性的文本数据，例如"这家餐厅的服务非常好"被标注为正面情感，"航班延误让我非常失望"被标注为负面情感。通过使用这些标注数据，机器学习模型可以学习如何从文本中提取情感特征，并在新的文本上进行情感预测。近年来，随着社交媒体和在线评论平台的普及，获取大规模的标注数据变得更加容易，这为情感识别技术的发展提供了重要的支持。

尽管情感识别技术已经取得了显著的进展，但它仍然面临一些挑战。例如，文本中的情感表达往往非常复杂，可能包含讽刺、反语或隐喻等修辞手法。例如，句子"真是个'伟大'的主意"可能表面上看起来是正面情感，但实际上表达了讽刺和不满。此外，不同文化和语言中的情感表达方式也存在差异，这使得情感识别技术在跨文化和多语言场景中的应用变得更加复杂。为了应对这些挑战，研究人员正在探索更先进的深度学习模型和多模态情感识别技术。多模态情感识别不仅分析文本，还结合图像、音频和视频等多种模态的信息，从而更全面地理解人类的情感。

情感识别技术的未来充满了多种可能性。随着人工智能技术的不断进步，情感识别将变得更加智能和精准。例如，未来的情感识别系统可能能够实时分析视频会议中的语音和面部表情，判断参与者的情感状态，从而提供更有效的沟通建议。此外，情感识别技术还可以与虚拟助手和机器人结合，使它们能够更好地理解用户的情感需求，提供更加人性化的服务。总之，情感识别技术正在改变人们与计算机交互的方式，让机器能够更好地理解和回应人类的情感。无论是社交媒体分析、客户反馈分析，还是市场趋势预测，情感识别都在为生活和工作带来深远的影响。随着技术的不断进步，它的应用场景将会更加广泛，成为推动智能化社会发展的重要力量。

3.3 生成式人工智能

本节将介绍生成式人工智能技术。下面通过一个与人工智能的对话示例，让读者体验这一技术的魅力。这一互动不仅展示了生成式人工智能的独特之处，还有助于读者了解其背后的原理和应用。

> 我说：
> 我是一名作者，正在写一本关于人工智能的科普书，想要在书中介绍生成式人工智能。你能帮我简单概括一下这项技术吗？
>
> 人工智能助手说：
> 生成式人工智能 (Generative Artificial Intelligence) 是一种利用机器学习技术，特别是深度学习模型，生成新的、符合一定规律的数据内容的技术。这些内容可以是文本、图像、音频、视频等。生成式模型的核心是通过大量的训练数据，学习到数据中的结构和规律，从而能够根据输入的条件生成新的、看似原创的内容。
>
> 常见的生成式人工智能技术包括：
>
> - **生成对抗网络**：由两个神经网络（生成器和判别器）相互对抗，生成器尝试生成尽可能真实的内容，判别器则评估这些内容的真实性，最终生成器能够生成非常逼真的图像或其他类型的内容。
> - **变分自编码器 (VAE)**：通过编码器将数据压缩成潜在空间，再通过解码器生成新的样本，常用于图像生成。

- **自回归模型（如 GPT、BERT 等）**：这些模型在处理文本时，能根据输入的部分内容生成剩余部分，广泛应用于自然语言生成、翻译、摘要等任务。

生成式人工智能的应用领域非常广泛，除了创作艺术作品、自动写作，还能用于虚拟角色创建、数据增强、模拟数据生成等多个行业。

本段对话⊖展示了生成式人工智能技术的基本概念及相关关键词。接下来，将深入探讨其历史背景与发展历程。生成式人工智能涵盖多个子领域，每个子领域均具备其独特的关键技术。本节也将围绕这些子领域及其关键技术展开详细阐述。

3.3.1 从判别到生成

生成式人工智能的革命性，正是在于它突破了传统判别式人工智能的桎梏，彻底颠覆了从分类到创造的认知边界。

从判别式到生成式人工智能的转变，体现了人工智能技术从专注于分类和预测到创造新内容的范式转换。判别式人工智能的典型应用是垃圾邮件分类。在这个任务中，系统通过学习标记好的邮件数据，识别出垃圾邮件与非垃圾邮件之间的区别，例如识别出含有"免费"或"中奖"等词汇的邮件更可能是垃圾邮件。判别式人工智能的核心目标是建立一个决策边界，将邮件准确地分类为"垃圾"或"非垃圾"，它的关注点是如何区分不同类别的特征，而不考虑数据是如何生成的。它能够在大量标记数据的支持下，快速进行高效的分类。

与此不同，生成式人工智能的代表性应用是文本生成任务。生成式人工智能能够根据给定的主题或提示生成新的、连贯的文本内容。例如，给定"春天的早晨"作为主题，模型不仅能生成符合语境的描述，还能自动推演出后续内容，展现出对文本内在结构的理解。生成式人工智能的目标是学习数据的生成过程，从而能够创作出新的内容，它不仅仅是分类任务，而是试图理解和模仿数据分布，甚至创造出与训练数据相似的新内容。生成式人工智能的应用非常广泛，从对话系统到艺术创作、音乐生成等，都能找到它的身影，但它的训练过程更加复杂，需要更多的计算资源。

总体来看，判别式人工智能擅长对已有数据进行高效分类，快速从输入特征预测输出类别；生成式人工智能则进一步突破这一局限，尝试理解数据的生成过程，并能够创造出新内容。在实际应用中，这两种人工智能模型可以相辅相成，生成式人工智能可以用来生成新的训练数据，判别式人工智能则可以利用这些数据进行更加高效的分类或预测任务。

3.3.2 工作原理

生成式模型的核心目标是通过学习数据的分布来生成新的、与训练数据相似的内容。这些模型可以应用于单模态或多模态系统，具体取决于输入和输出的数据类型。就像一位画家通过学习自然界的色彩和形状，创作出栩栩如生的画作一样，生成式模型通过捕捉数据的规律，创造出与真实世界相似的新内容。

⊖ 所有对话内容均通过与 ChatGPT 模型的互动生成，该模型为通用版本，未进行任何特殊定制或调整。生成内容基于大规模预训练数据集，并通过自然语言处理技术提供响应。

1. 数据学习与模式生成

生成式模型通过从大量数据中学习模式和规律来生成新的内容。这些模型通常基于概率分布，通过学习数据的统计特性来捕捉其内在结构。例如，在图像生成任务中，模型会学习图像中像素之间的关系，从而生成新的图像。在文本生成任务中，模型则通过学习词汇和句子的分布来生成连贯的文本。

数据学习的过程通常涉及优化一个目标函数，该函数衡量生成数据与真实数据之间的差异。通过迭代优化，模型逐渐提高生成数据的质量，使其更接近真实数据的分布。

可以将生成式模型的学习过程类比为一个画家学习并模仿大师画作的技艺。想象这位画家面对着无数幅艺术大师的杰作，他的目标是创作出与这些杰作同样引人入胜的新作品。这些杰作就好比真实数据，而画家的每一笔、每一色的选择，就是模型在学习数据中的模式和规律。

首先，画家（生成式模型）会仔细观察（学习）大师画作中颜色的搭配、笔触的运用、光影的处理等，这些细节相当于数据中的像素关系或词汇句式。通过这样的观察，画家开始理解什么是艺术作品中的"内在结构"。

接下来，画家开始尝试自己作画，初期的作品可能与大师之作相去甚远，这就像生成式模型最初生成的数据与真实数据之间的差异。画家不断地比较自己的作品与大师作品（优化目标函数），寻找差距，比如色彩的和谐度、构图的自然度等，这对应于模型通过损失函数来衡量生成数据与真实数据的相似度。

在不断的练习（迭代优化）中，画家学会了如何更好地混合颜料（调整参数）、如何布局画面（捕捉数据的统计特性），逐渐地，他的作品开始展现出接近大师风格的质感和深度。这意味着生成式模型通过学习，生成的新图像或文本越来越接近真实数据的分布，能够创造出连贯、逼真的新内容。

这个过程强调了从模仿到创新的转变，正如生成式模型在学习过程中，从简单的复制数据特征到能够创造性地生成新的、具有内在一致性的内容。

2. 利用生成对抗网络的生成

生成对抗网络是一种强大的生成式模型，由两个神经网络组成：生成器和判别器。生成器的任务是生成与真实数据相似的内容，判别器的任务则是区分生成的数据和真实数据。两者通过对抗训练的方式共同优化，生成器试图欺骗判别器，而判别器则试图更准确地区分真假数据。

生成对抗网络在图像生成、视频生成和音频生成等领域取得了显著的成功。例如，在图像生成任务中，生成对抗网络可以生成逼真的人脸图像或风景图像。在文本生成任务中，生成对抗网络也可以用于生成连贯的句子或段落。

可以将生成对抗网络想象成一个虚拟的艺术家与批评家的对决。艺术家（生成器）尝试创作出令人信服的艺术作品，而批评家（判别器）则负责鉴定这些作品是否为真迹。在这个过程中，艺术家不断学习批评家的反馈，改进技巧，力求让自己的作品足以乱真；而批评家也在不断地提升自己的鉴赏能力，试图在最细微的差别中辨识真伪。

在技术层面上，生成器接收一串随机数字作为"灵感"，通过一系列复杂的计算层（神经网络），将这些随机数转化为看似真实的图像、视频帧或文本片段。判别器则接收这些生成的数据以及来自真实数据集的数据，尝试判断哪个是"真"哪个是"假"。如果判别器被欺骗，误将生成器的作品当作真实数据，生成器就会得到正向激励，反之则需要调整策略以提高欺骗成功率。

这种对抗性的学习机制推动了两个网络的性能螺旋上升：生成器逐渐学会捕捉数据集中的复杂模式，创造出越来越难以区分的假数据；而判别器则变得更加敏锐，努力在生成数据中寻找破绽。最终，理想状态下，生成器能够生成几乎无法与真实数据区分开的高质量内容。

生成对抗网络的应用远远超出了艺术创作的范畴。在医疗影像合成、风格迁移、个性化推荐系统甚至药物发现等领域，生成对抗网络都展现出了其独特的价值。例如，它们可以帮助生成用于训练的稀缺医疗图像，或者在虚拟现实中创造逼真的环境，使得用户体验更加丰富。尽管生成对抗网络在训练过程中可能会遇到稳定性问题，且生成的内容有时缺乏多样性，但随着技术的不断进步，这些问题正在逐步得到解决，使得生成对抗网络成为人工智能领域中一个极其活跃和充满潜力的研究方向。

3. 基于转换器的预训练模型

基于转换器（Transformer）的预训练模型，如 BERT、GPT 等，已经在自然语言处理领域取得了巨大的成功。这些模型通过在大规模文本数据上进行预训练，学习语言的深层表示。预训练模型可以用于各种生成任务，如文本生成、机器翻译和摘要生成。

转换器模型的核心是自注意力机制，它允许模型在处理输入序列时关注不同位置的信息。这种机制使得模型能够捕捉长距离依赖关系，从而生成更加连贯和上下文相关的文本。

想象一个场景：一位读者正在阅读一本故事书，每读完一页，都会在心中总结这一页的内容，并思考它与之前和之后的故事情节如何相连。基于转换器的模型，比如 BERT 和 GPT，就像这样的超级读者，但它们处理的是海量的文字数据。

这些模型的"超级能力"来源于它们的"注意力机制"。想象每句话都是故事中的一页，而模型会像人类读书一样，不仅看当前的"页"，还会"注意"到故事中的其他部分。这就像它有超能力，能同时看到书的开头、中间和结尾，理解每个部分是如何相互影响的。这种"自注意力"让模型知道"王子"和"拯救公主"之间的联系，即使它们在文本中相隔很远。

预训练过程就像模型在阅读无数本书，不需要具体任务，只是学习如何理解故事。一旦这个"阅读"过程完成，模型就变得非常聪明，可以帮人们完成各种任务，比如写故事、翻译外文书籍或者总结文章的核心内容，因为它已经学会了语言的"通用规则"。

简单来说，BERT 和 GPT 就像训练有素的故事大师，通过大量阅读学会了如何构建和理解复杂的故事线，然后用这些技能来帮助人们完成特定的写作或理解任务，而且做得越来越好，因为它们能理解上下文，知道哪些信息重要、哪些信息可以忽略。

3.3.3 模态类型

在生成式人工智能中,"模态"是指不同类型的数据表现形式。常见的模态包括但不限于以下几种。

- 文本:这是最常见的数据类型之一,是由单词、句子和其他符号组成的信息流。
- 图像:包含颜色、形状和纹理等多种元素的二维或多维图形。
- 音频:由声波振动产生的听觉信号,包含频率、振幅等特性。
- 视频:一系列连续变化的画面组成的动态影像,结合了时间和空间上的信息。
- 触觉:虽然在当前主流的生成式人工智能研究中较少被提及,但在某些高级机器人技术和虚拟现实环境中也有涉及。
- 嗅觉/味觉:这类感官数据目前尚未广泛应用于大规模的生成式人工智能模型中,但随着技术的发展可能会逐渐成为重要的组成部分。

生成式模型可以应用于单模态或多模态系统。单模态系统处理单一类型的数据,如图像生成或文本生成。例如,一个单模态的图像生成系统可能只接收图像作为输入,并生成新的图像作为输出。

多模态系统则处理多种类型的数据,如图像和文本的结合。例如,一个多模态系统可以接收图像和文本作为输入,并生成与输入相关的文本描述或图像。多模态系统在跨模态任务中表现出色,如图像标注、视频描述和视觉问答等。

总之,生成模型通过数据学习、对抗训练和预训练技术,能够在单模态和多模态系统中生成高质量的内容。这些模型在图像生成、文本生成和跨模态任务中展现了强大的能力,推动了人工智能在多个领域的应用。

生成式模型就像一个创意工坊,它能够根据不同的"原料"创造出各式各样的作品。在谈论单模态系统时,可以想象它是一个专注于单一艺术形式的艺术家,比如只用画布(图像数据)就能创作出新的画作,或者只用笔和纸(文本数据)来写故事。这种专一性让模型在特定领域内非常精通,比如人工智能能生成逼真的风景画或撰写连贯的文章。

多模态系统则像一个跨领域的创意大师,它不仅会画画,还会写诗,甚至能将两者结合起来,创作出带有描述的画作或者根据图片创作故事。例如,当输入一张图片和几个关键词时,系统能够生成一段描述该图片的文字,或者反过来,根据一段文字描述生成相应的图像。这种系统在理解和生成跨媒体内容上特别强大,比如在面对一幅画时,系统能够讲述画中的故事,或者在面对关于视频内容的提问时,系统能够准确回答。

这些模型之所以能如此强大,是因为它们通过大量的数据学习,学会了如何理解世界的复杂性。对抗训练就像让模型在一场智慧的游戏中,不断尝试欺骗另一个自己(判别器),以此来提高生成内容的逼真度。预训练则像给模型一个全面的"艺术教育",让它在面对具体任务时,能够快速适应并发挥创造力。这些技术的结合,使得生成式模型在人工智能的广阔舞台上,从简单的图像和文字生成,到复杂的交互式内容创作,都展现出了无限的潜力。

小结

通过本章的学习，读者了解了人工智能核心技术在各个领域中的应用和发展趋势。无论是在计算机视觉、语音识别，还是在生成式人工智能的创作领域，人工智能技术的不断创新正在改变人们的生活和工作方式。通过对这些技术的深入了解，能够更好地应用这些技术，进一步提升学习与实践能力。

习题

1. 计算机视觉的三层模型在现代深度学习框架中如何体现？

大卫·马尔提出的三层模型（计算理论层次、表示与算法层次、硬件实现层次）为计算机视觉奠定了理论基础。在当前以深度学习为主导的计算机视觉研究中，这三个层次是如何被体现和应用的？是否存在新的发展或演变？请举例说明。

2. 图像采集技术如何影响计算机视觉任务的性能？

图像采集设备的性能（如分辨率、帧率、传感器类型等）对计算机视觉任务（如物体检测、图像分类）的最终效果有何影响？在实际应用中，如何权衡图像采集设备的选择与后续计算机视觉算法的性能？请结合具体应用场景进行分析。

3. 计算机视觉中的"表示学习"有何重要性？

在计算机视觉中，特征表示是关键的一环。随着深度学习的发展，表示学习（如卷积神经网络自动提取特征）变得越来越重要。请讨论表示学习在计算机视觉任务中的作用，以及它如何改变了传统计算机视觉的特征工程方法。

4. 计算机视觉任务与问题之间的关系如何影响研究方向？

为什么说计算机视觉任务（如图像分类、物体检测）和问题（如图像分割、目标识别）之间的关系对研究方向的选择至关重要？请结合当前研究热点（如自动驾驶、医疗影像分析）讨论这种关系如何指导研究人员解决实际问题。

5. 计算机视觉技术在伦理和隐私方面的挑战是什么？

随着计算机视觉技术在监控、人脸识别等领域的广泛应用，伦理和隐私问题日益凸显。请探讨计算机视觉技术在这些领域可能带来的伦理挑战，并提出可能的解决方案或应对措施。

6. 多模态数据融合在人工智能中的应用。

在多模态数据融合中，如何有效地整合视觉、语音和文本信息，以提升 AI 系统的整体性能？请举例说明不同模态数据之间的互补性和潜在的挑战。

第 4 章
人工智能的应用

在当今快速发展的科技时代,人工智能技术的深度融合正在深刻改变人们的生活方式、出行模式以及医疗健康服务。从智能家居的便捷生活到自动驾驶的智慧交通,再到智慧医疗的精准诊疗,这些技术的广泛应用不仅提升了人们生活的便利性和安全性,还为人们的健康和福祉带来了前所未有的改革。本章将详细探讨这些领域的最新进展及其对现代社会的深远影响,揭示智能科技如何为人们带来更加智能化、高效化和个性化的生活体验。

4.1 智慧生活

智能家居、智能助理、智能娱乐与个性化推荐在日常生活中得到了广泛应用。人工智能技术和物联网技术⊖的结合实现了设备的互联互通与智能管理,提升人们生活的便利性、安全性和娱乐体验。智能家居通过灯光、温控、安防设备等优化居住环境,智能助理利用自然语言处理实现便捷交互,智能娱乐系统通过分析用户行为提供个性化内容推荐。这些技术的集成推动生活方式向更加智能化和自动化的方向发展,显著提升了用户的整体生活质量。

4.1.1 智能家居

智能家居系统逐渐渗透到日常生活的各个方面,不仅能够独立运行各类设备,还能通过网络与其他设备协作,提升生活环境的智能化水平。利用人工智能技术,智能家居系统进一步实现了环境的自动调节和智能管理,显著提高了生活的便利性和舒适度。以下将详细探讨智能灯光、智能温控和智能安防设备如何通过人工智能技术和物联网技术实现互联互通,打造智能家居环境。

1. 智能家居系统的工作原理

智能家居系统的核心在于物联网技术与人工智能技术的结合。通过传感器、智能设备和云计算平台,家庭环境中的各类设备能够实时采集和处理环境数据,并通过人工智能算法进行智能分析与决策,自动调整设备的工作状态,完成各类任务,如图 4.1 所示。例如,智能温控系统根据室内外温差自动调节空调温度,智能灯光系统根据光线强度自动调节灯光亮度,智能安防系统自动监控家庭安全,避免不必要的麻烦和安全隐患。

⊖ 物联网 (Internet of Things, IoT) 技术的核心理念是通过互联网将各种智能设备互联互通,实现远程控制、数据交换和智能化管理。

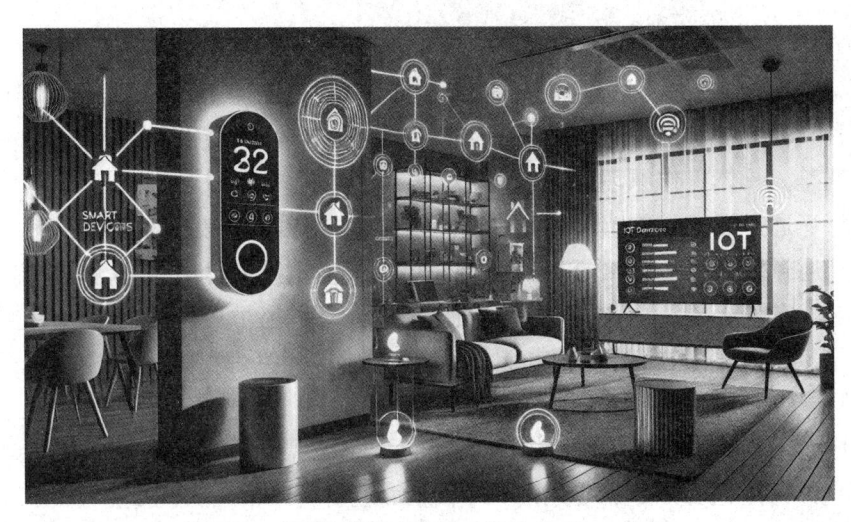

图 4.1　智能家居理念图（图片由 AI 生成）

以某国产家居为例，其全屋智能系统涵盖了智能灯光、智能家电、智能安防系统和智能环境控制等多个领域。用户可以通过小米智能门锁实现回家时的自动化场景，门锁开启后，联动智能灯光和窗帘自动调整，营造温馨的回家氛围。同时，智能温控设备，如空调伴侣，能够根据室内外温度变化和用户习惯自动调节空调运行状态，实现节能和舒适兼顾。在安防方面，门窗磁传感器、烟雾报警器等设备能够实时监测家庭安全，一旦发生异常情况，及时向用户发送警报信息，全方位保障家庭安全。

智能家居系统依赖物联网和人工智能技术，为用户提供便捷、安全的生活环境。其运作环节包括数据的收集、传输和处理，以及人工智能的决策和优化。智能传感器的信息获取、数据的传输与处理和人工智能的决策与优化是智能家居系统的核心，深入探讨这些环节可以更好地理解该系统的功能与效果。

- **智能传感器的信息获取**：智能家居系统依赖多种传感器实时感知环境信息，如温度传感器、湿度传感器、光照传感器、运动传感器和声学传感器。这些传感器不断向系统发送数据，系统根据这些数据判断何时执行自动化操作。
- **数据的传输与处理**：传感器采集的数据通过无线网络（如 Wi-Fi、Zigbee、蓝牙）传输至中央控制系统，或直接上传到云端平台进行处理。通过强大的数据处理能力，人工智能算法能够从大数据中提取有价值的信息，实现对设备的精准控制和预测性维护。
- **人工智能的决策与优化**：基于机器学习和深度学习算法，智能家居系统能够分析历史数据，识别用户行为模式。例如，通过分析过去几周的温度变化，系统可以预测未来的温度变化，并提前调节温控系统，确保室内始终保持舒适的温度。人工智能还能够根据用户偏好动态调整操作策略，提供更加个性化的服务。

接下来将详细探讨智能家居系统中的关键组成部分，包括智能灯光系统、智能温控系统和智能安防系统等。

2. 智能灯光系统

智能灯光系统是智能家居系统中的基础组成部分之一，通过物联网技术实现远程控制、自动调节和数据分析等功能。智能灯具内嵌传感器，能够实时感知环境变化，并根据预设规则进行调整。具体工作原理如下。

智能灯光通过嵌入式传感器和无线通信技术（如 Wi-Fi、Zigbee、蓝牙等）与物联网系统连接。通过手机 App 或语音助手（如 Siri、天猫精灵）发出指令，智能灯具接收到命令后，自动调整光亮度、色温或颜色。此外，智能灯具还可通过环境传感器感知到周围的光线变化，自动调节亮度以节省电能。例如，当感应到室内有足够自然光时，智能灯具会自动调暗，反之则调亮。

智能灯光系统通过调节亮度和颜色，满足不同场景需求，如家庭环境中的定时开关和情境模式（如早晨唤醒或夜晚阅读模式），或在商业场所中根据人流量自动调整光线强度，提升工作效率并节能。此外，智能灯光可与其他智能设备互联互通，如与温控系统、安防系统及语音助手协作，自动感应环境变化，增强用户体验并实现能源节约。

3. 智能温控系统

智能温控系统（如智能空调、智能暖气和智能恒温器）是物联网在家庭和商业环境中应用的重要领域之一。通过连接至物联网平台，智能温控设备能够自动调节室内温度，确保环境舒适的同时最大限度地节省能源。

智能温控系统由传感器、控制器、执行器和联网模块组成。传感器检测环境温度变化后，信息通过物联网连接传递给中央控制系统，控制系统基于设定参数决定加热或降温，最终通过执行器调节温控设备（如空调、暖气）的工作状态。此外，智能温控系统能够学习用户的生活习惯，并根据这些习惯进行自动调整。例如，在用户习惯的回家时间前，智能温控系统会提前调节室内温度，确保用户回家时室内温暖或凉爽。

智能温控系统广泛应用于家庭和商业场所，通过自动调节温度来提升舒适度并节能。在家庭环境中，系统根据用户的作息规律调整温度，如睡觉时自动调低室温以节省能源，早晨起床时恢复舒适温度，且用户可远程通过智能手机进行控制，确保回家时温度宜人。在商业环境中，智能温控根据员工人数和活动量自动调整温度，无人时进入节能模式，大量员工进入时恢复设定舒适温度。此外，智能温控系统与其他智能设备互联互通，例如与智能灯光系统联动，自动感应房间内是否有人，并根据情况同时开启或关闭温控与灯光，或通过智能家居平台优化室内舒适度，进一步提升能源效率与用户体验。

4. 智能安防系统

智能安防系统通过物联网技术实现对家庭、办公室等环境的全天候安全监控。这些系统结合多种智能设备，如智能摄像头、门禁系统、门窗传感器和运动探测器，能够实时监控并响应潜在的安全威胁。

智能安防系统集成摄像头、传感器和报警设备，使用无线通信技术（如 Wi-Fi、Zigbee、LoRa 等）将数据传输到云平台或智能终端。当传感器检测到异常事件（如门窗被打开、运动探测到异常等)时,立即通过网络将警报信息传输给用户或安防中心,启动报警系统,甚至自动联系当地执法机构进行响应。

智能安防系统在家庭和商业场所中应用广泛,提升了安全性和便利性。在家庭环境中,智能门锁和监控摄像头帮助用户远程查看门外情况并决定是否允许访客进入,同时与安防系统结合,在发生盗窃或非法入侵时自动触发报警并通知房主或安保人员。在商业场所则通过集成传感器和摄像头实时监控门窗和敏感区域,及时检测未授权人员入侵并报警,系统还可通过面部识别提供个性化服务。

智能安防系统与其他智能设备互联互通,进一步增强安全性。例如与智能温控系统联动,入侵发生时自动关闭空调或暖气,减少异常活动的迹象;与智能灯光系统联动,在检测到潜在威胁时自动开启灯光,制造有人在家的假象,从而威慑不法分子。

5. 人工智能驱动的智能家居系统的未来发展

未来,人工智能技术将在智能家居系统中发挥更加重要的作用。随着5G、边缘计算以及人工智能算法的发展,智能家居系统将实现更高效、更智能的功能。例如,人工智能将能够更好地预测用户需求,动态调整家庭环境参数,并与更多智能设备无缝连接。未来的智能家居不仅能够理解用户的偏好和行为模式,还能够通过更加精细化的控制实现高度个性化的体验。

此外,随着智能家居生态系统的逐步完善,智能家居系统将更加注重安全性、隐私保护与数据共享的问题。人工智能技术将确保用户数据的安全,同时实现设备之间的高效协作,为家庭提供更加智能、安全、环保的生活方式。

6. 小结

智能家居通过物联网和人工智能技术实现高度的互联互通,极大提升了生活的便利性和舒适度。智能灯光、智能温控和智能安防设备在物联网和人工智能技术的支持下,能够根据环境变化、用户需求和设备状态进行智能调节与协作,为智能家居环境提供全面的支持。随着技术的不断进步,未来的智能家居系统将更加智能化,实现更高层次的自动化和自适应能力,全面提升用户体验。

4.1.2 智能助理

智能助理在现代智能家居和智能办公场景中占据着重要地位。通过语音识别和自然语言处理等技术,智能助理能够实现与用户的自然交流,提供便捷、高效的服务。2025年爆火的 DeepSeek 就是一款智能助理。它改变了人们在偌大的信息世界获取有效资源的方式,也改变了人们解决问题的方式,大大降低了技术门槛。以下内容将详细介绍语音识别技术在智能语音助理中的应用,以及自然语言处理与对话系统如何实现人机自然交互。

1. 语音识别技术

语音识别技术是智能语音助手(如图4.2所示)的核心组成部分,旨在将用户的语音指令转换为可理解的文本或指令,通过第3章所述的声音采样、量化和信号处理等步骤,实现信息的获取和识别。

图 4.2　智能语音助手（图片由 AI 生成）

目前，有一些人工智能助手支持多语言识别，能够理解复杂的语音指令，提供精准的搜索结果和智能家居控制，集成了强大的搜索引擎和信息处理能力，提升了用户的交互体验，提供语音控制、信息查询、任务管理等功能，提升了用户体验。还可以与手机生态系统深度整合，实现无缝的设备控制和信息获取。

还有的智能助手，不仅能够响应用户的语音指令，还能在多轮对话中理解用户的意图。例如，用户可以对智能助手说"今天心情好不好？"，智能助手会以幽默的方式回应，随后用户可以连续发出不同的指令，如"打开书房的灯""亮度调暗一点""放一首《燕归巢》"，智能助手都能一一响应。此外，智能助手还能在用户需要时提供信息查询服务，比如如果用户询问时间，智能助手会准确告知用户当前时间。

用户还可以对智能助手使用简单的语音指令控制智能家居设备，如"打开音乐并导航回家"，智能助手便能协助完成这一系列动作。在影音娱乐方面，用户只需呼叫智能助手，就能帮助调高音量、播放电影、关闭窗帘、打开空调，打造沉浸式观影体验。智能助手还能在运动健康领域提供帮助，比如用户说"开始跑步"，手表就会开始记录跑步数据，并进行实时播报。

虽然语音识别技术已经非常成熟，但是仍面临诸多挑战，包括不同口音的识别、背景噪声的干扰、语音的连贯性和自然性等。近年来，随着深度学习和神经网络技术的发展，语音识别的准确性和鲁棒性得到了显著提升。特别是基于卷积神经网络和循环神经网络的模型，能够更好地捕捉语音信号中的时序和空间特征，显著提高了识别效果。

此外，端到端的语音识别模型（如 Transformer 架构⊖）进一步简化了传统语音识别流程，提高了模型的训练效率和识别准确性。通过大规模的数据训练，这些模型能够适应各种复杂的语音环境和用户需求。

⊖ Transformer 架构是一种深度学习模型，主要用于自然语言处理，它通过自注意力机制和并行处理能力，显著提高了序列数据的处理效率和效果。

2. 自然语言处理与对话系统

自然语言处理与对话系统是实现智能助理与用户自然交互的关键技术。通过理解和生成自然语言，智能助理能够准确理解用户意图，并提供相应的回应和服务。自然语言处理技术包括自然语言理解[一]和自然语言生成[二]两个主要部分。

对话系统通常由多个关键部分组成。首先，意图识别通过自然语言理解技术识别用户的意图，例如查询天气、播放音乐、设置闹钟等。这一步骤是对用户需求进行分类和理解的关键。接下来，实体提取从用户的输入中提取关键信息，如日期、地点、时间等。这些实体信息用于进一步完善用户请求的细节，确保回应的准确性。

在理解用户意图和提取相关实体信息之后，对话系统根据用户的意图和上下文信息，制订对话策略，决定下一步的响应或操作。对话系统通过维护对话状态和上下文，实现多轮对话的连贯性和逻辑性。最后，响应生成通过自然语言生成技术生成自然、连贯的回应，提升用户的交互体验。响应生成不仅关注语法正确性，还注重回应的内容和情感表达，使对话更加人性化。

一个完整的对话系统通过意图识别、实体提取、对话管理和响应生成等多个部分的协同工作，能够有效理解并响应用户的需求，提供流畅且智能的交互体验。

智能助理通过对话系统实现与用户的自然交互，主要体现在多个方面。它能够处理连续的、多轮的对话，保持上下文一致性和连贯性。例如，用户询问"明天的天气如何？"，智能助理不仅回答天气情况，还能继续回答相关的出行建议。

此外，智能助理通过情感分析技术，能够识别用户的情感状态，调整回应的语气和内容。例如，当用户表达不满时，智能助理会以更加温和的语气回应，以提升用户的满意度。

通过学习用户的偏好和习惯，智能助理还能够提供个性化的服务和建议，例如根据用户的日常作息提前提醒重要事项或安排日程。

比如，由深度求索公司研发的 DeepSeek 具备先进的自然语言理解和生成能力，能够进行流畅的对话并提供准确的信息。DeepSeek 通过不断学习和适应用户的交流方式，提供个性化的回答和建议。例如，用户可以询问"如何制作意大利面？"，DeepSeek 不仅会提供详细的烹饪步骤，还能根据用户的反馈进行调整，比如"少油少盐的版本"。DeepSeek 正成为连接人类与数字世界的"智能桥梁"。无论是解决"今晚吃什么"的生活选择，还是处理"商业合同风险评估"的专业需求，其自然流畅的交互体验让技术真正"隐身"，只留下高效与便捷。

DeepSeek 支持超长对话，并能通过学习用户习惯优化回答风格。例如，若用户常要求"用比喻解释复杂概念"，DeepSeek 会逐渐在回答中增加类比内容。其次，它实现了各种语言的无缝切换，可实时翻译并生成 100 多种语言内容，支持方言理解（如粤语、四

[一] 自然语言理解 (Natural Language Understanding, NLU)：旨在解析用户的语音或文本输入，理解其中的意图和实体。主要包括语义分析、句法分析、情感分析等。NLU 技术通过识别用户意图和提取关键实体，实现对用户需求的准确把握。

[二] 自然语言生成 (Natural Language Generation, NLG)：根据理解到的意图和上下文信息，生成符合语法和语境的自然语言回应。NLG 技术通过构建语言模型，确保生成的回应既准确又自然，提升用户的交互体验。

川话），甚至能识别网络流行语并合理运用。它能够通过微表情符号、语气词判断用户情绪，动态调整回复策略，如检测到用户输入"这题太难了"并在后面附加哭泣的表情，它会自动切换到鼓励性话术并提供分步指导。

DeepSeek 拥有三种不同的模式，即基础模式、深度思考模式、联网搜索模式。它们有各自的使用场景，共同构建了覆盖全场景的智能服务体系。其中基础模式适用于大多数日常任务。它的特点是超快速的响应速度和广泛的适用性，能够帮助用户高效完成各种简单的任务。无论是生成创意文案、撰写社交媒体帖子，还是总结知识点、整理会议纪要，基础模式都能以极高的效率提供高质量的结果。对于普通用户来说，这一模式就像一个随叫随到的智能助手，能够在日常生活中提供即时的帮助和支持。基础模式的存在让用户无须担心烦琐的操作流程，只需简单输入需求即可获得结果，真正实现了人工智能在日常生活中的无缝渗透。而深度思考模式是一种推理模式，专注于解决需要高度逻辑分析和推理的任务。相比基础模式，深度思考模式在推理能力、逻辑分析和决策支持方面表现更为卓越。它不仅能够理解复杂的上下文信息，还能输出结构化的分析报告，为用户提供深入的洞察。通过深度思考模式，用户可以从表面现象深入挖掘本质问题，突破复杂问题的边界，实现更高层次的智能化应用。联网搜索模式将人工智能与互联网海量信息相结合，为用户提供实时的数据支持。联网搜索模式能够精准捕捉市场动态、学术前沿以及社会热点等实时数据，帮助用户掌握最新趋势。

DeepSeek 的三种模式并非孤立存在，而是相辅相成的，它们共同构成了一个完整的智能服务体系。用户可以从基础模式入手，体验人工智能在日常生活中的便捷性；当遇到复杂问题时，切换到深度思考模式，借助强大的推理能力和分析工具解决问题；最终通过联网搜索模式，将 AI 的能力延伸至真实世界，获取实时数据支持。这种从基础到高级、从离线到在线的渐进式使用方式，使得 DeepSeek 能够适应不同层次的需求，无论是普通用户还是专业人士，都能从中受益。无论是提高工作效率、优化决策过程，还是推动科学研究，DeepSeek 都能成为用户的得力助手，助力用户实现更大的目标。

其他智能助理产品也有着十分出色的表现，它们能够捕捉用户的语言情感并以伴侣的方式与用户进行对话。例如，当用户感到情绪低落时，智能助手可以通过语音对话提供心理疏导和情感交流，帮助用户排解负面情绪。此外，智能语音克隆功能能够学习用户的语音特征，生成与用户声音高度相似的语音输出，无论是语调、节奏还是音色都能完美还原。还有一些助手集成了强大的搜索和信息处理能力，能够处理多样化的查询和任务，实现高效的用户交互。通过自然语言对话，提供信息查询、任务管理、设备控制等多种功能，提升用户的使用便捷性。智能助手通过与苹果设备的无缝协作，实现了高度集成的用户体验。

然而，自然语言处理与对话系统也面临包括语义理解的深度、上下文关联的准确性、多语言和方言的支持等挑战。近年来，随着 Transformer 模型和预训练语言模型（如 BERT、GPT 系列）的出现，自然语言处理技术在理解和生成自然语言方面取得了显著进展。这些模型能够更好地捕捉语言的细微差别和复杂结构，显著提升了对话系统的智能化水平。

此外，跨领域和跨模态的自然语言处理技术正在逐步发展，使得智能助理能够在更广泛的应用场景中提供服务。例如，通过结合图像、视频等多模态数据，智能助理能够实现更加丰富和多样化的交互方式，提升用户的整体体验。

3. 未来发展趋势

未来，智能助理将朝着更具智能化和个性化的方向发展。通过更深层次的语义分析，智能助理将能够理解更复杂的用户指令和意图，提供更加精准和个性化的服务。结合语音、图像、手势等多种交互方式，智能助理将实现更加自然和丰富的人机交互体验。此外，智能助理将具备更强的情感理解能力，能够根据用户的情感状态调整交互方式，提供更加人性化的服务。

随着边缘计算和 5G 技术的发展，更多的数据处理将在本地设备上完成，从而减少对云端的依赖，提高响应速度和隐私保护水平。智能助理还将实现与更多设备和平台的无缝整合，形成更加广泛和互联的智能生态系统。通过不断的技术创新和应用拓展，智能助理与语音识别技术将在人们的日常生活中扮演更加重要的角色，推动智能家居向更加智能化、便捷化和个性化的方向发展。

4. 小结

智能助理通过语音识别和自然语言处理，实现了人与机器之间的自然交流和高效互动。在智能家居系统中，智能助理不仅提供便捷的控制方式，还通过理解用户意图和行为模式，提供个性化的服务和建议。随着人工智能技术的不断进步，智能助理将在更多应用场景中发挥重要作用，进一步提升智能家居和办公的智能化水平和用户体验。

4.1.3 智能娱乐与个性化推荐

智能娱乐和个性化推荐系统已经深刻改变了现代娱乐产业。通过分析用户的行为、偏好及其他相关数据，推荐系统为用户提供了更具针对性的内容，生成式人工智能的快速发展则赋予了娱乐内容创作前所未有的创新能力。此部分将介绍推荐算法的工作原理，特别是基于用户行为和偏好的推荐系统（如 Netflix、Spotify、YouTube、抖音），并分析生成式人工智能在音乐、影视等领域的应用及其对娱乐产业的影响。

1. 推荐算法

推荐算法在智能娱乐系统中发挥着核心作用，它通过分析和预测用户偏好的方式，使得每个用户能够获得更加个性化的娱乐体验。当前，主流的推荐算法大致可以分为协同过滤、内容推荐和混合推荐三种类型，其中每一种都有其独特的优势和适用场景。

（1）协同过滤 (Collaborative Filtering)

协同过滤是最早且最广泛使用的推荐算法之一，其基本思想是通过分析大量用户行为数据，找出具有相似偏好的用户群体，进而预测目标用户可能喜欢的内容。协同过滤可分为以下两大类。

- 基于用户的协同过滤：这种方法通过计算用户之间的相似度来进行推荐。如果用户 A 与用户 B 在过去有过类似的行为或偏好，那么 A 未观看的、B 观看过的内容就会被推荐给 A。例如，如果用户 A 和用户 B 都偏好同类型的电影或电视剧，则系统会推荐 B 曾看过的、A 尚未观看的电影或电视剧。类似地，YouTube 也采用基于用户的协同过滤，当两个用户有相似的观看历史时，YouTube 会推荐对方观看过但自己未看过的视频内容。

- 基于物品的协同过滤：与基于用户的协同过滤不同，基于物品的协同过滤算法侧重于分析物品之间的相似性。如果用户 A 看过电影 X，并且电影 X 与电影 Y 具有高度相似性，那么系统会将 Y 推荐给用户 A。此类算法在物品的不断更新和替换中更为有效，尤其适用于大规模内容平台，如视频和音乐流媒体服务。在推荐相关视频时，也广泛应用基于物品的协同过滤，通过分析视频之间的相似性来提升推荐的相关性和用户黏性。

尽管协同过滤广泛应用于各类推荐系统，但其面临一些挑战。比如**冷启动问题**：当平台上出现新用户或新物品时，缺乏足够的历史数据会导致推荐效果不佳。为了解决这一问题，推荐系统需要结合其他算法，如内容推荐或深度学习技术。

（2）内容推荐 (Content-Based Filtering)

内容推荐算法通过分析物品本身的特征，来为用户推荐相似的内容。这些特征可以是文本、图像或其他形式的元数据。例如，在视频推荐中，内容的特征可能包括电影的类型、导演、演员以及剧情描述；在音乐推荐中，可能包括歌曲的风格、节奏、歌词等元素。

内容推荐的一大优势是能够在没有用户行为数据的情况下，为新物品提供推荐，解决了协同过滤中的冷启动问题。然而，这种方法容易出现推荐狭窄性问题，即过度关注与用户历史行为高度相似的内容，从而导致缺乏探索性，不能给用户推荐新颖、潜在的兴趣点。

（3）混合推荐 (Hybrid Methods)

混合推荐算法结合了协同过滤和内容推荐的优点，旨在提高推荐的准确性和覆盖率。通过加权、结合或其他形式的融合，混合推荐能够弥补单一推荐算法的不足，提高推荐效果。例如，Netflix 利用混合推荐模型来结合用户行为、内容特征以及社交网络数据等多种信息，提供更为精准的内容推荐。类似地，抖音采用混合推荐系统，不仅分析用户的观看历史和互动行为，还结合视频的内容特征（如标签、音频、视觉元素）以及实时的社交数据（如评论、分享）来生成个性化的推荐流。混合推荐方法能够处理更多维度的数据，提升个性化推荐的质量，并有效解决协同过滤和内容推荐中各自的局限性。

（4）深度学习在推荐系统中的应用

随着大数据技术和计算能力的提升，深度学习成为近年来推荐系统的重要发展方向。基于深度神经网络和卷积神经网络等技术，深度学习能够处理更为复杂和高维的数据，自动学习出用户的潜在兴趣和偏好。尤其在大规模数据集的场景下，深度学习模型能够有效从用户行为、物品特征以及社交网络等数据中提取隐含的规律。

例如，Netflix 采用的深度学习技术不仅基于用户历史行为进行推荐，还利用深度学习算法对用户的观看习惯进行细致建模，从而提高推荐的精确度。Spotify 在音乐推荐中使用了卷积神经网络来分析歌曲的音频特征、旋律、节奏等元素，并结合用户历史偏好推荐个性化的音乐内容。运用深度学习技术，通过分析视频的内容、用户的观看时长、互动行为等多维度数据，优化其推荐算法，确保推荐内容与用户的即时兴趣高度契合。抖音利用深度学习模型实时分析用户的观看行为和反馈，快速调整推荐策略，以提供更具吸引力和个性化的视频内容。

深度学习技术的优势在于其处理非结构化数据⊖的能力，比如图像、文本或音频。随着用户生成内容的增长，推荐系统逐渐能够对这些复杂的非结构化数据进行深入分析，提供更加精准的推荐。

2. 生成式人工智能在娱乐中的应用

生成式人工智能是指通过深度学习等技术生成新的数据或内容的系统。这些生成系统不仅可以模拟已有的内容，还能够创造出全新的、原创性的作品。生成式人工智能正在彻底改变音乐、影视等娱乐领域的创作和生产方式，为产业带来更多创新和灵活性。

（1）生成音乐

在音乐创作领域，生成式人工智能的应用已经逐渐成熟，人工智能能够基于大量的音乐数据生成新曲目。利用人工智能生成符合特定风格、节奏和情感的音乐。这些平台通常采用生成对抗网络或循环神经网络来模拟作曲家的创作过程。

人工智能生成音乐的优势不仅体现在创作速度上，还能通过结合不同风格的元素生成多样化的音乐。例如，Amper Music 可以根据用户的需求，自动生成适合商业广告、电影背景音乐、游戏音效等场景的音乐，这不仅降低了音乐创作的成本，也使得音乐创作变得更加高效和灵活。

另外，人工智能在生成歌词方面也显示出强大的能力。基于深度学习的自然语言生成模型能够自动创作符合情感和语境的歌词，甚至可以模拟特定歌手的创作风格。这种技术的广泛应用可能会重新定义音乐创作的范畴，减少创作者的工作负担，同时也赋予音乐创作更大的创意空间。

（2）生成图像

在图像创作领域，生成式人工智能的应用也日益广泛，人工智能能够基于大量的图像数据生成新的视觉内容。利用人工智能生成符合特定风格、主题和细节要求的图像。这些平台通常采用扩散模型、生成对抗网络或变分自编码器等技术来模拟艺术家的创作过程。

人工智能生成图像的优势不仅体现在创作效率上，还能够通过结合不同艺术风格和元素生成多样化的视觉作品。例如，根据用户的文字描述，自动生成符合要求的图像（如图4.3所示），适用于广告设计、游戏开发、影视特效等多个场景，这不仅降低了图像创作的成本，也使得图像设计变得更加高效和灵活。

此外，人工智能在图像编辑和修复方面也展示了强大的能力。基于深度学习的图像生成模型能够自动修复损坏的照片、调整图像的光影效果，甚至生成高分辨率的图像。这种

⊖ 非结构化数据是指没有固定格式或预定义模型的数据，如文本、图像和视频，难以通过传统的数据库管理系统进行处理和分析。

图 4.3 用人工智能生成的正在跳芭蕾舞的女子

技术的广泛应用可能会重新定义视觉艺术创作的范畴，减少设计师的工作负担，同时也赋予视觉创作更大的创意空间。

OpenAI 与其他机构合作发布的图像生成模型，能够根据复杂的文本提示生成高质量的图像，并支持用户对生成结果进行细致的调整。这些模型的技术原理主要包含编码和生成两个步骤，利用扩散模型的思想，从简单的噪声信号出发，逐步添加细节和模式，最终生成复杂的新数据。这些功能使其成为图像设计和视觉创作中的强大工具，能够辅助设计师在创作过程中快速生成概念图、广告素材等，从而提高创作效率并降低成本。

（3）生成影视

在影视制作中，生成式人工智能的应用可以改变电影、电视剧的创作和制作方式。人工智能已经能够在多个环节中为导演和制作团队提供创作支持。例如，人工智能可以通过分析已有的剧本、人物对话和情节线索，生成新的剧情和对话，甚至可以根据用户偏好自动推荐可能的剧本发展方向。

生成对抗网络和深度学习模型在影视制作中应用广泛，尤其是在图像生成和特效制作方面。通过训练人工智能生成器，制作团队可以自动生成特定场景的视觉效果、虚拟人物或逼真的环境。在特效制作中，人工智能可以帮助生成更复杂、更细致的视觉效果，极大地降低制作成本，同时提高制作效率。

生成式人工智能还可以用于电影配乐、音效合成等方面。人工智能通过分析电影的剧情、情感变化和节奏来生成适合的音乐和音效，从而减少人工干预。人工智能甚至可以在虚拟现实⊖和增强现实⊖场景中自动生成交互式内容，为用户带来更具沉浸式的体验。

特别值得一提的是，OpenAI 于 2024 年 2 月发布了文生视频大模型 Sora，它能够仅仅根据提示词生成 60s 的连贯视频。该模型将人工智能技术从文本、图像进一步延伸到视频领域。该模型能够根据用户输入的文本描述自动生成视频内容，这些视频可以包含多个角色、特定类型的运动，以及主题和背景的准确细节。

⊖ 虚拟现实 (Virtual Reality, VR) 是一种通过计算机技术创造沉浸式虚拟环境的技术，使用户能够与该环境进行交互。

⊖ 增强现实 (Augmented Reality, AR) 是一种将虚拟信息叠加到现实世界中，以实现交互和信息增强的技术。

例如，用户输入一段描述"阳光明媚的草原上，骏马奔腾"的文字，大模型就能生成一个展现该场景的视频，如图 4.4 所示。其中的技术原理主要包含编码和生成两个步骤，它利用扩散模型的思想，从简单的噪声信号出发，逐步添加细节和模式，最终生成复杂的新数据。这些能力使其成为影视制作中一个强大的工具，能够在创作和特效制作等多个环节辅助导演和制作团队，以提高效率并降低成本。

图 4.4　文生视频

（4）生成式人工智能对娱乐产业的影响

生成式人工智能的广泛应用正在改变娱乐产业的生产方式。首先，人工智能降低了创作和制作的门槛，使得更多的创作者可以利用人工智能工具进行创作，无论是音乐、影视还是游戏等领域。其次，生成式人工智能极大提高了生产效率，减少了创作所需的时间和成本。例如，人工智能可以自动生成背景音乐、剧本创意、虚拟人物等，大大缩短了创作周期。

在电影制作领域，生成式人工智能的应用尤为突出。以电影《阿凡达》为例，导演詹姆斯·卡梅隆使用了先进的动作捕捉和面部捕捉技术，将真人演员的表演转化为虚拟角色的动作和表情。这种技术不仅使角色的动作和表情更加自然和真实，还极大地提高了制作效率。通过头戴式摄像头和改进的软件算法，演员的面部表情被高精度地采集并应用于虚拟角色，从而创造出逼真的外星生物形象。这种技术的应用不仅降低了制作成本，还为电影制作提供了更多的创意空间。在电影《流浪地球 3》中，生成式人工智能在前期阶段被系统性地应用，帮助创作团队快速生成视觉内容和剧本创意，从而加速了项目的开发进程。

其次，在音乐产业中，使用数字人技术[一]可以打造虚拟偶像，进行音乐创作、表演和互动。腾讯打造的虚拟偶像星瞳，不仅在哔哩哔哩平台进行虚拟直播，还与音乐、体育等领域展开跨界合作，探索数字人的更多可能性。数字人偶像可以 24 小时不间断地进行表演，同时也能与粉丝进行更直接的互动，增强粉丝的参与感和忠诚度。

然而，人工智能创作也带来了一些挑战，尤其是在版权和原创性方面。人工智能生成的内容与传统创作的作品可能存在显著差异，如何界定人工智能创作的版权以及如何评估

[一] 数字人技术是指利用计算机图形学、人工智能和虚拟现实等技术创建和模拟虚拟人类形象及其行为的领域。

其创作的原创性，成为娱乐产业面临的重要问题。未来，如何合理调整版权法和伦理标准，将是解决这一问题的关键。

3. 小结

智能娱乐与个性化推荐系统通过分析用户行为和兴趣，为每个用户提供量身定制的娱乐内容推荐。推荐算法（包括协同过滤、内容推荐和混合推荐等）基于用户的历史行为、物品的属性以及其他多维度的数据，为用户提供更精准的推荐。生成式人工智能的应用使得娱乐内容的创作变得更加创新和高效，在音乐、影视等领域带来了前所未有的变革。尽管如此，生成式人工智能在版权和原创性等方面仍面临一些挑战，需要在未来得到合理解决。

4.2 智慧驾驶

在智慧驾驶技术的推动下，自动驾驶成为智慧交通的重要组成部分，代表着未来出行方式的革命性转变。随着计算机视觉和深度学习技术的不断发展，自动驾驶系统在环境感知、障碍物识别、决策控制等方面取得了显著进展，能够有效提高驾驶安全性与效率，并逐步推动交通系统的智能化。具体而言，计算机视觉为车辆提供了精准的周边环境理解能力，而深度学习则赋予系统更强的自主决策能力。自动驾驶技术的持续发展，将促进交通系统向更高效、更安全、更环保的方向迈进，推动智能城市与智慧交通的全面实现。

4.2.1 自动驾驶技术

自动驾驶技术是智慧驾驶领域的核心组成部分，旨在通过先进的传感器、计算机视觉和深度学习技术，实现车辆的自主导航和控制。该技术不仅提高了驾驶的安全性和效率，还为未来的交通系统带来了革命性的改革。以下将详细介绍计算机视觉在自动驾驶中的应用、深度学习在自动驾驶决策系统中的关键作用，并通过实际案例分析自动驾驶技术在日常生活中的应用。

1. 计算机视觉在自动驾驶中的应用

在自动驾驶系统中，计算机视觉技术扮演着至关重要的角色，其主要任务是让车辆能够"看懂"周围环境，识别并理解各种交通元素，从而做出安全的驾驶决策。具体应用包括环境感知、障碍物检测与识别、道路标志识别、行人检测以及路径规划等。自动驾驶示意图如图 4.5 所示。

环境感知是自动驾驶车辆理解其周围环境的基础，依赖于多种传感器（如摄像头、雷达、激光雷达）获取的视觉数据。计算机视觉技术通过处理这些数据，构建车辆周围的三维环境模型。首先对摄像头捕捉到的图像进行预处理，包括去噪、色彩校正和图像增强，以提高后续分析的准确性。然后，利用卷积神经网络等深度学习模型，从图像中提取关键特征，如边缘、纹理和形状等。最后，将提取的特征用于构建车辆周围环境的三维模型，识别道路、障碍物、行人和其他车辆的位置和状态。

图 4.5　自动驾驶示意图（图片由 AI 生成）

障碍物检测与识别是确保自动驾驶车辆安全行驶的重要环节。计算机视觉通过深度学习算法，能够准确识别和分类道路上的各种障碍物，包括静止物体（如路障、停放车辆）和动态物体（如行人、自行车、其他机动车辆）。使用深度学习模型在实时视频流中检测和定位障碍物的位置。对检测到的障碍物进行分类，区分行人、车辆、动物等不同类别，以便采取相应的驾驶策略。通过分析动态障碍物的运动轨迹，预测其未来的位置和行为，辅助决策系统制定避让策略。

道路标志识别是自动驾驶车辆遵守交通规则的重要保障。计算机视觉技术能够实时识别并理解各种交通标志，如限速标志、停车标志、禁行标志等。首先，利用深度学习模型在图像中检测交通标志的位置。其次，对检测到的标志进行分类，识别其具体含义和指示内容。最后，将识别到的交通标志信息与车辆的导航系统相结合，调整驾驶行为以符合交通规则。

行人检测是确保自动驾驶车辆行驶安全的关键技术之一。计算机视觉通过深度学习模型，能够准确检测和跟踪行人位置，预防潜在的碰撞风险。首先，使用深度学习算法在实时视频中检测行人的存在。其次，通过多目标跟踪算法，持续跟踪行人的位置和运动轨迹。最后，分析行人的行为模式，预测其可能的移动路径，辅助车辆做出及时的避让决策。

路径规划是自动驾驶系统中决定车辆行驶路线的重要环节。计算机视觉提供的环境感知数据与深度学习算法相结合，能够生成安全、高效的行驶路径。首先，基于环境感知数据，利用深度学习模型生成候选行驶路径。其次，通过强化学习等算法，对候选路径进行评估和优化，选择最优行驶路线。最后，根据动态环境变化，实时调整路径规划，确保车辆始终处于最佳行驶状态。

自动驾驶技术已经广泛应用到人们的日常生活中，比如，某公司推出的一款自动驾驶汽车服务展示了计算机视觉和深度学习技术在自动驾驶领域的实际应用。项目中采用了多种传感器融合技术，包括高清摄像头、激光雷达和毫米波雷达，以实现高精度的环境感知。通过先进的深度学习算法，能够实时检测和识别道路标志、行人及其他车辆，确保行驶的安全性。

此外，该项目还引入了强化学习算法，用于优化车辆的决策和控制系统，使其能够在复杂的城市交通环境中自主导航和避让障碍物。该项目不仅展示了计算机视觉在自动驾驶中的关键作用，也突显了深度学习在决策系统中的重要性，为未来自动驾驶技术的发展提供了宝贵的实践经验。

特斯拉的自动驾驶技术 Autopilot 是业界领先的自动驾驶解决方案之一，广泛应用于其电动汽车系列中。Autopilot 系统依赖于一系列高分辨率摄像头、超声波传感器和雷达，结合强大的计算能力和深度学习算法，实现车辆的自主驾驶功能。特斯拉 Autopilot 的核心技术包括视觉感知、路径规划与控制、自动变道与导航和自适应巡航控制○等。

特斯拉不断通过 OTA○更新优化 Autopilot 系统，提升其环境感知和决策能力。通过大规模的数据收集和深度学习模型的持续训练，Autopilot 系统在不同驾驶场景下展现出卓越的适应性和可靠性，推动了自动驾驶技术的普及与发展。

2. 自动驾驶决策系统

自动驾驶决策系统的核心在于如何让车辆在复杂的交通环境中做出智能化的驾驶决策。其实现主要依赖于深度学习，通过对大量传感器数据的分析，帮助车辆理解周围环境并做出相应的反应。深度学习不仅提升了车辆对复杂场景的识别能力，还增强了其自主决策和适应不同驾驶条件的能力。

自动驾驶决策系统的基础是深度神经网络，这种网络结构能够综合来自多种传感器的信息，进行全面的环境感知和分析。通过深度神经网络，车辆可以实时调整加速、制动和转向，实现平稳且安全的驾驶。此外，系统还能够规划最佳行驶路径，避开障碍物，并预测其他道路使用者的行为，确保行车安全。

在决策过程中，强化学习发挥了重要作用。通过不断与环境互动，强化学习算法能够优化驾驶策略，使车辆在各种交通场景中做出最优决策。无论是在繁忙的市区还是高速公路，系统都能根据实时反馈动态调整控制策略，适应不同的行驶条件。在突发情况下，强化学习算法还能迅速做出反应，采取有效的应急措施，避免潜在的交通事故。

多传感器数据融合技术是提升自动驾驶决策系统感知能力的关键。通过整合来自摄像头、雷达和激光雷达等多种传感器的信息，系统能够形成对环境的全面理解。这种数据融合不仅提高了感知的准确性，还支持更复杂的决策任务，使车辆能够在多变的道路环境中保持高效和安全的运行。

为了确保决策系统的高效性和可靠性，深度学习模型需要经过大量的数据训练和优化。通过不断的学习和调整，系统能够适应新的驾驶环境和用户需求，提升整体智能化水平。

○ 自适应巡航控制 (Adaptive Cruise Control, ACC) 是一种自动驾驶辅助系统，能够根据前方车辆的速度自动调整自身车速，以保持安全的跟车距离。

○ OTA(Over-The-Air) 指的是一种通过无线网络远程更新软件或固件的技术。OTA 更新使得 Autopilot 系统能够不断优化和提升其性能，而无须车主手动进行更新。这种方式依赖于大规模的数据收集和深度学习，确保系统在各种驾驶场景中具备更好的适应性和可靠性。

持续的模型优化和更新,使得自动驾驶决策系统在面对不同的驾驶挑战时,能够表现出更高的适应性和安全性。

总之,自动驾驶决策系统通过深度学习和强化学习等先进技术,实现了对复杂交通环境的精准感知和智能决策,为未来的智能交通提供了坚实的技术支持。

3. SAE 分级标准

SAE 分级是由美国汽车工程师协会 (Society of Automotive Engineers, SAE) 制定的自动驾驶技术等级标准,用于划分自动驾驶系统的不同发展阶段。该分级标准从 0 到 5,共分为六个等级,主要依据自动驾驶系统中人类驾驶员介入的程度来区分。了解 SAE 分级有助于评估自动驾驶技术的发展水平和实际应用能力。SAE 分级示意图如图 4.6 所示。

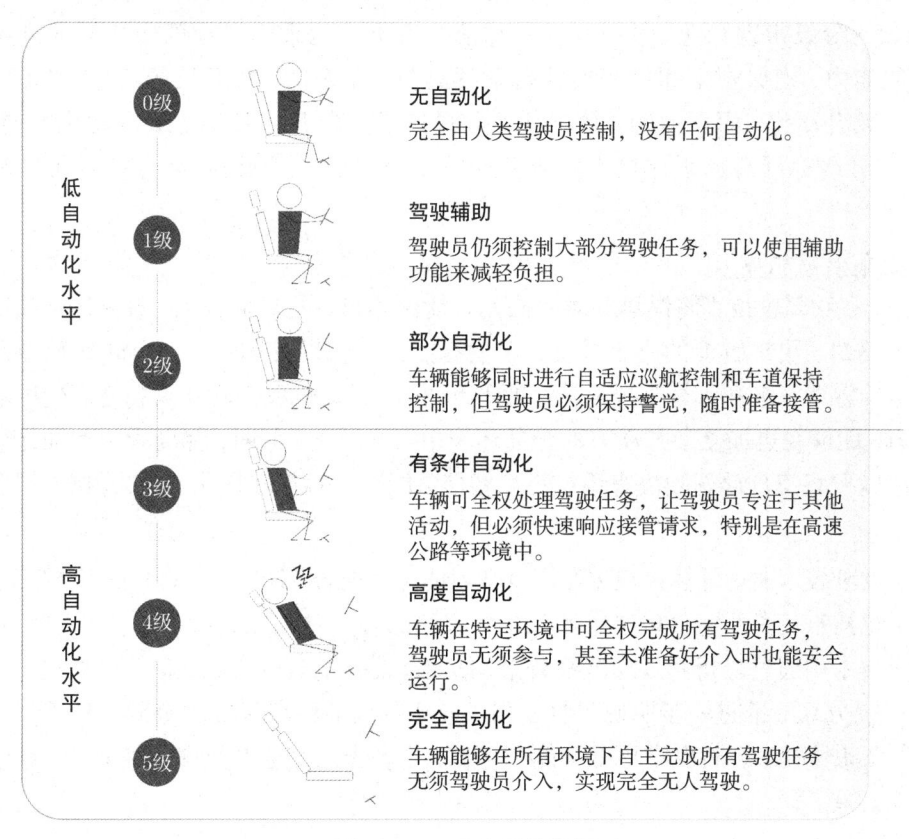

图 4.6 SAE 分级示意图

- 0 级(无自动化)是指完全由人类驾驶员控制,没有任何自动化。在这一等级下,驾驶员需要全程控制车辆。
- 1 级(驾驶辅助)则是车辆提供某些辅助功能,通常是单一功能(如自适应巡航控制或车道保持),但驾驶员仍需控制大部分驾驶任务,只是可以使用辅助功能来减轻负担。
- 2 级(部分自动化)意味着车辆可以同时执行多个任务,如自适应巡航控制和车道保持控制，但驾驶员仍然需要保持注意力，并随时准备接管控制。
- 3级（有条件自动化）是指在某些条件下，车辆可以完全控制所有驾驶任务，驾驶员可以将注意力转移到其他活动上，但在系统请求时需要及时介入。此时，在特定环境（如高速公路）下，自动驾驶系统可以执行所有任务，但驾驶员必须迅速响应接管请求。
- 4级（高度自动化）表示车辆可以在特定的环境或情况下完成所有驾驶任务，驾驶员不再需要参与控制。在此级别下，自动驾驶系统能够在城市道路或特定地理区域内全权负责驾驶，即使驾驶员没有准备好介入。
- 5级（完全自动化）则是指车辆能够在所有环境和情况下完成所有驾驶任务，无须驾驶员介入，车辆可以在任何环境下自我驾驶，完全实现无人驾驶。

SAE的分级帮助行业、法规制定者和消费者更好地理解自动驾驶技术的进展和不同系统的能力，确保安全和逐步实施自动驾驶技术。例如，特斯拉的Autopilot系统目前处于2级自动化，而百度的"萝卜快跑"服务则正朝着3级和4级自动化方向发展。理解SAE分级标准有助于评估不同自动驾驶系统的功能和限制，指导技术研发和市场推广。

4. 未来发展趋势

未来，自动驾驶技术将继续朝着更高的智能化和自主化方向发展，具体体现在更高精度的环境感知、更加智能的决策系统、多模态数据融合以及车联网与协同驾驶等方面。

随着传感器技术和计算机视觉算法的不断进步，自动驾驶车辆将具备更高精度的环境感知能力，能够在更加复杂和动态的交通环境中安全行驶。同时，深度学习和强化学习算法的持续优化将使自动驾驶决策系统更加智能，能够应对更多样化和突发性的交通状况。

5. 小结

自动驾驶技术通过计算机视觉和深度学习的深度结合，实现了车辆的自主导航和控制。计算机视觉技术负责环境感知和障碍物检测，为深度学习决策系统提供了精准的数据支持；深度学习技术则通过分析和处理这些数据，做出智能化的驾驶决策，确保行驶的安全性和效率。SAE分级标准进一步明确了自动驾驶技术的发展阶段和能力范围。随着技术的不断进步，自动驾驶系统将变得更加智能和可靠，推动未来交通系统向更加安全、高效和环保的方向发展。

4.2.2 车联网与智能交通系统

车联网(Vehicle-to-Everything, V2X)技术和智能交通系统(Intelligent Transportation System, ITS)是智慧驾驶领域的重要组成部分，旨在通过先进的通信技术和人工智能算法，实现车辆与车辆、车辆与基础设施之间的高效协作与信息共享，从而优化交通流量、提升交通安全性并提高应急响应效率，如图4.7所示。以下将详细介绍车联网技术的工作原理及其在交通管理中的应用，以及智能交通系统中人工智能技术在交通流量优化、事故预防与应急响应中的具体应用。

图 4.7　车联网与智能交通系统（图片由 AI 生成）

1. 车联网技术

车联网技术通过实现车辆与外部环境的实时通信，显著增强了车辆的感知能力和决策能力，从而提高了整个交通系统的效率和安全性。在车联网技术中，车辆之间以及车辆与基础设施、行人之间的多种通信模式发挥着关键作用。

首先，车辆之间的直接信息交换，即 V2V(Vehicle-to-Vehicle) 通信，是车联网的核心组成部分。通过 V2V 通信，车辆可以共享速度、位置、加速度和转向角度等动态信息。这种实时的信息共享使得车辆能够提前感知周围环境中的潜在危险，例如前方车辆突然制动或并线的情况，从而实现协同驾驶和有效的碰撞预防，显著提升行车安全性。

其次，车辆与道路基础设施之间的通信，即 V2I(Vehicle-to-Infrastructure) 通信，同样至关重要。通过 V2I 通信，车辆能够接收到来自交通信号灯、道路传感器、收费站等基础设施的实时信息。这些信息包括交通信号的当前状态、道路施工情况以及交通拥堵状况等。基于这些数据，车辆可以优化行驶路线和速度，减少交通拥堵，提高行车效率，进而提升整体交通系统的运行效率。

此外，车辆与行人之间的通信，即 V2P(Vehicle-to-Pedestrian) 通信，也在车联网中占据重要地位。通过智能手机或可穿戴设备，行人的位置信息和运动状态可以实时传输给周围的车辆。车辆根据这些信息调整行驶行为，如减速或停车，以避免与行人发生事故，从而保障行人的安全。

综上所述，车联网技术通过多种通信模式的协同作用，不仅提升了车辆的感知和决策能力，还优化了交通流量和行车安全。随着技术的不断进步，车联网将在智慧交通和智慧城市的发展中发挥越来越重要的作用，为人们提供更加高效、安全和便捷的出行体验。

2. 智能交通系统

智能交通系统通过整合车联网技术和人工智能算法，实现了交通管理的智能化和自动化。智能交通系统的主要目标包括优化交通流量、提升交通安全性、减少交通拥堵以及提高应急响应效率。人工智能在智能交通系统中的具体应用十分广泛。

在交通流量优化方面，人工智能技术通过实时分析交通数据，优化交通信号灯的控制和交通流量管理，从而提高道路使用效率，减少车辆等待时间和燃油消耗。例如，智能交通信号控制系统利用机器学习算法分析交通流量数据，动态调整交通信号灯的时长和配时策略，以适应不同时间段和交通状况。

人工智能驱动的交通信号控制系统根据实时交通流量自动优化信号配时，有效缓解了高峰时段的交通拥堵。此外，人工智能算法结合实时交通信息，为驾驶员提供最优行驶路线建议，避免拥堵区域，缩短行驶时间。像 Google Maps 和高德地图这样的导航应用利用人工智能技术，根据实时交通数据动态调整路线，显著提升了用户的出行体验。

在事故预防方面，人工智能技术通过分析历史交通事故数据和实时交通信息，能够预测潜在的事故风险并采取预防措施，从而显著提升交通安全性。危险区域识别与警示功能利用深度学习算法分析交通监控视频，识别事故高发区域，并实时发布警示信息给驾驶员和交通管理部门。例如，一些智能交通系统通过人工智能分析监控视频，自动识别视线不良或交通复杂的路段，提前发布警告，减少事故发生率。同时，人工智能系统还可以监测驾驶员的驾驶行为，如疲劳驾驶和酒驾，通过实时分析提供警示和干预措施，防止因驾驶员行为不当导致的事故。例如，特斯拉的自动驾驶系统通过人工智能技术监测驾驶员的注意力状态，必要时发出警告，提示驾驶员集中注意力。

在应急响应方面，人工智能技术发挥着关键作用，通过快速分析和处理交通事故或灾害现场的数据，优化应急资源的调度和部署，提高应急响应的效率和效果。智能应急调度系统利用人工智能算法分析事故现场的实时数据，自动规划救援路线，调度最合适的救援车辆和人员，确保迅速到达事故现场。例如，一些城市的智能应急调度系统通过人工智能分析事故报告和交通状况，自动分配救援资源，提高救援效率。此外，灾害预测与预警功能通过大数据分析和机器学习模型，预测交通灾害的发生概率，并提前发布预警信息，采取预防措施，减少灾害带来的损失。如，人工智能系统可以根据天气数据和交通流量预测恶劣天气下的交通风险，提前发布警报，提醒驾驶员采取相应措施。

北京市中关村核心区域的智能信号灯控制系统就是一个典型的应用实例。该系统通过高清摄像头、地磁传感器等设备实时捕捉车辆通行数据，包括车流量、车速、车辆类型等信息。人工智能算法对这些数据进行实时处理，构建路口交通流量的动态模型，动态调整绿灯时长，以减少车辆等待时间，提升通行能力。同时，C-V2X 技术⊖提供了跨车辆、跨路侧设施、跨云端的协同网络，有效解决了"鬼探头"和十字路口盲区碰撞预警等问题，避免了交通事故。在交通效率方面，车联网技术通过智能化的交通管理和资源分配，显著

⊖ C-V2X (Cellular Vehicle-to-Everything) 技术是一种基于蜂窝网络的车用无线通信技术，可实现车辆与周围环境（包括其他车辆、基础设施、行人以及网络）之间的全方位通信。

提升了道路的使用效率。

3. 小结

车联网技术和智能交通系统通过先进的通信技术和人工智能算法，实现了车辆与车辆、车辆与基础设施之间的高效信息共享与协作，显著优化了交通流量，提升了交通安全性和应急响应效率。

车联网技术通过 V2V、V2I 和 V2P 通信模式，增强了车辆的感知能力和决策能力，支持智能交通系统在交通流量优化、事故预防与应急响应等方面的应用。智能交通系统利用人工智能技术分析和处理大量交通数据，实现智能化的交通管理与控制，提升了交通系统的整体效率和安全性。

随着通信技术和人工智能算法的不断发展，车联网与智能交通系统将在未来智慧城市建设中发挥更加重要的作用，推动交通系统向更加智能、高效和安全的方向发展。

4.3 智慧医疗

智慧医疗代表了医疗行业与人工智能技术深度融合的未来图景，通过计算机视觉、深度学习、自然语言处理等核心技术，为医疗影像分析与诊断支持、个性化医疗与基因分析以及远程医疗与虚拟健康助手等领域带来革新性进展。通过精确的病灶检测、自动化报告生成、个性化治疗方案推荐以及远程诊断和智能健康管理，智慧医疗极大地提升了医疗服务的效率与质量，为患者提供更加精准、高效和个性化的诊疗与健康管理体验。以下内容将介绍智慧医疗在影像分析、基因分析和远程医疗等方面的具体应用及其技术实现。

4.3.1 医疗影像分析与诊断支持

随着人工智能技术的飞速发展，医疗领域，特别是医疗影像分析和诊断支持系统，正在经历前所未有的变革。计算机视觉和深度学习等核心技术在医疗影像中的应用，正逐渐提高疾病早期发现的准确性和效率，同时为医生提供了强有力的辅助支持，改善了患者的诊疗体验。下面将详细探讨计算机视觉技术在医疗影像分析中的应用，以及人工智能在疾病诊断和治疗决策支持中的作用。

1. 计算机视觉技术在医疗中的应用

计算机视觉技术通过模拟和理解人类视觉系统的处理方式，能够自动化地分析和解读医疗影像数据。医疗影像，如 X 光、磁共振成像 (MRI)、计算机断层扫描 (CT) 等，是诊断疾病、评估治疗效果和进行手术规划的关键工具。人工智能技术，尤其是深度学习和卷积神经网络，已被广泛应用于这些影像的自动分析中，极大地提高了诊断的效率和准确性。

（1）肿瘤检测与病灶识别

人工智能在肿瘤检测和病灶识别中的应用尤为重要，特别是在早期癌症的诊断中。通过训练深度学习模型，计算机视觉技术可以自动识别影像中的肿瘤或病变区域，帮助医生尽早发现异常并进行进一步分析。例如，计算机视觉技术可用于分析胸部 X 光片，自动识别肺部结节、肺炎或肺癌等病变。通过对大量标注数据的学习，人工智能能够准确地检测到微小的病变，并与医生的诊断结果进行对比，提高早期肺癌的检测率。如图 4.8 所示，在 CT 或 MRI 图像中，人工智能模型可以自动分割出脑肿瘤、乳腺癌或其他病变区域，并标注其大小、形状和位置。例如，使用卷积神经网络可以准确识别乳腺影像中的肿块，帮助医生在初期阶段就发现癌症并进行有效干预。

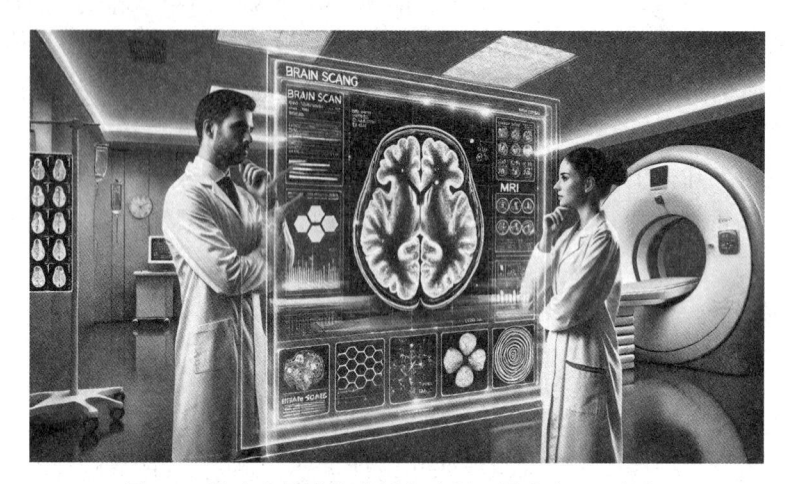

图 4.8　肿瘤病灶影像分析与诊断（图片由 AI 生成）

这些人工智能技术可以减少人为误差，提升影像分析的精确度，特别是在医生面临大量影像数据时，计算机视觉技术能够快速筛选出需要关注的区域，大大提高了工作效率。

（2）自动化标注与报告生成

人工智能技术还能够实现影像的自动标注与报告生成，辅助医生生成影像分析报告。例如，在 CT 扫描中，人工智能可以自动标注出病变区域、计算肿瘤的体积，并生成详细的检测报告。医生可以根据这些自动生成的报告更快地做出诊断决策，从而节省时间并提高诊断质量。

2. 诊断决策支持系统

人工智能在医学中的另一个重要应用是诊断决策支持系统 (Clinical Decision Support System, CDSS)。这类系统通过分析病人的临床数据和影像资料，辅助医生做出更加精准的诊断决策，并根据患者的个体情况提供个性化的治疗方案。

人工智能诊断决策支持系统通常结合患者的病历信息、实验室检查数据和影像数据进行多维度分析。通过深度学习和自然语言处理技术，人工智能能够从患者的电子病历中提取出有价值的信息，并与影像分析结果相结合，为医生提供更加全面和个性化的诊断建议。例如，系统可以分析一名乳腺癌患者的历史病历、家族病史、年龄等因素，并将其与乳腺 X 光影像进行对比，判断该患者是否有患乳腺癌的风险，以及是否需要进一步的检查或治疗。

人工智能还能够根据患者的健康数据预测疾病风险，辅助医生制订个性化的治疗方案。例如，在糖尿病的管理中，人工智能系统通过分析患者的历史就诊数据、生活习惯、饮食偏好等，预测其未来患病的风险，并基于个体化的情况制订饮食、药物和运动等个性化方案。

此外，人工智能还可以通过分析大量医学文献、临床试验数据以及患者的治疗历史，推荐最合适的治疗方案或药物。例如，针对癌症患者，人工智能系统能够结合患者的影像数据、基因数据及已有的临床试验成果，提出最适合该患者的治疗方法，从而提升治疗效果。

人工智能诊断决策支持系统能够通过实时提供诊断建议和治疗方案，帮助医生在繁忙的工作中减少遗漏，尤其是在复杂的病例中。当面临多种可能的诊断时，人工智能系统可以分析各种可能性并提供相应的推荐，从而降低误诊率并提高治疗成功率。例如，在急性心肌梗死的诊断中，人工智能通过结合患者的心电图数据、血液检测数据以及影像学资料，帮助医生更精确地判断心脏病发作的类型和程度，进而提出最合适的治疗方案。

3. 小结

医疗影像分析与诊断支持系统在提升医疗服务质量和效率方面具有重要作用。计算机视觉技术，特别是深度学习与卷积神经网络，在自动化病灶识别、肿瘤检测和影像分析中的应用，为医生提供了强大的辅助支持，能够显著提高诊断准确性和效率。而人工智能驱动的诊断决策支持系统则通过整合患者的多维数据，提供个性化的诊断和治疗建议，进一步提升了医疗质量并优化了临床决策过程。随着人工智能技术的不断发展，医疗影像分析和诊断支持将成为未来医学实践中不可或缺的一部分，推动医疗领域的智能化、精准化发展。

4.3.2 个性化医疗与基因分析

个性化医疗与基因分析代表了现代医疗发展的前沿，通过对个体基因信息和健康数据的深度解析，实现量身定制的医疗方案。人工智能技术，特别是深度学习、机器学习和自然语言处理，在基因测序、基因数据分析以及疾病风险预测中发挥了关键作用，大幅提升了医疗服务的精准性和效率。下面将详细探讨人工智能在基因数据分析和预测性医疗与个性化预防中的具体应用。

1. 基因数据分析

基因数据分析利用人工智能技术对大量基因测序数据进行处理和解读，旨在揭示个体基因组的深层信息，从而为个性化医疗提供科学依据。人工智能在基因数据分析中的主要应用包括基因测序自动化、基因变异检测与注释、基因表达分析、多组学数据整合以及个性化治疗方案推荐。基因示意图如图 4.9 所示。

（1）基因测序自动化

基因测序是个性化医疗的基础，通过测定个体的 DNA 序列，了解其基因组信息。传统的基因测序过程复杂且耗时，而人工智能技术的引入显著提高了基因测序的效率和准确性。深度学习算法能够自动化地处理和分析测序数据，减少人为干预，提高测序的通量和质量。

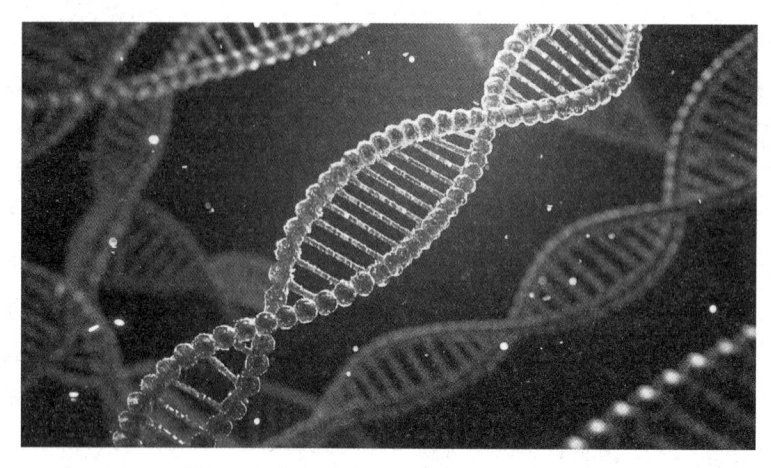

图 4.9　基因示意图（图片由 AI 生成）

例如，华大智造的测序平台通过人工智能优化的算法，实现了大规模基因测序任务的高效处理。具体来说，在"百万微生态"国际合作计划中，华大智造基于其 DNBSEQ™ 测序技术以及微生物宏基因组研究所需的一系列配套工具，已完成将近 6 万例样本的测序工作。此外，华大智造还为上海市人体肠道菌群功能开发工程技术研究中心创建的国内首个"中国人肠源模式菌种库"提供工具支撑，其超低温生物样本存储平台 MGICLab-LT 搭配基因测序平台 MGISEQ-2000，可实现大规模样本的存储和测序。

在人工智能技术的支持下，基因测序仪器能够更高效地处理大规模样本数据，缩短测序时间。例如，华大基因的 BGI Online 平台通过使用 Amazon EC2、Amazon S3 等服务，实现了快速精准的分析。2016 年，华大基因需要分析一千人外显组数据研究银屑病，而通过 BGI Online 仅在 22 个小时内就能全部完成。此外，华大基因也有着自己的人工智能团队，致力于通过人工智能技术多维度、深层次地发掘基因数据之间的关系。

（2）基因变异检测与注释

基因变异检测与注释是理解基因功能和疾病关联的重要步骤。人工智能技术通过深度学习模型，能够准确地检测基因序列中的变异，如单核苷酸多态性○、插入缺失 (InDel) 等，并对其进行功能注释。

人工智能驱动的变异检测工具能够自动识别基因序列中的突变位置和类型。例如，DeepVariant 是 Google 开发的深度学习工具，能够高精度地从测序数据中检测基因变异，显著提高了变异检测的准确性。此外，利用自然语言处理技术，人工智能系统可以从大量生物医学文献中提取相关信息，帮助研究人员理解基因变异的生物学意义及其在疾病中的作用。例如，Ensembl 基因组数据库集成了人工智能驱动的注释工具，能够自动关联基因变异与疾病表现，提供详尽的变异功能信息。

（3）基因表达分析

基因表达分析通过测定基因在不同条件下的表达水平，揭示基因调控网络和生物学过

○　单核苷酸多态性 (SNP) 是指在基因组中，单个核苷酸的序列因个体之间的遗传差异而出现的变异。

程。人工智能技术，尤其是卷积神经网络和循环神经网络，在基因表达数据的处理和分析中表现出色。

深度学习模型能够从高通量基因表达数据中识别出关键的基因表达模式，预测基因功能。例如，DeepSEA 是一款深度学习工具，能够预测基因调控元素对基因表达的影响，帮助理解基因在不同生理条件下的功能变化。此外，人工智能系统通过分析基因表达数据，识别出与特定疾病相关的基因。例如，Cancer Genome Atlas 项目利用人工智能技术分析癌症患者的基因表达数据，识别出多种癌症类型的关键致病基因，支持靶向治疗策略的制订。

（4）多组学数据整合

多组学[①]数据整合是指将基因组学、转录组学、蛋白质组学等多种组学数据进行综合分析，以全面理解生物系统的复杂性。人工智能技术通过深度学习和图神经网络[②]等方法，能够高效地整合和分析多组学数据，揭示不同组学层次之间的关联和相互作用。

人工智能系统能够将不同组学数据进行融合，构建多维度的生物学网络模型。例如，Human Cell Atlas 项目利用人工智能技术整合基因组、转录组和蛋白质组数据，构建了详细的人类细胞图谱，促进了细胞功能和疾病机制的理解。

通过多组学数据整合，人工智能技术能够揭示复杂的基因调控网络和生物学路径。例如，人工智能驱动的系统生物学平台能够分析基因、蛋白质和代谢物之间的相互作用，识别出关键的调控节点，支持疾病的系统生物学研究和药物靶点发现。

（5）个性化治疗方案推荐

基因数据分析的最终目的是为个体制订个性化的治疗方案。人工智能技术通过分析个体的基因信息、病史和临床数据，能够预测药物反应和治疗效果，推荐最适合的治疗方案。

具体而言，人工智能模型能够预测个体对不同药物的反应，推荐最有效且副作用最小的药物。人工智能驱动的药物推荐系统可以根据患者的基因型，预测其对抗癌药物的敏感性，推荐最适合的化疗方案。通过大数据分析，人工智能系统能够整合患者的基因信息和临床数据，制订最优化的治疗方案。例如，IBM Watson for Oncology 利用人工智能技术分析癌症患者的基因数据和临床记录，推荐个性化的治疗方案，提升治疗效果和患者生存率。

2. 预测性医疗与个性化预防

预测性医疗利用人工智能技术，通过分析个体的健康数据和基因信息，预测疾病风险，从而提前进行预防和干预。人工智能在预测性医疗中的主要应用包括风险因素识别、预测模型构建、早期疾病检测以及个性化预防策略制订等。

（1）风险因素识别

人工智能技术通过大数据分析，能够从海量的健康记录和基因数据中识别出潜在的

---

① 组学是指通过高通量技术研究生物大分子（如基因、蛋白质、代谢物等）及其相互关系的学科，通常用于理解生物系统的整体功能和动态。

② 图神经网络 (Graph Neural Network, GNN) 是一种专门处理图结构数据的深度学习模型。它通过将图的节点及其邻居的信息进行聚合和更新，来学习节点的表示，并可用于分类、回归、链接预测等任务。GNN 在社交网络、生物信息学、交通网络等领域得到了广泛应用，能够有效地捕捉图中复杂的关系和结构信息。

疾病风险因素。深度学习和机器学习算法能够挖掘复杂的数据模式，发现与特定疾病相关的基因变异、生活习惯和环境因素。

具体而言，人工智能系统结合基因信息、生活习惯和环境数据，进行多因素风险评估。例如，人工智能驱动的心脏病风险评估模型能够综合分析患者的基因变异、血压、胆固醇水平和生活方式，预测其未来患心脏病的风险。

通过分析基因与环境因素的交互作用，人工智能系统能够揭示复杂的疾病发病机制。例如，人工智能模型可以识别出特定基因变异在高脂饮食条件下对糖尿病风险的影响，支持个性化的生活方式干预建议。

（2）预测模型构建

构建精准的疾病风险预测模型是预测性医疗的核心。人工智能技术，尤其是支持向量机[一]、随机森林[二]和深度神经网络，在疾病风险预测中表现出色。通过训练这些模型，人工智能系统能够基于个体的基因信息、健康数据和生活习惯，预测其罹患某种疾病的概率。

人工智能模型能够整合基因、临床和生活习惯数据，进行多模态预测。例如，人工智能驱动的糖尿病风险预测模型结合基因变异、体重指数（BMI）、饮食习惯和运动频率，准确预测个体未来患糖尿病的风险。

利用循环神经网络等深度学习技术，人工智能系统能够分析个体健康数据的时间序列变化，预测疾病的发病时间和发展趋势。例如，人工智能模型可以通过分析患者的血糖监测数据，预测糖尿病的进展速度，支持早期干预和治疗调整。

（3）早期疾病检测

人工智能技术在早期疾病检测中具有显著优势，通过分析健康数据和生物标志物，能够实现对疾病的早期诊断和监测。深度学习模型能够从微小的生物标志物变化中识别出疾病的早期迹象，提高诊断的敏感性和特异性。

人工智能系统通过分析血液中的循环肿瘤 DNA(ctDNA) 数据，能够在癌症尚未出现明显临床症状前提前发现。例如，Guardant Health 开发的 Guardant360 通过人工智能技术分析 ctDNA，早期检测出多种癌症类型，支持早期治疗决策。

人工智能技术能够分析心电图数据，实时检测心律不齐和其他心血管异常，及时发出警报。例如，Apple Watch 结合人工智能算法，能够实时监测用户的心率变化，检测心房颤动等心律失常，及时发出警报，提示用户就医，如图 4.10 所示。

通过分析脑电图和神经影像数据，人工智能系统能够早期检测阿尔茨海默病和帕金森病等神经系统疾病。例如，NVIDIA 与多家医疗机构合作，开发了基于深度学习的神经影像分析工具，能够早期识别阿尔茨海默病的生物标志物，支持早期干预和治疗。

[一] 支持向量机 (Support Vector Machine, SVM) 是一种强大的机器学习算法，广泛用于分类和回归任务。它的核心思想是通过找到一个最优的超平面，将不同类别的数据点分隔开。这个超平面是决策边界，旨在最大化邻近数据点（即支持向量）与边界之间的间隔（即"间隔最大化"）。

[二] 随机森林 (Random Forest, RF) 是一种集成学习方法，通过构建多个决策树并结合它们的预测结果来提高分类和回归的准确性与稳定性。

图 4.10　使用 Apple Watch 实时检测心率

（4）个性化预防策略制订

基于个体的风险评估和疾病预测，人工智能技术能够制订个性化的预防策略，帮助个体降低疾病风险。通过结合基因信息、健康数据和行为模式，人工智能系统能够推荐适合的生活方式调整、饮食计划和运动方案。

人工智能根据个体的基因信息和健康数据，制订个性化的饮食和运动计划。例如，基于个体基因中的代谢相关变异，人工智能系统可以推荐适合的饮食类型和运动强度，以优化体重管理和代谢健康。

此外，通过整合可穿戴设备和人工智能分析，智能健康管理系统能够实时监测个体的健康状况，提供个性化的健康建议。例如，Fitbit 和 Apple Health 等平台利用人工智能技术分析用户的步数、睡眠质量和心率数据，提供个性化的健康指导，支持疾病预防和健康管理。

3. 小结

个性化医疗与基因分析通过人工智能技术的应用，实现了基于个体基因信息和健康数据的精准医疗服务。计算机视觉和深度学习在基因测序自动化、基因变异检测与注释、基因表达分析以及多组学数据整合中发挥了重要作用，提升了基因数据分析的效率和准确性。同时，人工智能在预测性医疗中的应用，通过风险因素识别、预测模型构建、早期疾病检测和个性化预防策略制订，显著提高了疾病预防和管理的效果。随着人工智能技术的不断发展，个性化医疗与基因分析将在未来医疗实践中发挥更加关键的作用，推动医疗服务向更加精准、高效和个性化的方向发展。

4.3.3　远程医疗与虚拟健康助手

远程医疗与虚拟健康助手是智慧医疗的重要组成部分，通过人工智能技术的应用，实现了医疗服务的智能化、便捷化和个性化。远程医疗服务利用人工智能进行远程诊断、健康监测和远程手术,极大地提升了医疗资源的利用效率和患者的就医体验。虚拟健康助手则通过生成式人工智能技术,提供智能健康咨询与管理,帮助用户进行健康数据分析和健康行为指导。下面将介绍人工智能在远程医疗服务和虚拟健康助手中的应用。

1. 远程医疗服务

远程医疗服务利用人工智能技术,通过互联网和 5G 通信技术,实现远程诊断、健康监测和远程手术(如图 4.11 所示),突破了地域和时间的限制,提升了医疗服务的覆盖范围和响应速度。人工智能在远程医疗中的主要应用包括远程诊断支持和智能健康监测系统。

图 4.11　基于 5G 通信的远程医疗服务(图片由 AI 生成)

(1)远程诊断支持

远程诊断支持系统通过人工智能技术,分析患者的症状、病史和医疗影像,辅助医生进行疾病诊断和治疗方案的制订。主要技术包括自然语言处理、计算机视觉和深度学习。

具体来说,通过自然语言处理技术,分析患者通过在线平台提交的症状描述,结合深度学习模型,预测可能的疾病类型。

医疗影像远程分析是指利用计算机视觉和深度学习技术,远程分析患者上传的 X 光、MRI、CT 等医疗影像,自动识别异常病变,提供初步诊断结果。例如,Google 的 DeepMind 开发的人工智能系统能够准确识别眼科疾病,通过远程分析眼底扫描图像,辅助医生进行诊断。

由人工智能驱动的智能问诊系统则能够模拟医生的问诊过程,收集患者的健康信息,提供初步的健康评估和就医建议。例如,Babylon Health 的智能问诊应用通过人工智能分析用户的健康信息,提供个性化的医疗建议和预约医生服务。

(2)智能健康监测系统

智能健康监测系统利用人工智能技术,实时监测和分析患者的生理数据,提供持续的健康管理和疾病预防服务。其核心技术包括物联网、机器学习和大数据分析。

智能健康监测系统能够整合来自可穿戴设备(如智能手表、健康追踪器)的实时生理数据,如心率、血压、血氧水平等,实时监测患者的健康状态,及时发现异常。远程健康监控平台则能够整合多源数据,提供全面的健康状况分析和报告。Fitbit Health Solutions 利用人工智能技术分析用户的活动数据、睡眠质量和生理指标,提供个性化的健康建议和预防措施。

在慢性病管理中,智能健康监测系统通过持续监测患者的健康数据,提供个性化的疾病管理方案,帮助患者控制病情,减少急性发作的风险。例如,Livongo 的智能健康管理平台针对糖尿病患者,实时监测血糖水平,提供饮食和运动建议,优化病情管理。

2. 虚拟健康助手

虚拟健康助手利用生成式人工智能技术,提供智能健康咨询与管理,帮助用户进行健康数据分析和健康行为指导。在这一领域,人工智能的主要应用包括智能健康问答系统、健康数据分析与管理以及个性化健康指导。

（1）智能健康问答系统

智能健康问答系统通过自然语言处理和生成式人工智能技术,能够理解用户的健康问题,提供准确、及时的健康咨询和建议。

具体而言,智能健康问答系统能够理解用户的健康问题,通过自然语言生成技术,提供详细的健康信息和建议。例如,虚拟健康助手通过人工智能技术,分析用户的健康问题,提供个性化的健康咨询和初步诊断建议。

此外,智能健康问答系统还能够引导用户进行疾病自查,通过分析用户的回答,评估其患病风险,并建议是否需要就医。例如,智能健康助手通过互动问答,帮助用户自查症状,评估疾病风险,并推荐相应的医疗服务。

同时,智能虚拟助手能够快速访问和检索庞大的医疗知识库,提供权威的健康信息和最新的医学研究成果,如虚拟助手利用人工智能技术,实时检索医疗数据库,为用户提供准确的健康信息和专家级的建议。

（2）健康数据分析与管理

在健康数据分析与管理方面,人工智能技术整合和分析用户的健康数据,提供全面的健康状态评估和管理方案。

具体应用包括健康数据整合与分析,人工智能系统能够整合来自不同来源的健康数据,如电子健康记录(EHR)、可穿戴设备、基因数据等,进行综合分析,提供全面的健康评估。

在疾病预测与风险评估方面,人工智能系统通过分析用户的健康数据,预测潜在的疾病风险,提供早期预警和干预建议,如某人工智能健康管理平台通过分析用户的健康数据,预测其患糖尿病和心血管疾病的风险,为用户提供个性化的预防和管理方案。

此外,人工智能系统还能够实时监测用户的健康趋势,生成详细的健康报告,帮助用户了解自身的健康状况和变化。例如,某健康监测系统通过人工智能分析用户的活动数据和生理指标,生成详细的健康趋势报告,支持用户的健康管理和目标设定。

（3）个性化健康指导

在个性化健康指导方面,人工智能技术结合用户的健康数据和个体差异,提供个性化的健康行为指导和生活方式建议,促进健康行为的养成和维持。

具体应用包括个性化饮食与运动建议，人工智能系统根据用户的健康数据、基因信息和生活习惯，提供个性化的饮食和运动计划。例如，某智能健康指导平台通过分析用户的饮食习惯和活动水平，制订个性化的饮食和运动计划，帮助用户实现减重和健康管理目标。

在行为改变与健康激励方面，人工智能系统能够通过行为科学和机器学习算法，设计个性化的健康激励策略，促进用户健康行为的改变，如某虚拟健康助手通过人工智能技术，提供个性化的健康激励和行为指导，帮助用户养成健康的生活习惯。

在心理健康支持方面，智能虚拟助手能够提供心理健康支持，通过情感分析和自然语言生成技术，提供心理咨询和情感支持，帮助用户应对压力和情绪问题。例如，某智能心理健康助手通过聊天交互，提供认知行为疗法[⊖]技术，帮助用户管理压力和焦虑情绪。

3. 小结

远程医疗与虚拟健康助手通过人工智能技术的应用，实现了医疗服务的智能化和个性化，显著提升了医疗资源的利用效率和患者的就医体验。远程医疗服务利用人工智能进行远程诊断、健康监测和远程手术，突破了地域和时间的限制，提升了医疗服务的覆盖范围和响应速度。虚拟健康助手则通过生成式人工智能技术，提供智能健康咨询与管理，帮助用户进行健康数据分析和健康行为指导，促进健康管理的个性化和持续化。随着人工智能技术的不断发展，远程医疗与虚拟健康助手将在未来医疗实践中发挥更加关键的作用，推动医疗服务向更加精准、高效和个性化的方向发展。

小结

本章深入探讨了人工智能在智慧生活、智慧驾驶和智慧医疗三大领域的广泛应用及其影响。在智慧生活方面，物联网与人工智能技术使智能家居设备互联互通，提升了生活的便利性、安全性与舒适度，智能助理和个性化推荐进一步丰富了用户体验。在智慧驾驶领域，自动驾驶依托计算机视觉和深度学习实现自主导航，车联网技术优化交通流量与安全，推动了交通系统的智能化。在智慧医疗方面，人工智能通过自动识别医疗影像、个性化基因分析及远程医疗服务，提升了诊断的精准性和医疗资源的利用效率。综上所述，人工智能与物联网的深度融合在这三个关键领域带来了巨大变革，推动社会向更加智能化、高效化和个性化的方向发展，也预示着人工智能将在更多领域持续发挥重要作用。

习题

1. 简述智能家居系统中物联网技术与人工智能的结合是如何实现设备的智能管理的。
2. 请你举例你使用过的生成式人工智能工具。
3. 语音识别技术在智能助理中的作用是什么？其主要工作流程包括哪些步骤？

⊖ 认知行为疗法 (Cognitive Behavioral Therapy, CBT) 是一种重要且广泛应用的心理治疗方法。它的核心理念在于，通过识别和改变个体内心的负面思维模式，帮助人们提升情绪状态和改善行为表现。这种治疗方法强调了思维方式与情感及行动之间的密切关系，使患者能够在认知上调整不健康的模式。

4. 协同过滤算法在推荐系统中的作用是什么？请区分基于用户的协同过滤和基于物品的协同过滤。

5. 内容推荐算法如何解决冷启动问题？其主要优势和局限性是什么？

6. 生成式人工智能如何改变音乐和影视内容的创作与生产方式？请举例说明其影响。

7. 车联网技术中的 V2V、V2I 和 V2P 通信模式分别有哪些功能？它们如何提升交通安全和效率？

8. 简述 SAE 分级标准以及每一级的特征。

9. 计算机视觉技术如何提升医疗影像分析的准确性和效率？请举例说明。

10. 请你举例生活中的虚拟健康助手。

第 5 章

人工智能的提示工程

在人工智能蓬勃发展的当下，提示工程（Prompt Engineering）这一概念应运而生，它如同一把精巧的钥匙，开启了人工智能应用的全新大门，为人类与人工智能之间的交互带来了前所未有的便捷。本章首先对提示工程进行简要介绍，然后详细介绍提示工程的技巧，最后探讨与提示工程相关的实际应用。

5.1 提示工程简介

本节将引入提示工程这一概念，主要围绕其定义、发展历程以及重要性等方面进行介绍，让读者对提示工程有一个基本的认知。

5.1.1 定义与内涵

提示工程，简而言之，就是针对人工智能模型设计和构建特定的提示（Prompt），以引导模型按照预期的方式生成内容、执行任务或做出决策。这里的提示并非简单的指令，而是一种精心构造的文本、图像或其他形式的输入信息，它能够充分挖掘和激发人工智能模型的潜力，使其输出更加精准、更加贴合人类需求的内容。

作为一个新兴的人工智能领域，提示工程涵盖了多个层面。一方面，它涉及对人工智能模型工作原理的深入理解。不同模型的架构、相关的训练数据以及算法机制，决定了模型在处理和输出信息时的侧重点和优势所在。例如，一些基于大规模文本语料训练的自然语言处理模型，擅长理解和生成流畅、连贯的文本内容；一些专注于图像识别的模型则在图像特征提取和分类方面表现出色。只有充分把握模型的特点，才能设计出契合其"思维"方式的提示。

另一方面，提示工程融合了跨学科的知识与技能。它不仅需要计算机科学、人工智能领域的专业知识，还与语言学、心理学、认知科学等学科紧密相连。在设计提示时，要考虑人类语言的复杂性、语义的多样性以及人类认知的局限性等因素，从而让提示更加符合人类的表达习惯和理解逻辑，使人工智能模型能够更好地"读懂"人类的意图。

5.1.2 发展历程

提示工程的发展历程与人工智能技术的进步紧密相连，大致可以分为几个阶段。

在早期，人工智能模型相对简单，主要依赖于规则和逻辑进行推理和决策。当时的提示形式较为单一，多为一些简单的指令或查询语句，如"判断这个图形是三角形还是四边形""列出符合特定条件的数据记录"等。这些提示主要基于模型预设的规则库，模型按照既定的逻辑路径进行匹配和响应，应用范围相对有限，且对复杂问题的处理能力较弱。

随着机器学习技术的兴起，尤其是深度学习的蓬勃发展，人工智能模型开始具备强大的数据驱动学习能力。这一时期，提示工程逐渐崭露头角。研究人员发现，通过精心设计的提示，可以引导模型更好地挖掘数据中的潜在规律和模式。例如，在自然语言处理领域，通过构造特定的文本提示，模型能够生成具有一定逻辑和语义连贯性的文本段落，如续写故事、生成新闻报道等。在图像处理方面，提示可以帮助模型更准确地识别图像中的物体、场景等元素，并进行相应的分类和标注。

近年来，随着大型语言模型（LLM）和多模态模型的涌现，提示工程迎来了新的发展机遇。这些模型具有海量的参数和丰富的知识储备，能够理解和生成多种模态的信息，如文本、图像、音频等。提示工程在这个阶段变得更加复杂和多样化，不仅需要考虑文本提示的设计，还要兼顾图像、声音等其他模态的提示构建。同时，为了充分发挥大型模型的潜力，研究人员开始探索更加灵活、智能的提示策略，如自适应提示、动态提示生成等，以应对不同场景下复杂多变的任务需求。

5.1.3 重要性与价值

提示工程在人工智能领域具有极其重要的地位和价值，主要体现在以下几个方面。

1. 提升模型性能

一个精心设计的提示能够显著提升人工智能模型的性能。它可以帮助模型更准确地理解任务要求，减少歧义和误解，从而生成更高质量的输出结果。例如，在文本生成任务中，合适的提示可以引导模型生成更具创意、更符合语境的文本内容；在图像识别任务中，恰当的提示能够提高模型对图像细节的捕捉能力和分类准确性。通过不断优化提示，可以挖掘出模型的潜在性能，使其在各种应用场景中发挥出更好的效果。

2. 拓展应用边界

提示工程为人工智能的应用拓展了广阔的边界。借助不同的提示，可以将同一模型应用于多种不同的任务和场景，实现一模多用。例如，一个通用的大型语言模型，通过设计不同的文本提示，既可以用于撰写学术论文、创作小说，还可以用于生成商业策划文案、编写代码注释等。这种灵活性大大降低了模型的开发和部署成本，提高了模型的实用性和经济性，使得人工智能技术能够更广泛地渗透到各个行业和领域。

3. 增强人机协作

在人机协作的场景中，提示工程起到了至关重要的桥梁作用。它使得人类能够以更加自然、直观的方式与人工智能模型进行交互，将自己的意图和需求清晰地传达给模型。同时，模型也能够根据提示更好地理解人类的指令，做出符合人类期望的响应。这种高效的沟通机制有助于建立起人与机器之间的信任和默契，促进双方在复杂任务中的紧密协作，共同完成更具挑战性的目标，如科学研究、艺术创作、复杂决策支持等。

4. 推动技术创新

提示工程的发展不断推动着人工智能技术创新的浪潮。为了设计出更优秀的提示，研究人员需要深入探索模型的内部机制、优化算法、数据处理方法等关键技术。同时，提示工程的应用实践也反过来为模型的改进和完善提供了宝贵的反馈和灵感。例如，通过分析提示在不同模型上的效果差异，可以发现模型在特定方面的不足，从而引导研究人员对模型架构进行调整和优化；在多模态提示的研究过程中，催生了一系列新的数据融合、跨模态学习等技术方法，进一步拓展了人工智能技术的内涵和外延。

综上所述，提示工程作为人工智能领域的一个关键环节，正以其独特的魅力和强大的功能，引领着人工智能技术向着更加智能、高效、实用的方向发展，为人类社会的进步和变革注入源源不断的动力。

5.2 提示技巧

在人工智能提示工程中，掌握有效的提示技巧是提升模型性能和输出质量的关键。以下是一些经过实践验证的提示技巧，这些技巧可以帮助用户更好地与人工智能模型进行交互，实现更精准、更高效的任务执行。每种提示方法都配有具体的示例，以便读者更好地理解和应用这些技巧。

5.2.1 基于样本数量的提示词技术

1. 零样本提示（Zero-shot Prompting）

零样本提示是一种不依赖于示例数据的提示方式，直接向模型提出问题或任务，让模型依据其内部知识进行回答。这种方法的核心在于模型能够凭借已有的知识体系，在没有外部指导的情况下处理任务。零样本提示通常适用于任务较为简单且模型在特定领域已有足够知识积累的情况。它的优势在于无须提供额外的训练数据或示例，能够迅速处理各种新颖或未见过的任务。通过这种方式，模型的泛化能力和知识推理能力得以充分发挥，尤其在面对一些通用问题时，能够提供及时且准确的答案。

然而，零样本提示的有效性取决于模型的预训练和知识覆盖范围。如果问题涉及特定领域的专业知识，且模型未曾接触过相关信息，则模型的回答可能会不够准确或缺乏深度。因此，尽管零样本提示具有较高的灵活性，它在面对高度专业化或复杂的任务时可能存在一定的局限性。

例如，询问"太阳为什么是圆的？"这个问题。这种问题通常属于基础天文学范畴，模型可以根据其已知的物理学原理来回答，如通过引力均匀地吸引周围物质，使得太阳在自转过程中呈现近似的圆形结构。

```
1  prompt ：太阳为什么是圆的？
```

再如，让人工智能"解释一下量子纠缠现象"，量子纠缠是量子力学中的一种现象，模型可以直接利用其物理学领域的知识来解释量子纠缠的基本概念和影响，如两粒子间即使相隔很远，依然能即时互相影响的性质。

```
1  prompt：解释一下量子纠缠现象。
```

这些例子展示了零样本提示如何通过简单的提问，让模型基于其知识库快速生成准确的答案。

2. 少样本提示（Few-shot Prompting）

少样本提示是一种通过提供少量示例来帮助模型理解任务要求的方法。这种技术在面对任务复杂性较高或模型需要掌握特定任务格式时尤为有效。与零样本提示不同，少样本提示通过展示几个具有代表性的示例，让模型能够从这些示例中学习任务的模式和结构，然后将这种学习转化为对类似任务的处理能力。通过这种方式，模型能够快速掌握并应用任务的具体要求，避免了直接进行全新任务的困难。

少样本提示的关键在于示例的选择。所提供的示例需要具有代表性，能够准确地展示任务的特点和要求。例如，在数学问题的加法任务中，给出几个简单的示例，可以帮助模型理解数字加法的规则；在文本摘要任务中，展示一些简洁而准确的摘要示例，可以引导模型生成高质量的摘要。通过这种方式，模型在完成实际任务时会更加高效和准确。

少样本提示不仅提高了任务的处理效率，而且大大降低了对大量训练数据的依赖，特别适用于那些数据量有限或时间紧迫的应用场景。不过，少样本提示的效果仍然取决于示例的质量和代表性，如果示例不够精准或多样，模型可能无法充分理解任务的精髓，进而影响结果的准确性。

例如，在数学加法的任务中，提供几个简单的加法示例，可以帮助模型理解加法运算的规则。通过这种提示方式，模型能够迅速掌握任务，并对类似的问题做出正确回答。

```
1  示例1：
2  问题：2 + 3 =
3  答案：5
4
5  示例2：
6  问题：7 + 8 =
7  答案：15
8
9  现在，请解答以下问题：
10 问题：15 + 27 =
11 答案：
```

在文本生成摘要任务中，提供少量的原文和摘要示例，可以帮助模型理解如何提取关键点并用简洁的语言呈现要点。这对于需要生成简明扼要总结的任务尤为重要。

```
1  示例1：
2  原　文：人工智能是计算机科学的一个分支，致力于创造能够模拟人类智能的系统。
3  摘　要：人工智能旨在模拟人类智能。
4
5  示例2：
6  原　文：气候变化导致了全球气温上升，极端天气事件频发。
7  摘　要：气候变化引发全球变暖和极端天气。
8
9  现在，请为以下文本生成摘要：
10 原　文：大数据技术的发展使得数据分析更加高效和精准。
11 摘　要：
```

通过少样本提示，模型能够通过从少量示例中推断出任务的核心特征，并快速应用这些知识来生成正确的结果。这种方法不仅节省了训练时间，还提高了处理复杂任务的效率。

5.2.2 基于思考过程的提示词技术

1. 链式思考提示（Chain-of-Thought Prompting）

链式思考提示是一种引导模型在给出最终答案之前，先分步骤展示思考过程的技术。这种方法不仅有助于提升模型的推理能力，而且能够增强答案的透明度，让用户理解模型是如何得出结论的。通过将思考过程明确拆解，链式思考提示使得模型能够更有条理地处理复杂问题，并在每个步骤中逐步验证自己的推理。这种方式的优势在于，它减少了推理过程中的不确定性，使得最终的答案更具可信度。

链式思考提示尤其适用于解决需要多步推理的任务，如数学问题、逻辑推理和复杂决策分析。在这些任务中，往往直接给出答案，缺乏解释，而通过分步骤推理，模型可以逐步清晰地展示其解决问题的思路和方法。这不仅有助于提高答案的准确性，也能帮助用户更好地理解解决问题的过程，进而提升与模型的互动效果。

这种方法的实施需要一定的策略，模型需要能够在推理过程中保持逻辑的连贯性，并确保每一步的推导都是基于正确的前提条件。链式思考提示的一个潜在挑战是，过于复杂或不明确的提示可能导致模型在某个步骤出错，从而影响最终结果的正确性。因此，合理地引导模型逐步推理是确保链式思考提示成功的关键。

例如，在解决数学问题过程中，链式思考提示通过将问题拆解为多个步骤，引导模型逐步完成计算，从而得出正确的答案。特别是在几何或代数题目中，分步骤的推理过程能够帮助模型避免直接跳跃到结论，确保每个步骤的推导都是合理且准确的。

```
1  题目：如果一个三角形的两边分别为3和4，且夹角为90度，求第三边的长度。
2
3  解题步骤：
4  1. 根据勾股定理，第三边的平方等于3的平方加4的平方。
5  2. 计算 $3^2 + 4^2 = 9 + 16 = 25$。
```

```
6  3. 第三边的长度是 √25 = 5。
7  答案：5
```

再如，在图像生成方面，如果想要生成一幅冬季山景画，可以按如下提示进行。

```
1  题目：生成一幅冬季山景画。
2
3  构思步骤：
4  1. 确定主要元素：雪覆盖的山峰、松树、静谧的湖面。
5  2. 选择色彩方案：冷色调为主，白色、蓝色和灰色。
6  3. 构图安排：山峰位于画面中央，湖面在前景，松树分布在两侧。
7  4. 添加细节：天空中飘落的雪花，湖面反射的山影。
8  5. 完善光影效果：夕阳的余晖照亮山峰，湖面呈现金属光泽。
9  答案：
```

通过这种分步骤的提示，模型可以确保每一步推理都有据可依，从而提高解题过程的透明度和结果的可靠性。这不仅能帮助模型更准确地得出答案，还能让用户清楚地看到每个推理步骤的逻辑。

2. 自动链式思考提示（Automatic Chain-of-Thought Prompting）

自动链式思考提示是指在链式思考提示的基础上，通过自动化生成思考步骤的方式，进一步提升模型的推理能力。这种方法的关键在于通过系统化的过程将复杂问题分解成一系列逻辑步骤，帮助模型在没有人工干预的情况下，自动生成思考过程并进行推理。与传统的链式思考提示不同，自动链式思考提示能够在没有明确给定每一步的情况下，通过预设的框架自动推理，极大地提高了处理复杂任务的效率。

这种方法特别适用于那些需要复杂推理的任务，如市场趋势分析、科学研究问题、决策分析等。在这些任务中涉及多个因素和变量，且每个因素之间存在复杂的相互关系。自动链式思考提示能够帮助模型梳理出这些因素，并通过系统的推理步骤逐一考虑，确保所有关键因素都被纳入考量。这不仅提升了推理的准确性，还使得整个思考过程更加高效，避免了人工干预的复杂性。

自动链式思考提示的优势在于其高效性和一致性。通过自动化推理过程，模型可以在面对类似任务时，快速生成思考步骤，减少重复性的工作，并且能够在短时间内对多个任务进行高效处理。不过，自动化的过程也存在一定的风险，如果推理框架或步骤设计不当，可能导致推理路径不合理，进而影响最终的结果。因此，在实际应用中，合理设计自动化推理框架是确保这种方法成功的关键。

例如，在市场趋势分析的任务中，自动链式思考提示通过系统化的步骤来引导模型逐一分析各个关键因素，并结合数据和趋势进行预测。这个过程涉及多个变量的综合考虑，因此自动化推理能够显著提高任务执行的效率和准确性。

```
1  题目: 分析当前智能手机市场的趋势, 并预测未来的发展方向。
2
3  解题步骤:
4  1. 收集最近一年的智能手机销售数据。
5  2. 分析不同品牌的市场份额变化。
6  3. 研究消费者偏好的变化, 如对5G、摄像头性能的需求。
7  4. 考虑技术创新对市场的影响, 如折叠屏、人工智能功能。
8  5. 综合以上因素, 预测未来智能手机市场的发展方向。
9  答案:
```

通过这种自动化的思考过程,模型能够自如地处理复杂的市场分析任务,不仅节省了大量人工时间,还能确保在分析中涵盖所有关键因素,提供更全面且具有预测价值的结论。

3. 逻辑链式思考提示（Logical Chain-of-Thought Prompting）

逻辑链式思考提示是一种强调逻辑严密性的方法,旨在引导模型在思考过程中遵循严格的逻辑顺序,以减少推理中的错误和不准确性。这种方法特别适用于需要严谨逻辑推理的任务,尤其是涉及复杂因果关系、科学原理或法律推理等领域。通过确保每一步推理都有明确的依据并紧密衔接,逻辑链式思考提示能够有效减少模型输出中的逻辑错误和幻觉,从而提高最终答案的可靠性和准确性。

逻辑链式思考提示不仅要求模型清晰地理解每一步推理的内在逻辑,还需要确保推理的每个环节都能够与前后的步骤保持一致性。在面对复杂问题时,合理的逻辑结构能够帮助模型从多个维度、多个步骤逐步推导出正确的结论,避免跳跃式推理或未经验证的假设。与其他类型的思考提示相比,逻辑链式思考提示的优势在于它通过系统化的逻辑分析,确保模型能够逐步消除潜在的推理偏差和误解。

在实际应用中,逻辑链式思考提示常常应用于那些具有强烈因果关系的任务,如科学实验分析、推理问题和决策支持等。通过分步骤分析每个环节,模型不仅能够得出一个合理的结论,还能让用户清晰地看到每一步推理的依据。这种透明度对于提高用户对模型结果的信任度具有重要作用。

例如,在分析科学实验的任务中,逻辑链式思考提示能够帮助模型按照实验的因果关系逐步推理,确保每个环节的推导过程清晰、严谨。例如,在分析光合作用的过程中,模型需要按照光能转化为化学能的科学原理逐步推理,并确保每一步的解释都有清晰的科学依据。

```
1  题目: 分析光合作用过程中光能转化为化学能的逻辑步骤。
2
3  解题步骤:
4  1. 光能被叶绿体中的叶绿素吸收。
5  2. 吸收的光能用于水分子的分解, 释放氧气和电子。
```

```
6  3. 电子通过电子传递链释放能量，生成ATP和NADPH。
7  4. ATP和NADPH用于二氧化碳的固定，生成葡萄糖。
8  5. 最终，光能转化为储存在葡萄糖中的化学能。
9  答案：
```

通过这种精确且符合逻辑的步骤，模型能够清楚地展示光合作用的每个环节如何相互作用，最终使光能转化为化学能。这种方法不仅提高了答案的准确性，还能让用户更加信服模型所提供的推理过程，因为每一步都有清晰的科学依据和逻辑支持。

4. 符号链提示（Chain-of-Symbol Prompting）

符号链提示是一种利用符号代替自然语言构建提示的技术，旨在帮助模型更好地处理涉及复杂空间关系的任务，尤其是在数学、物理或其他需要精准计算和空间推理的领域。这种方法通过符号化的表示，使得模型能够在符号的框架内进行更为高效和精确的推理，避免了自然语言表达中的歧义和不确定性。符号链提示尤其适用于涉及数学公式、几何图形、物理公式等任务，因为符号能够清晰地表达量与量之间的关系，且不容易产生理解偏差。

与传统的自然语言提示相比，符号链提示的优势在于它简洁且直观，能够精确描述任务中的关键关系，并且能够帮助模型集中精力解决具体的空间推理问题。在处理复杂问题时，符号提供了一种简洁有效的方式来表达任务的各个方面，避免了过多的文字描述，使得推理过程更加清晰、可控。这种方法在涉及定量分析和空间计算的任务中展现了强大的能力，因为符号本身具有较强的精确性和数学表达能力。

例如，在几何学和代数中，符号链提示可以用来简化数学题目的表达，使得模型能够更加专注于运用公式和定理来解决问题。在这类任务中，符号化的表达方式不仅能够提高计算效率，还能减少计算过程中的复杂性，帮助模型快速地从已知条件推导出答案。因此，这种方法在数学推理、几何问题、物理实验等任务中具有重要的应用价值。

在解决几何问题时，符号链提示能够通过简洁的符号表达清晰地描述各个几何关系，使得模型可以通过符号运算快速得出解答。在以下任务中涉及勾股定理的应用，符号链提示通过使用公式帮助模型直接进入计算阶段，避免了不必要的语言解释。

```
1  题目：在一个直角三角形中，已知两条直角边分别为a和b，求斜边c的长度。
2
3  解题步骤：
4  1. 使用勾股定理：c² = a² + b²
5  2. 代入已知值：c² = a² + b²
6  3. 计算c = √(a² + b²)
7  答案：c = √(a² + b²)
```

通过符号链提示，模型能够专注于数学公式的运用，从而提高空间推理能力并迅速得出准确答案。这种方法使得问题的求解过程更加简洁、直接，同时减少了对复杂语言结构的依赖，极大地提升了计算效率。

5. 思维树提示（Tree-of-Thoughts Prompting）

思维树提示是一种将思考过程构建为树状结构的技术，它帮助模型从根节点出发，逐步扩展多个子节点，以探索各种可能的思考路径，并最终找到最佳的解决方案。这种方法特别适用于复杂问题的分析和决策过程，因为它能够系统地梳理出所有可能的步骤和选项，并在每个节点处评估不同的选择。思维树提示使得任务的解决过程更具结构性，不仅能够帮助模型进行全面的思考，还能确保各个环节的考虑不遗漏关键因素。

在思维树结构中，根节点通常表示问题的起点或核心目标，每个子节点则代表了进一步展开的思考方向。随着树的扩展，思维的层次逐渐加深，模型能够对问题进行多角度、多层次的探索，最终在各个分支中评估不同选择的优劣，找到最优的解决路径。这种方法有助于厘清思路，避免过于单一或片面的思考，提升决策的全面性和深度。

思维树提示常常被应用于项目管理、策略规划、问题解决等领域。在这些领域，任务的完成往往涉及多个步骤和决策点，因此，通过构建一个清晰的思维树结构，可以确保每个步骤都得到充分的考虑和讨论，最终形成一个合理且高效的行动计划。

例如，在制订项目计划的过程中，思维树提示可以帮助模型逐步展开每个阶段的任务，并根据不同的需求和条件探索多个实施方案。在这个过程中，每个阶段和任务都有明确的子节点，确保每个环节都得到了详细的规划。通过思维树结构，模型能够全面考虑项目的每个环节，并确保各项任务的协调与执行。

```
1   题目：制订一个为期六个月的软件开发项目计划。
2
3   思维树：
4   1. 项目启动
5      - 确定项目目标
6      - 分配团队成员
7   2. 需求分析
8      - 收集用户需求
9      - 编写需求文档
10  3. 设计阶段
11     - 系统架构设计
12     - 界面设计
13  4. 开发阶段
14     - 前端开发
15     - 后端开发
16  5. 测试阶段
17     - 功能测试
18     - 用户验收测试
19  6. 部署与维护
20     - 部署到生产环境
```

```
21        - 持续维护与更新
22   答案:
```

在这个示例中,思维树从项目启动开始,逐步展开每个阶段的关键任务和子任务,确保在每个阶段中都涵盖了所有重要的考虑因素。这种结构化的方式不仅能够帮助模型厘清项目的整体规划,还能够对每个环节的执行过程进行细致的安排,以确保项目能够按照既定目标顺利推进。

6. 思维图提示(Graph-of-Thought Prompting)

思维图提示是一种通过图形化方式组织思考过程的技术。在思维图中,节点表示各个思考内容或概念,而边则表示节点之间的关系。这种结构化的方法能够帮助模型全面地考虑问题的各个方面,确保在解决复杂问题时,不遗漏任何可能影响结果的因素。与传统的线性思考方式不同,思维图提示能够通过多维度的视角,展示问题的多层次结构和相互联系,从而促进更全面、更深入的分析和推理。

思维图提示的核心优势在于其图形化和可视化的特点,使得思考过程变得更加直观和清晰。通过将相关的概念、信息或步骤以图形的形式连接,模型能够快速识别出不同节点之间的关联关系,从而在解决问题时避免遗漏重要信息或产生逻辑漏洞。此外,思维图提示还可以帮助模型更好地组织思考过程,将复杂问题分解为多个较小的、可管理的部分,逐步进行分析和推理,最终得出更精确的结论。

思维图提示常用于复杂的分析任务,特别是那些涉及多个因素和维度的场景,如企业战略分析、市场研究、产品开发等。在这些任务中,思维图提示可以帮助模型系统性地梳理出所有可能的变量和关系,确保每个因素都得到充分的考虑和分析。通过思维图提示,模型不仅能从整体上把握问题的全貌,还能深入探索各个子问题的具体细节,进而形成更全面的解决方案。

例如,在分析企业的竞争优势时,思维图提示能够帮助模型全面梳理企业在技术、资源、市场等方面的核心能力及其相互关系。通过思维图提示,模型可以将企业的竞争优势从多个维度展开,明确每个维度所涉及的关键因素,以及这些因素如何共同作用,提升企业的市场竞争力。在此过程中,模型能够通过对每个节点及其连接关系的详细分析,识别出企业的优势和短板,从而制定出有效的战略决策。

```
1    题目:分析一家科技公司的竞争优势。
2
3    思维图:
4    - 核心能力
5      - 技术研发
6      - 创新文化
7    - 资源
8      - 人才储备
9      - 财务状况
```

```
10  - 市场定位
11    - 目标客户
12    - 品牌影响力
13  - 运营效率
14    - 供应链管理
15    - 产品交付速度
16  - 客户关系
17    - 客户服务
18    - 用户反馈机制
19  答案:
```

通过这种图形化的提示，模型能够在各个层面上对企业的竞争优势进行全面评估。每个维度的核心因素和相关子因素被清晰地展现，并且通过节点之间的连接，模型可以直观地看到它们之间的相互影响。这不仅有助于提高分析的精确性，还能帮助模型快速识别出可能的改善领域，为企业的战略制定提供有价值的参考。

5.2.3 基于一致性和连贯性的提示词技术

1. 自我一致性（Self-Consistency）

自我一致性是一种提示技术，旨在通过让模型对同一问题生成多个答案，然后对这些答案的一致性进行评估，选出最一致的答案作为最终输出。该方法能够显著提高答案的可靠性和稳定性，尤其是在处理复杂问题或模型不确定性较高的情况下。通过生成多个答案，模型可以从多个角度或思路进行思考，进而避免因单一推理路径带来的偏差或错误，从而保证输出的答案更加准确且具有更强的可信度。

在许多情况下，模型可能会根据不同的推理路径或已知信息给出多个不同的答案。通过对这些答案进行比较和综合，能够更加全面地揭示问题的真相，减少可能的误导。例如，在科学、技术或复杂的理论问题中，由于模型可能存在信息不完整或理解误差，通过自我一致性方法可以帮助确认哪些答案是合理的，并且从中提炼出最符合问题要求的解释。

自我一致性的核心优势在于能够增强模型的推理能力，尤其是在面对多样化或模糊性较大的任务时。模型不仅仅提供一个单一的答案，而是通过多次尝试来确保输出的准确性。尤其是在处理一些科学或技术性较强的任务时，模型会受到信息多样性和复杂性的挑战，而自我一致性能够通过这种"多重尝试"的方式，逐步减小错误的可能性，提供更为准确和可靠的结果。

例如，在解释某些科学概念时，模型可能会根据不同的角度或知识来源产生多个答案。通过应用自我一致性技术，模型能够对这些不同的答案进行比对，筛选出最一致的解释，从而提供更加全面和准确的答案。在这个过程中，每个答案都可能从不同的切入点进行阐述，而最终的综合回答则能够体现更强的可靠性。

```
1  题目: 什么是黑洞?
2
```

```
 3  答案1：
 4  黑洞是宇宙中一种具有极强引力的天体，连光线也无法逃脱。
 5
 6  答案2：
 7  黑洞是由大量物质坍缩形成的天体，具有强大的引力场。
 8
 9  答案3：
10  黑洞是时空的极端扭曲区域，因其引力作用使得任何物质都无法逃脱。
11
12  综合以上答案，黑洞是一种由大量物质坍缩形成的天体，具有极强的引力，甚至连光
       线也无法逃脱，从而在时空中形成极端扭曲的区域。
```

在这个示例中，模型通过生成三个不同的答案，分别从黑洞的引力、物质坍缩和时空扭曲等角度来进行描述。然后，模型对这些答案进行比对和融合，综合得出一个更全面且一致的解释。这种方法不仅提高了答案的准确性，也使得模型能够给出更加严谨、符合科学原理的答案。因此，自我一致性方法能够在处理科学解释、复杂理论等任务时，大大提升模型的推理能力和结果的可靠性。

如果需要生成一幅黑洞的科幻艺术图，可以按照如下提示进行。

```
 1  题目：生成一幅黑洞的科幻艺术图。
 2
 3  答案1：
 4  黑洞位于画面中央，周围有旋转的光环，吸引着周围的星际物质，背景是深邃的宇宙
       星空。
 5
 6  答案2：
 7  一个巨大的黑洞吞噬着周围的星球，光芒四射的喷流从黑洞两侧喷出，背景是绚丽的
       星云。
 8
 9  答案3：
10  黑洞的强大引力场扭曲了周围的时空，形成独特的光环效果，周围散布着耀眼的星辰
       和行星残骸。
11
12  综合以上答案，黑洞位于画面中央，其强大的引力场扭曲了周围的时空，形成旋转的
       光环，吸引并吞噬着周围的星际物质。两侧喷出的耀眼喷流与背景中绚丽的星云
       和深邃的宇宙星空相映成趣，营造出壮观而神秘的科幻艺术效果。
```

在这个示例中，模型通过生成三个不同版本的黑洞科幻艺术图描述，然后综合这些描述，得出一个更全面且一致的视觉效果。这种方法不仅提高了图像生成的准确性，也使得模型能够给出更加严谨、符合科学原理和艺术美感的图像描述。因此，自我一致性方法能够在处理科幻艺术创作、复杂场景描绘等任务时，大大提升模型的创作能力和结果的可靠性。

2. 对比链式思考提示（Contrastive Chain-of-Thought Prompting）

对比链式思考提示通过引导模型对比不同的思考路径或答案，帮助模型识别和理解其中的差异，从而提高其对问题的全面理解和推理能力。这种方法在处理需要多角度分析和权衡不同方案的任务时尤其有效。通过对比，模型不仅能更好地掌握不同选项之间的优缺点，还能在此基础上做出更具逻辑性和一致性的决策。

与传统的单一路径思考不同，对比链式思考提示鼓励模型同时考虑多个解决方案，并评估每个方案的效果。通过这种方式，模型可以逐步厘清每个选项的利与弊，找出最适合特定情境的解决方案。这种思维方式不仅提高了答案的可靠性，还增强了答案的连贯性和一致性，避免了单一视角带来的片面性。

在实际应用中，这种方法广泛适用于决策、规划等任务，特别是在需要权衡多种不同因素时，如市场策略、资源分配、产品设计等。通过对比分析不同方案的特点和预期效果，模型可以帮助用户更清晰地理解每个选择的潜在影响，从而做出更加明智和科学的决策。

例如，在市场营销策略选择的任务中，模型需要对比不同的营销方式，根据目标受众、预算、传播途径等因素，评估每种策略的优缺点。通过对比，模型能够帮助决策者更清晰地理解每个策略的优势和适用场景，从而做出最佳选择。

```
1  题目：为新产品选择最佳的市场营销策略。
2
3  策略A：
4  1. 通过社交媒体广告增加品牌曝光。
5  2. 举办线上促销活动吸引消费者。
6  3. 利用网红合作推广产品。
7
8  策略B：
9  1. 进行电视和广播广告宣传。
10 2. 在实体店铺设置展示区。
11 3. 发送电子邮件营销给潜在客户。
12
13 对比分析：
14 - 策略A更适合年轻受众，具有较高的互动性和传播速度。社交媒体广告能够迅速吸
    引年轻人群体的关注，线上促销活动则具有较低的成本和较高的灵活性，能够快
    速反馈效果。而与网红合作能够提升品牌的可信度和传播效果，尤其是在短视频
    平台中表现尤为突出。
15 - 策略B覆盖面较广，适合那些目标受众群体较为广泛的情况，但成本相对较高，尤
    其是电视和广播广告的投入较为昂贵。此外，尽管实体店展示和电子邮件营销能
    够为线下客户提供更直观的体验，但互动性相对较弱，且传播速度较慢。
16
17 最佳策略的选择应根据目标受众和预算情况来决定。若目标群体主要为年轻人且预算
    有限，策略A将是更为合适的选择；如果目标是覆盖更广泛的受众，且预算充足，
```

策略B则更具优势。

在这个示例中,通过对比两种不同的市场营销策略,模型清晰地展示了每个策略的特点、适用场景及其优缺点。通过这种对比分析,模型不仅帮助决策者更好地理解每种策略的优势,还能提供更为深刻的决策依据。

5.2.4 基于知识和信息的提示词技术

1. 生成知识提示（Generated Knowledge Prompting）

生成知识提示是一种通过引导模型先生成与任务相关的知识,再利用这些生成的知识来完成任务的技巧。这种方法的核心在于先让模型自我提取并总结出相关背景信息,从而使模型在处理复杂问题时,能够获得更全面的视角,避免因知识不足或背景信息缺乏而导致的错误判断或遗漏。在面对需要广泛背景知识支撑的问题时,生成知识提示尤其有效,它能帮助模型在没有明确指令的情况下,主动收集和整合有用信息,为后续分析和决策提供扎实的基础。

这一技巧的实施通常分为两个步骤。第一步是生成相关的背景知识,通常通过模型从已有的知识库中提取并生成信息。第二步是在这些知识的基础上进行任务分析,结合具体问题进行推理,得出最终的解决方案。这种方法不仅能提高模型的理解深度,还能够在多维度上分析问题,从而提升结果的准确性和可靠性。

生成知识提示对于处理那些需要全面、深入理解的任务具有重要作用,尤其是在分析性任务中,可以有效帮助模型跳出常规的思维框架,结合更加广泛的视角进行问题的全面分析。通过这种方式,模型能够更好地理解复杂问题的多层次背景,为解决问题提供更加系统化的思路。

例如,在分析气候变化对全球生态系统的影响时,模型需要理解气候变化的各方面效应,并综合考虑这些影响。通过生成相关的背景知识,模型能够自如地将不同领域的信息整合在一起,提供更加全面的分析结果。

```
1  题目：分析气候变化对全球生态系统的影响。
2
3  第一步，生成相关知识：
4  - 气候变化导致全球气温上升，极端天气事件更加频繁。
5  - 极端天气事件如飓风、洪水和干旱，对生态系统的破坏加剧。
6  - 海平面上升威胁沿海生态系统，导致栖息地丧失。
7  - 生物多样性受到威胁，部分物种面临灭绝风险。
8
9  第二步，利用这些知识进行分析：
10 气候变化通过多种途径影响全球生态系统。首先，全球气温上升直接导致冰川融化，
       进而导致海平面上升，威胁到沿海地区的生态环境。其次，随着极端天气事件的
       增加，如飓风、洪水、干旱等，这些自然灾害不断破坏动植物的栖息地，迫使许
       多物种迁移或面临灭绝的风险。此外，气候变化还加剧了生物多样性的减少，许
```

> 多物种在气候变化的压力下无法适应新环境，导致生态平衡的进一步失衡。温度的升高以及栖息地的减少使得生态系统中的物种迁移受到限制，生态功能也遭到破坏。这些变化不仅对自然环境造成严重威胁，也影响到人类社会的各个方面，如农业生产、经济发展以及人类健康等。

通过这种生成知识提示，模型能够从多个维度全面分析气候变化对生态系统的影响。生成的背景知识为模型提供了深入理解问题所需的所有关键信息，使其能够进行更加复杂的推理，得出具有高准确性的分析结论。

2. 知识链提示（Chain-of-Knowledge Prompting）

知识链提示是一种通过引导模型按照逻辑顺序逐步构建知识框架的方式，旨在帮助模型在解决问题时逐步积累和整合关键信息，以生成更加准确和深刻的答案。这种方法强调在思考和推理过程中，遵循一定的知识体系，确保每个步骤都是基于前一步骤的合理推导，进而提高模型的理解能力和推理质量。通过知识链提示，模型能够有条不紊地处理复杂的问题，从多个维度和角度对问题进行深入分析。

这种提示方式尤其适用于那些涉及多个因素或维度的问题，它帮助模型在面对复杂的因果关系、历史事件、社会现象等任务时，有效厘清各个因素之间的联系，并逐步探讨每个因素的作用。与零样本提示和少样本提示不同，知识链提示不单纯依赖于模型已有的知识，而是通过逻辑推理和步骤化思考，带领模型构建起系统的知识框架，确保其推理过程更加完整和可靠。

通过这种方式，模型不仅能够在任务执行中保持较高的连贯性，还能够逐步提升对问题的综合理解，避免单一视角下的偏见或遗漏，使得生成的答案更加全面且有深度。知识链提示的核心优势在于它能够引导模型系统性地思考，逐层揭示问题背后的因果关系和内在逻辑，特别适合于涉及历史分析、复杂决策或多因素分析的任务。

例如，在分析工业革命的背景时，通过知识链提示可以帮助模型系统地了解并阐释多个因素是如何交织在一起推动这一历史性变革发生的。每个因素的作用都被逐一细化，并且明确其对整体过程的推动作用。通过这样逐步构建的分析，模型可以获得更清晰、更全面的理解，最终给出更加丰富且准确的解释。

```
1  题目：分析工业革命的主要原因及其因果关系。
2
3  解题步骤：
4  1. 技术创新
5     - 蒸汽机的发明：蒸汽机的发明显著提升了生产效率，尤其是在矿业和运输领域，
                改变了人类对能源的使用方式。
6     - 纺织机械的进步：纺织机械，如飞梭和纺纱机，推动了纺织工业的现代化，带
                动了大规模的生产。
7  2. 经济因素
8     - 资本积累：随着前期贸易的增长，富有的商人阶层积累了大量资本，为工业投
                资提供了必要的资金支持。
```

```
 9      - 市场拓展：全球贸易的扩展不仅带来了原材料的进口，还为生产出的商品提供
            了庞大的市场。
10    3．社会因素
11      - 人口增长：人口的增加提供了充足的劳动力，同时也推动了对商品和服务的需求。
12      - 城市化：随着工业化的发展，大量农民涌入城市，形成了新的劳动力市场，进
            一步促进了工业的集中和扩张。
13    4．政治因素
14      - 政府政策支持：政府在制定有利于工业发展的政策（如提供税收减免、鼓励投
            资等）方面起到了关键作用。
15      - 稳定的政治环境：相对稳定的政治环境为经济活动提供了保障，减少了动荡对
            生产和贸易的干扰。
16
17    通过这些因素的共同作用，工业革命逐渐在18世纪末至19世纪初席卷欧洲。技术创新
        提高了生产效率，经济因素提供了资金和市场支持，社会因素为工业提供了劳动
        力，并促进了城市化的进程，政府的政策支持和政治稳定则为这一切提供了保
        障。所有这些因素相互作用，推动了工业革命的历史进程。
```

在这个示例中，通过知识链提示，模型能够从技术、经济、社会和政治等多个角度逐步深入地分析工业革命的主要原因及其因果关系。每个因素之间的关系被清晰地揭示，并通过逻辑推理逐步构建出完整的答案。这种逐步展开的思维方式有助于模型在复杂问题面前保持系统性思维，最终生成更为准确且有深度的分析结果。

5.2.5 基于优化和效率的提示词技术

1．通过提示优化（Optimization by Prompting）

通过提示优化是指通过精心设计提示的方式，引导模型更高效地利用其计算资源和知识，从而实现更快速和高质量的答案生成。这种方法非常适用于需要快速、精准解决问题的场景，特别是在时间紧迫或资源有限的情况下。优化后的提示不仅能帮助模型聚焦于关键问题，还能减少无关信息的干扰，提高模型在执行任务时的效率。

提示优化的核心在于通过对任务的具体要求进行精确表达，帮助模型更清楚地理解任务目标，从而能迅速进入有效的思考轨道。例如，在内容生成任务中，通过提示优化，模型能够快速识别需要讨论的核心要点和限定条件，从而在最短的时间内给出高质量的输出。这种优化不仅能节省计算资源，避免过多的计算消耗，还能提高生成内容的相关性和准确性，避免模型在宽泛的任务要求下产生无关或低效的输出。

通过对提示的精确设计，优化方法能够确保生成内容符合特定的要求，避免了冗长且不相关的内容，并且让模型更加专注于问题的核心。例如，要求模型生成简明扼要的文章时，通过限制字数或明确强调特定的重点内容，模型能更精准地把握任务要点，并在短时间内提供符合需求的内容。

提示优化前：

```
1  请写一篇关于可再生能源的文章，详细讨论其优势和挑战。
```

在这个提示下，模型可能会生成一篇较长且内容广泛的文章，涵盖多个方面的细节和背景，生成过程可能需要较长时间，且可能包含不必要的内容。虽然这样的文章较为详细，但在时间和资源要求较高的场景下，这种不加限制的提示可能会浪费大量计算资源，并且不符合高效输出的需求。

提示优化后：

```
1  请在500字内简要讨论可再生能源的三大优势和两大挑战，重点突出其对环境的影响
    和经济效益。
```

通过提示优化，明确了字数限制和讨论重点，模型能迅速理解任务的核心要求，即聚焦于可再生能源的优势和挑战，且在特定字数限制内进行高效输出。这不仅加速了生成过程，还确保了输出的质量符合需求，同时避免了过于详细或冗长的讨论。

通过限制字数和明确要求，模型能够在规定的范围内迅速生成更具针对性的高质量内容，从而显著提高任务的完成效率。这样的优化有助于减少计算资源的消耗，同时提升了输出的精准度和相关性。

2. 重述并回应提示（Rephrase and Respond Prompting）

重述并回应提示是一种通过让模型在生成最终答案之前，先重新表述和扩展问题的策略。这种方法可以帮助模型更清晰地理解问题的内涵，确保其从更全面的角度出发思考，从而提高回答的质量和准确性。重述问题能够帮助模型识别出问题中的关键要素，避免在回答过程中遗漏重要信息或误解问题的意图。此外，这一策略通过分步引导模型进行思考，不仅提高了问题解析的精确性，也增强了生成答案的逻辑性和条理性。

这种方法尤其适用于复杂或模糊的问题，因为它帮助模型厘清问题的多维度属性，并将其转化为更为简洁、易于理解的表达形式。通过首先进行问题的重述，模型能够在回答之前确认问题的各个方面，并且更好地理解其中可能存在的多重含义或不同的解决路径。这种思考方式有助于避免模型陷入单一的思维模式，从而提升答案的多样性和深度。

在实际应用中，通过这种策略，模型可以在处理较为复杂的任务时，提供更加准确和高质量的答案。例如，在医疗、法律等高风险领域，重述并回应提示能够帮助模型从不同的角度进行分析，综合各种信息后得出更为全面和可靠的结论。

```
1  题目：请解释一下人工智能在医疗领域的应用及其潜在风险。
2
3  步骤1：重新表述问题
4  重新表述：描述人工智能在医疗行业中的具体应用，并讨论这些应用可能带来的风险
    和挑战。
5
6  步骤2：生成回答
```

> 7 人工智能在医疗领域的应用广泛，涵盖了多个方面，如疾病诊断、个性化治疗、药物研发和医疗影像分析等。AI技术能够通过分析大量数据，提高诊断的准确性、帮助医生制订个性化治疗方案，并加速药物研发过程。同时，AI在医疗影像分析中的应用，使得医生能够更高效地识别影像中的病变，提高了早期发现疾病的可能性。然而，这些技术的应用也带来了一些潜在风险。首先，数据隐私问题成为一个重要的关注点，AI系统通常需要处理大量的个人健康数据，如何确保这些数据的安全和隐私是一个亟待解决的问题。其次，算法的偏见问题可能导致医疗决策的不公正，特别是在样本数据不充分或偏差的情况下。此外，AI的普及可能对医疗专业人员的角色产生影响，尽管AI能够提高效率，但医生的决策能力和临床经验依然是至关重要的。总之，在推广AI医疗应用时，必须谨慎处理上述风险，确保技术的安全性、公平性和可接受性。

通过这种方式，模型不仅能够准确理解并回应问题，还能确保提供的答案涵盖了问题的所有层面，从而提供一个更全面、具有深度的分析。这种重述和回应的方式有效地避免了直接回答可能带来的片面性或偏差，能够确保回答更符合实际需求。

5.2.6 基于用户交互的提示词技术

1. 主动提示（Active-Prompt）

主动提示是一种通过模型主动向用户提出问题或请求，获取更多任务相关信息的策略。这种方法旨在增强模型与用户的互动性，确保模型能够更准确地理解用户的需求，从而提供更个性化和高效的服务。与传统的仅根据用户输入做出反应的方式不同，主动提示使得模型能够更为主动地引导用户，以收集更多背景信息和具体需求，从而提高结果的相关性和准确性。

这种方法的关键在于通过提问帮助模型深入了解用户的具体情况和需求。尤其在个性化任务中，用户的需求往往是多样化的，因此模型必须能够及时获取适当的信息，才能更好地调整和优化任务执行的方案。通过主动提示，模型可以在任务执行的各个阶段向用户提出进一步的问题，以确保生成的答案或建议更符合用户的期望和实际需求。

主动提示在许多应用场景中都具有重要意义，例如在教育、医疗、客户服务等领域，模型需要根据用户的不同背景和需求做出针对性的回应。通过与用户的互动，模型能够不断优化任务执行的流程，使得提供的服务更具个性化、更符合用户的具体要求。例如，让人工智能帮人们制订个性化 Python 学习计划，可以给出如下提示。

```
1  题目：制订一个个性化的Python学习计划。
2
3  模型回应：
4  为了制订一个适合您的Python学习计划，我需要了解一些信息。请回答以下问题：
5  1．您目前的编程水平如何？（初级/中级/高级）
6  2．您希望在多长时间内完成学习计划？
7  3．您的学习目标是什么？（例如，数据分析、Web开发、自动化等）
```

在此过程中,模型通过主动询问用户的编程水平、学习时间和目标,能够收集到有助于制订个性化计划的关键信息。一旦用户提供了反馈,模型便能够根据这些数据调整学习计划的内容,确保其既具有针对性,又能切实满足用户的需求。例如,如果用户是编程初学者并希望在三个月内掌握 Python 基础,模型可能会推荐一个以基础语法和简单项目为重点的学习计划;如果用户的目标是数据分析,学习计划则可能侧重于 Python 在数据处理、可视化和机器学习方面的应用。

这种方式能够确保模型提供的学习计划更加个性化和灵活,满足了用户的不同需求,同时也提高了任务的执行效率和准确性。

2. 自动提示工程师(Automatic Prompt Engineer)

自动提示工程师利用算法自动生成和优化提示词,旨在根据模型的反馈不断调整提示,以找到最有效的提示方式。这一过程不仅提高了任务执行的效率,还确保了任务结果的精确性。特别是对于复杂任务,自动提示工程师通过持续的优化,使得模型能够更好地理解任务需求,并生成更合适的响应。在许多动态变化的应用场景中,任务和需求可能会发生变化,而自动化的提示优化可以根据反馈实时调整,确保模型始终以最佳状态应对各种情况。

与人工手动优化不同,自动提示工程师通过集成的算法,能够迅速识别哪些提示词或短语对模型的效果最为显著,并自动应用这些优化,减少了人工调整的时间和成本。这对于复杂任务特别重要,因为这些任务通常需要在多个变量之间进行细致的权衡,且任务需求可能不断变化。因此,自动提示工程师不仅是提升模型效率的工具,还有助于解决一些复杂和长期存在的优化问题。

这种方法常用于需要持续优化提示的场景,例如客户服务、教育辅导、内容生成等领域。在这些场景中,任务的复杂性、上下文的多变性以及用户的多样性使得模型需要快速适应并做出最佳反应,自动提示工程师通过精确调整提示内容,帮助模型更好地满足这些需求。

```
1  题目:提升客户服务对话的满意度。
2
3  初始提示:
4  客户:我无法登录我的账户,请帮我解决。
5
6  机器人回应:
7  很抱歉您遇到问题。请提供您的用户名和更多详细信息,以便我帮助您解决。
8
9  优化过程:
10 根据客户反馈,调整提示以提高响应速度和解决效率。
11
12 优化后的提示:
13 客户:我无法登录我的账户,请帮我解决。
```

```
14
15  机器人回应：
16  很抱歉听到您遇到登录问题。请确认您的用户名是否正确，或者尝试重置密码。如果
        问题仍然存在，请提供您的注册邮箱，我将进一步协助您。
```

在这个示例中，初始提示虽然能够为客户提供基本的帮助，但在客户反馈后，模型发现需要更迅速且具有解决问题能力的回应。因此，提示被优化为更加明确和具操作性的语言，例如引导客户检查用户名或重置密码，以及提供进一步的解决方案。优化后的提示不仅能更快地帮助客户解决问题，也提高了客户对服务的满意度。

通过自动化的提示优化，系统能够根据不同情境和客户需求，迅速调整提示内容，确保客户服务的对话更加流畅和有效。这种持续优化的方式使得客户服务体验得以提升，同时减少了人工干预，提高了工作效率。

5.3 实际应用

前面详细探讨了提示工程的基本概念和多种提示技巧。在实际应用中，提示工程能够显著提升人工智能模型在各类任务中的表现和效率。以下部分将通过具体案例，展示如何利用人工智能快速、高效地生成一份工作报告和按照要求制作一副精美的插画，进一步体现提示工程的实用价值。

5.3.1 用人工智能快速生成一份报告

在现代商业环境中，企业需要定期生成各类报告以支持决策、评估绩效和制定战略。传统的报告生成过程通常涉及大量的数据收集、整理、分析和撰写工作，不仅耗时耗力，而且容易出现人为错误。随着人工智能技术的迅猛发展，利用 AI 快速生成高质量的报告已成为可能。以下将详细介绍以企业销售数据分析报告为例，利用人工智能高效生成报告的全过程。

1. 报告生成的需求与挑战

企业销售数据分析报告中通常包括销售总览，其中包括了总销售额、销售增长率、利润率等关键指标。同时，报告中也会对各地区的销售额、增长率及利润率进行分析，即地区销售表现部分。报告中针对不同产品类别的销售表现及利润率也有详细的描述，这部分被称为产品类别分析。报告中的市场趋势分析则着眼于当前市场环境、竞争态势以及未来可能的趋势。最后，基于上述数据分析提出的改进措施和未来发展建议构成了报告中的策略建议部分。

下面介绍报告生成的主要挑战。首先是数据量大且复杂的问题，这意味着需要处理和分析大量的销售数据，这些数据覆盖了多个维度和指标。其次，分析的深度要求很高，因为报告不仅需要展示表面的数据，还需要深入挖掘数据背后的原因和趋势。再次，由于企业通常需要在短时间内完成报告以及时做出决策，因此时间紧迫也是一个重要的挑战。最

后，确保报告内容准确无误、逻辑严谨，同时避免人为偏见和错误，保证准确性和一致性同样不容忽视。

2. 利用人工智能生成销售数据分析报告的步骤

生成高质量的销售数据分析报告是一个系统化的过程，涉及多个环节，旨在确保报告内容既具有高准确性，又能有效传达关键销售洞察。以下是实现这一目标的关键步骤。

（1）数据准备过程

准确和全面的数据收集是报告生成的基础。需要从各个销售渠道（如在线平台、线下门店、客户关系管理系统等）收集相关数据，确保数据来源的多样性与代表性。然后，进行数据清洗与整理，处理缺失值、异常值和重复数据，确保分析结果的有效性和准确性。此外，需要按照一定的标准格式对数据进行结构化，以便后续分析与生成报告。

（2）设计有效的提示

设计合适的提示是利用人工智能生成报告的关键步骤。精确的提示能够引导 AI 生成符合需求的报告内容。在此阶段，需明确报告的主题、要点、结构以及预期的语言风格。通过使用简洁、清晰且有针对性的提示，能够确保 AI 理解并准确生成符合业务需求的内容。同时，设计提示时要考虑到数据的多样性和复杂性，确保 AI 能够应对各种销售情境，提供有价值的分析和洞察。例如，在设计提示时，可以按照报告的章节结构进行分步提示，如"生成销售总览部分""生成地区销售表现部分"等，以确保生成内容的系统性和连贯性。

（3）利用 AI 生成报告内容

在这一阶段，利用 AI 模型生成报告的核心内容。基于设计的提示，AI 能够自动分析整理后的销售数据，识别趋势、模式和异常，并结合上下文信息生成相关的分析内容。例如，AI 可以识别销售增长点、客户偏好变化、季节性波动等关键因素，并提供深入的解读。在这一过程中，AI 不仅能节省大量的人工分析时间，还能为报告内容的深度和广度提供强大的支持。

（4）后期编辑与优化

尽管 AI 可以生成高效的报告草稿，但人工编辑仍然是保证报告质量的重要环节。在这一阶段，编辑需要对 AI 生成的内容进行优化，确保报告的逻辑结构清晰，表述准确，避免冗余和歧义。此外，编辑还需根据实际需求调整报告的重点，突出关键发现，并删减不必要的信息。此时，报告的风格、语气及专业性也应根据目标受众进行相应调整。例如，如果报告的受众是高层管理者，语言应更为简洁明了，重点突出关键指标和决策建议；如果受众是部门经理，可能需要更多的细节和具体建议。

（5）整合可视化元素

数据可视化是销售分析报告中不可或缺的部分。通过图表、图形等可视化元素，可以使报告内容更加直观、易懂。常见的可视化方式包括柱状图、折线图、饼图等，可以用来呈现销售趋势、客户分布、产品表现等关键信息。在这一阶段，选择合适的可视化方式，并确保它们与报告内容高度契合，是提升报告整体质量的关键。例如，可以使用折线图展示销售额的时间趋势，使用饼图展示不同地区或产品类别的市场份额，使用柱状图对比不同地区或产品类别的销售额和利润率。

（6）质量校验与最终呈现

最后，对生成的销售数据分析报告进行质量校验，确保所有数据和分析结果准确无误，并且报告格式符合预期的标准。在这一过程中，检查报告中的数据一致性、逻辑合理性及语言流畅性等方面，必要时进行调整和优化。完成校验后，报告即可根据不同的呈现方式（如 PDF、PowerPoint、在线仪表板等）进行最终输出，确保报告能够有效传达信息并满足不同受众的需求。这不仅能提升报告的传播效果，还能确保各方能够迅速获取并依据报告做出决策。

通过上述 6 个步骤，可以生成一份内容全面、分析深入、结构清晰的销售数据分析报告，帮助企业做出更精准的决策，推动业务增长。

3. 详细操作步骤与示例

（1）数据收集与准备

首先，确保所有需要的数据已经收集齐全，并对数据进行必要的清洗和整理。以下是常见的数据。

- 销售额数据：按时间、地区、产品类别等维度划分的销售额。
- 客户数据：客户数量、客户类型、购买频率等。
- 市场数据：市场规模、竞争对手表现、市场份额等。
- 财务数据：成本、利润、预算执行情况等。

示例数据表格如下。

地区	产品类别	销售额/万元	销售增长率（%）	利润率（%）
东区	A 类	500	10	15
西区	B 类	300	5	12
南区	A 类	450	8	14
北区	C 类	200	−2	10

（2）设计有效的提示（Prompt）

设计详细且结构化的提示是生成高质量报告的关键。提示应明确报告的结构、内容要求以及数据的具体展示方式。

示例提示设计如下。

```
1  请根据以下销售数据，生成一份季度销售数据分析报告。报告应包括以下部分：
2
3  1. 销售总览：
4    - 本季度总销售额
5    - 销售增长率总体情况
6    - 总体利润率
7
8  2. 地区销售表现：
```

```
 9       - 各地区的销售额和增长率
10       - 各地区的利润率分析
11
12    3. 产品类别分析：
13       - 各产品类别的销售表现
14       - 各产品类别的利润率
15
16    4. 市场趋势分析：
17       - 当前市场的主要趋势
18       - 企业在市场中的竞争地位
19
20    5. 策略建议：
21       - 基于数据分析提出的改进措施
22       - 未来发展的策略建议
23
24    以下是销售数据：
25
26    | 地区   | 产品类别 | 销售额/（万元）| 销售增长率（%）| 利润率（%）|
27    |------|--------|---------------|--------------|-----------|
28    | 东区  | A类    | 500           | 10           | 15        |
29    | 西区  | B类    | 300           | 5            | 12        |
30    | 南区  | A类    | 450           | 8            | 14        |
31    | 北区  | C类    | 200           | -2           | 10        |
```

（3）利用 AI 生成报告内容

将设计好的提示输入人工智能模型，模型将根据提示生成相应的报告内容。用人工智能助手生成一份报告的过程如图 5.1 所示。

图 5.1 用人工智能助手生成一份报告的过程

（4）后期编辑与优化

生成的报告内容虽较为完整，但仍需进行后期编辑和优化，以确保报告的准确性、逻辑性和专业性。具体而言，首先应进行校对和修正，仔细检查生成内容中的语法错误、数据一致性和逻辑连贯性，确保每一处细节都准确无误，使报告内容经得起推敲。其次，要增强报告的专业性，结合企业的具体情况，深入挖掘并补充行业术语和专业分析，让报告在专业领域内更具权威性和说服力，能够精准地传达出企业销售数据背后的深层含义和行业趋势。最后，还需根据实际需求灵活调整报告结构，对报告中的各个部分进行审视，如有必要则增减部分内容，或对章节顺序进行重新排列，使整个报告的结构更加合理，更好地服务于报告的受众，从而呈现出一份高质量、高价值的企业销售数据分析报告。

（5）整合可视化元素

可视化元素在报告中扮演着至关重要的角色，它们不仅能够显著提升报告的可读性，还能增强其说服力，帮助受众更清晰地理解数据背后的信息和趋势。不同类型的图表可以根据数据的特点和报告的需求，选择最合适的方式进行呈现。折线图是展示销售额随时间变化趋势的常见工具，它能够直观地反映出销售业绩的波动和发展趋势，帮助分析者及时发现业务的增长点或瓶颈。饼图则适用于展示不同地区或产品类别的销售占比，通过清晰的比例分布，直观地表达各个部分在整体中的重要性，便于受众快速了解市场结构或资源分配。柱状图则适合用于对比不同地区或产品类别的销售额和利润率，它能够清晰地显示各项数据的相对差异，便于做出具体的业务决策。雷达图则为多维度数据的展示提供了极好的方式，尤其在分析市场竞争力等复杂因素时，雷达图能有效地展示不同维度之间的平衡与差异，使得分析结果更加全面和直观。

为了高效地生成这些图表并将其嵌入报告中，首先需要选择合适的可视化工具。常见的工具，如 Microsoft Excel、Tableau 和 Power BI 等，各有不同的功能和优缺点，因此应根据企业的实际需求和使用习惯选择最适合的工具。接下来，需要将整理好的销售数据导入选定的可视化工具中，确保数据的准确性和完整性。根据报告的内容，选择相应的图表类型，并生成对应的可视化图表。此时，生成的图表只是一个初步的草图，为了使其更加美观和易于理解，需要对图表进行进一步的美化，包括调整颜色、字体和布局等，使其不仅具备信息传达功能，还具备视觉吸引力和易读性。最后，将完成的图表嵌入报告的相应部分，通过图文结合的方式，增强报告的直观性和可读性，帮助读者快速抓住重点，从而提升报告的整体效果和说服力。

（6）质量校验与最终呈现

在完成报告内容生成并整合了可视化元素后，下一步是进行全面的质量校验，确保报告的整体质量达到预期标准。质量校验是一个至关重要的环节，它不仅有助于确保报告内容的准确性，还能提升报告的专业性和可读性，从而增强报告的实际效果和影响力。

首先，确保内容的准确性是质量校验中的核心任务。所有数据和分析结果都必须准确无误，任何小小的错误或逻辑漏洞都可能影响报告的可信度和说服力。因此，需要对报告中的每一项数据进行严格核查，确保其来源可靠，计算过程无误，分析结论合理。其次，也需要仔细检查报告的格式规范性。这不仅涉及标题格式、段落结构的统一性，还包括图表布局的合理性。报告的格式必须符合企业的标准，确保各部分内容的排版清晰、整齐，便于阅读。与此同时，报告的逻辑连贯性也非常重要。各部分内容需要紧密相连，层次分明，确保思路清晰，易于读者理解。逻辑不严密或者跳跃性大的报告会让读者产生困惑，进而影响报告的整体效果。

此外，报告的专业性和可读性是衡量报告质量的另一个重要标准。报告语言应保持专业，表达应简明清晰，避免使用过于复杂的术语和冗长的句子。过于晦涩的语言可能会让非专业的读者难以理解，降低报告的可读性。因此，保持平衡，确保报告既能体现专业性，又不失简洁易懂，才是高质量报告的标准。

最后，在所有校验工作完成后，需将校验后的报告导出为 PDF 或其他适当的格式，进行分发和展示。在此过程中，必须确保报告在不同设备和平台上的兼容性，以便各部门和决策者能够方便地查阅和使用报告的内容。这不仅能提升报告的传播效果，还能确保各方能够迅速获取并依据报告做出决策。

通过上述校验步骤，可以确保报告内容的准确性、逻辑性和专业性，最终呈现出一份高质量、高价值的企业销售数据分析报告，帮助企业做出更精准的决策，推动业务增长。

4. 优化提示设计的技巧

为了最大化人工智能在报告生成中的效能，需遵循以下提示设计优化技巧。

（1）明确任务目标

明确描述报告的目的和预期效果，帮助 AI 准确把握生成内容的方向。例如：

```
1  请生成一份针对本季度销售数据的分析报告，旨在评估各地区和产品类别的销售表现，并提出改进策略。
```

（2）结构化提示

按照报告的章节和内容进行分步提示，确保 AI 生成的内容符合预期的结构。例如：

```
1  1. 销售总览
2  2. 地区销售表现
3  3. 产品类别分析
4  4. 市场趋势分析
5  5. 策略建议
```

（3）提供具体数据和背景信息

在提示中包含详细的数据表格和相关背景信息，帮助 AI 进行准确分析。例如：

```
1  以下是本季度的销售数据：
2  
3  | 地区 | 产品类别 | 销售额/（万元）| 销售增长率（%） | 利润率（%） |
4  |------|----------|-----------------|-----------------|---------------|
5  | 东区 | A类      | 500             | 10              | 15            |
```

```
6 | 西区 | B类        | 300            | 5              | 12             |
7 | 南区 | A类        | 450            | 8              | 14             |
8 | 北区 | C类        | 200            | -2             | 10             |
```

（4）分步引导

将复杂任务分解为多个小步骤，引导 AI 逐步生成内容，提升准确性和深度。例如：

```
1  第一步，生成销售总览部分，包括本季度总销售额、销售增长率总体情况和总体利润率。
2
3  第二步，生成地区销售表现部分，分析各地区的销售额、增长率和利润率。
4
5  以此类推，逐步生成报告各部分内容。
```

（5）强调重点和细节

在提示中突出需要重点分析的部分，确保 AI 关注关键内容。例如：

```
1  在市场趋势分析部分，重点讨论数字化转型和个性化需求对销售的影响。
```

（6）使用示例和范本

提供示例格式或范本，帮助 AI 理解期望的输出形式和风格。例如：

```
1  以下是销售总览部分的示例：
2
3  本季度，公司实现总销售额达到 1450 万元，较上一季度增长 5%。整体销售增长率为 5%，
   显示出稳定的增长态势。总体利润率为 12.75%，较上一季度有所提升，表明公司
   在成本控制和销售策略上取得了一定成效。
```

5. 实践中的注意事项

在实际操作过程中，利用人工智能生成报告时需要注意一些关键点，以确保报告的质量和实用性。首先，数据的准确性与完整性至关重要。确保输入的数据准确无误是避免报告分析失真的前提。此外，数据应全面覆盖报告所需的各个维度，避免遗漏任何重要信息，这样才能确保生成的报告全面且实用。

其次，要定期校验 AI 生成内容的准确性和逻辑性。若发现问题，应及时进行人工调整，确保 AI 正确理解提示的意图，避免生成偏离主题的内容。这种做法有助于保证报告的主题和内容始终一致。与此同时，在处理敏感数据时，必须遵循数据隐私保护规范，确保数据安全。使用加密和访问控制措施，防止数据泄露，是保护隐私的必要手段。

为了提升 AI 生成内容的质量，持续优化提示是一个不可或缺的过程。根据生成报告的质量和反馈，不断调整提示设计，有助于提高报告的相关性和深度。同时，记录有效的提示模板并形成标准化的提示库，能够显著提升生成效率。报告中还应融合行业专业知识和企业实际情况，这不仅增强了报告的专业性，也增加了其实用性。结合 AI 生成内容与专业人员的见解，可以形成更为全面和有深度的分析报告。

在生成过程中，进行多次迭代也是非常重要的。通过对同一部分内容的多次生成，可以选择最佳版本或综合多个版本的优点，从而提升内容的质量。同时，利用 AI 的多样性，能够从不同视角分析问题，丰富报告的内涵。对于报告中的视觉元素，也需要确保风格的一致性，以增强整体美观性和专业性。高质量的图表和图片不仅能够提升报告的视觉吸引力，也能使报告更具说服力。

最后，用户反馈在报告生成和优化过程中起着重要作用。收集报告用户的反馈，了解报告的实用性和可读性，有助于指导后续的优化工作。根据这些反馈及时调整提示设计和报告结构，能够进一步提升报告的针对性和效果。

5.3.2 用人工智能快速制作一张插画

在视觉内容需求日益增长的背景下，插画作为传达信息、增强视觉吸引力和表达创意的重要手段，广泛应用于广告、出版、网页设计、教育等多个领域。传统的插画创作过程通常需要专业的艺术技能、较长的时间投入以及较高的成本。然而，随着人工智能技术的快速发展，利用 AI 工具快速制作高质量的插画已成为可能。下面将详细介绍如何通过人工智能快速制作一张插画。

1. 利用人工智能制作插画的步骤

利用人工智能快速制作插画可以分为如下几个关键步骤。

（1）明确需求

首先要确定插画需求，包括插画的用途、主题与内容、风格与色彩，以及尺寸与分辨率。例如，某教育机构需要为其新出版的科学教材制作封面插画，主题为"宇宙探索"，风格要求科幻且充满未来感，色彩以蓝色和紫色为主。

（2）设计有效的提示词

设计详细的提示词是引导 AI 生成符合需求插画的关键。提示词需要包含足够的细节，以确保生成结果与预期一致。提示词通常包括描述主题、指定风格、细化元素、色彩要求以及构图布局。例如，可以使用如下提示词：

```
1  生成一幅科幻风格的宇宙探索插画，
2  画面中央是一艘未来感十足的太空飞船，
3  正在穿越星际。飞船周围有闪烁的星星和遥远的星云，
4  背景为深邃的宇宙蓝色和紫色调。
5  飞船设计流线型，表面有闪耀的灯光和复杂的机械结构。
6  画面整体充满未来科技感，色彩鲜明，细节丰富，
7  适合作为科学教材的封面插画。
```

（3）选择 AI 插画生成工具

选择合适的 AI 插画生成工具也是至关重要的一步。目前市场上有多种 AI 插画生成工具，如由 OpenAI 开发的 DALL-E、基于 Discord 平台的 Midjourney、开源的 Stable Diffusion 以及 Adobe 推出的 Firefly 等。选择工具时应考虑生成质量、灵活性、易用性和

成本等因素。例如，DALL-E 能够根据文本描述生成高质量的图像，而 Stable Diffusion 则具有高度的灵活性，适合个性化定制。

生成初步插画时，将设计好的提示词输入选定的 AI 插画生成工具，生成初步插画。根据工具的不同，可能需要调整提示词或多次尝试以获得理想的结果。例如，在 DALL-E 平台上，可以将提示词粘贴到输入框中，单击"生成"按钮，等待 AI 生成插画，并从多张生成的插画中选择最符合需求的一张。

（4）编辑与优化

通常需要对初步生成的插画进行一定的编辑和优化，以达到更高的视觉效果和使用标准。常见的后期编辑步骤包括颜色调整、细节修饰、背景处理以及添加文本等。例如，对生成的宇宙探索插画进行颜色调整，使蓝色和紫色更具层次感，同时增强飞船的灯光效果，增加星云的细腻度，最终形成一幅高质量的封面插画。

（5）整合到应用场景

完成插画的编辑和优化后，需要将其整合到所需的应用场景中，如教材封面、网页设计或广告宣传等。例如，可以将优化后的宇宙探索插画作为科学教材的封面，配以标题和副标题，确保封面整体美观且信息传达清晰；在教育机构的官方网站上使用插画作为横幅图片，提升网页的视觉吸引力；在社交媒体和在线广告中使用插画，吸引潜在用户的关注。

（6）质量校验

最后，在插画完成后进行全面的质量校验，确保其符合初始需求和应用标准。质量校验步骤包括视觉审查、内容匹配、风格一致性检查以及收集用户反馈。例如，检查插画的整体视觉效果和细节表现，确认插画是否准确传达了预期的主题和信息，确保插画风格与整体项目或品牌的视觉风格一致，并通过收集使用者或目标受众的反馈，了解插画的接受度和改进建议。根据质量校验和用户反馈，进一步优化插画，或在必要时重新生成插画，以达到最佳效果。

2. 具体示例与操作

以下通过具体示例，展示如何使用人工智能快速制作一张插画。

示例情境：制作智能家居宣传插画。某科技公司计划为其最新发布的"智能家居"产品系列制作一张宣传插画，主题定为"未来智能生活"。他们希望插画呈现出现代感和科技感，色调以蓝色和银色为主，以体现产品的高端与未来感。

（1）确定插画需求

该插画将用于产品宣传资料、社交媒体推广和官方网站的横幅展示。该插画需要展现一个未来智能家居环境，包含智能音箱、智能灯光系统和智能安防设备等场景。场景设计应体现现代科技感，突出智能化的生活方式；风格偏向现代科技，色调以蓝色和银色为主，渲染出清爽、高端的效果；整体需具备未来感，带有明显的数字化和智能化元素。插画尺寸要求为横屏宽幅，分辨率不低于 1920×1080 像素，以确保图像能在高清设备上清晰展示。

（2）设计详细的提示词

为了最大化地利用人工智能生成插画的潜力，设计了一份清晰且详细的提示词：

```
1  请生成一幅现代科技风格的智能家居插画，
2  画面展示一个未来感十足的客厅，
3  配备智能音箱、智能灯光系统和智能安防设备。
4  客厅内的家具设计简洁现代，色彩主要为蓝色和银色，
5  体现科技感与高端感。墙壁上应有智能显示屏，
6  显示家庭信息和控制界面。整体氛围明亮、整洁且充满未来感，
7  适合作为智能家居产品的宣传插画。
```

（3）选择合适的 AI 插画生成工具

为了实现设计目标，选择了豆包 AI 作为插画生成工具。豆包 AI 以生成高质量、富有现代感和科技感的插画而著称，并且支持通过简单的界面操作进行创作，能够快速生成符合设计需求的插画。

（4）生成初步插画

在使用豆包 AI 进行插画创作时，首先需要登录豆包 AI 平台，并进入专门的插画生成界面。在平台的文本框中，输入设计好的详细提示词，这些提示词将指导 AI 模型生成符合需求的插画。稍作等待后，AI 模型会根据输入的提示词生成几幅插画，用户可以浏览这些插画并选择最符合项目需求的一幅作为最终作品。如果初次生成的插画效果未能完全达到预期，用户可以通过调整提示词中的细节，优化描述，从而更精确地引导 AI 生成符合设计要求的插画，并再次进行生成。通过这种方法，用户能够不断微调提示词，直到获得理想的插画效果。

（5）后期编辑与优化

在生成初步插画后，接下来的步骤是使用 Adobe Photoshop 对插画进行进一步的编辑和优化，以提升其视觉效果。首先，通过颜色调整，增强蓝色和银色的饱和度，使得插画中的色彩更加鲜明，层次感更强，进而突显出未来感和科技感。接下来，细节增强是优化的关键，尤其是智能设备的外观设计。在这一环节中，可以加入光线反射效果、微妙的阴影和光晕，进一步加强设备的立体感，并营造出更加深邃的科技氛围。最后，在插画的上方添加"未来智能生活"字样，使用简洁现代的字体，确保文字的颜色与整体色调和风格协调搭配，这样既能突出主题，又不会破坏插画的整体视觉美感。通过这些细致的编辑，插画的科技感和未来感将得到更好的呈现，同时也增强了其作为宣传工具的吸引力和视觉冲击力。

（6）整合与应用

将最终优化后的插画整合到科技公司的官方网站横幅和产品宣传资料中，确保插画与其他设计元素（如文字、按钮、布局）协调一致。通过精心的排版和设计，使插画不仅提升视觉效果，还能够更好地吸引用户的注意力，传递品牌的智能、创新形象。

(7) 质量校验与反馈

在插画的应用阶段，进行严格的质量校验是至关重要的一步，以确保最终作品符合设计要求并能够有效传达宣传主题。首先，进行视觉审查，检查插画的色彩是否鲜明，细节是否清晰，以避免出现模糊或失真的现象。其次，进行内容匹配的审查，确保插画中展示的智能家居环境和智能设备元素准确反映了宣传主题，能够有效地传达产品的核心价值和特点。风格一致性同样不可忽视，检查插画的风格是否与公司品牌的整体视觉形象保持一致，确保品牌识别度并提升品牌形象的统一性。最后，将插画展示给目标用户群体，收集他们的反馈意见，并根据用户的建议进行必要的优化和调整。通过这一过程，进一步提高插画的接受度和效果，确保插画不仅符合公司要求，还能够引起目标受众的共鸣，从而增强宣传效果。

通过上述步骤，成功制作出一幅充满现代感和未来感的智能家居插画。使用 AI 生成插画不仅大大缩短了设计制作时间，还降低了成本，保证了插画的高质量和专业性，并充分展示了人工智能技术在创作和设计领域的巨大潜力和高效性。

3. 优化提示技巧的应用

在实际操作中，设计高效的提示对于生成符合需求的插画至关重要。通过合理地编写和优化提示词，可以帮助 AI 更加精准地理解并呈现设计需求。以下是一些经过实践验证的提示优化技巧，能在较大程度上提高插画生成的质量和准确度。

- 明确描述需求。在提示词中详细描述插画的主题、风格、色彩以及需要呈现的具体元素。避免使用模糊的词汇，以免 AI 产生不符合预期的结果。
- 使用具体的关键词。在提示词中加入明确且具体的关键词，可以使 AI 更准确地理解目标场景或效果。
- 分步骤描述。将插画的整体布局和细节要求分解成若干步骤，一条条地写明。这样能让 AI 逐项生成，并在每一条指令下对特定元素进行精细化处理，避免遗漏或混淆。
- 提供参考示例。如果有心仪的风格或相似主题的插画，可将其作为参考示例，让 AI 更直观地了解目标效果，从而生成更贴合设计期望的插画。
- 迭代优化。完成初次生成后，如果插画效果与预期存在差距，可根据具体问题对提示词进行针对性调整，反复迭代。每次微调提示词都能让 AI 朝更理想的成品方向前进。

通过应用以上 5 个技巧，用户可以更好地引导人工智能模型，生成符合预期且高质量的插画作品。在此过程中，不仅能够显著提升插画生成的准确度，也进一步展现了人工智能在创意设计领域的巨大潜力。

4. 小结

通过以上具体案例的展示，读者可以清晰地看到提示工程在实际应用中的强大功能。以企业销售数据分析报告和插画制作为例，借助人工智能不仅能够大幅提高内容生成的效率，还能确保输出的高质量和专业性。其中关键在于如何设计高效的提示，明确任务需求，提供具体的数据和细节，并通过后期编辑和优化，充分发挥人工智能模型的潜力。在未来，随着人工智能技术的不断进步和提示工程的不断优化，其在各类实际应用中的价值将进一步凸显，助力各行业实现智能化转型和高效运营。

小结

本章深入探讨了提示工程这一人工智能的新兴领域，从了解提示工程开始，向读者介绍提示工程的定义、发展历程等，使读者对提示工程有了简单的认识。然后，详细介绍多种提示技巧，包括基于样本数量、基于思考过程、基于一致性和连贯性等，并且附上相应的例子，形象直观地引领读者接触并使用这些技巧。最后，从实际应用出发，详细介绍提示工程的应用，让读者对提示工程的使用有更加清晰的认识。

习题

1. 提示工程的内涵包括哪些？
2. 提示工程和提示词的区别是什么？
3. 简要概述提示工程的重要性。
4. 如何设计一个好的提示？
5. 基于样本数量的提示词技术和基于思考过程的提示词技术的适用范围有什么区别？
6. 简述如何用人工智能快速制作一张插画。
7. 思考一下当前提示工程有哪些不足之处。
8. 提示工程有哪些实际应用？
9. 提示工程未来可能有哪些发展方向？

第 6 章

第一个人工智能项目

人工智能的学习不仅涉及理论的掌握，更注重通过实践将知识转化为解决实际问题的能力。本章围绕"第一个人工智能项目"展开阐述，系统呈现从基础理论到实践应用的完整过程。首先探讨 Python 作为人工智能编程语言的优势及其在智能系统构建中的关键作用。然后从数据预处理开始，逐步展示深度学习模型的搭建与优化方法，并对项目的各个环节进行全面解析，包括数据处理、模型设计、训练测试和结果可视化等过程。通过完整的项目实践，充分体现了理论与实践的结合，为复杂项目的开发打下坚实基础，同时展现了人工智能技术在实际应用中的价值与成效。

6.1 人工智能的编程语言——Python

在人工智能技术快速发展的时代，选择合适的编程语言就如同为项目确定了正确的技术方向，这一选择直接影响着项目的开发效率、可扩展性和实际应用效果。Python 作为编程语言，被广泛推荐为开启人工智能之旅的理想选择。Python 具有这样的地位，主要归功于其简洁易读的语法、强大的功能以及丰富的工具库。此外，Python 自 1991 年发布以来迅速成长为适应多种需求的全能型语言，特别是在数据科学和机器学习领域，Python 凭借 NumPy、SciPy、scikit-learn、TensorFlow 和 PyTorch 等库简化了数值计算、数据分析及人工智能模型构建的过程。

Python 的强大不仅体现在技术层面，还在于它背后有一个庞大且活跃的社区。这个社区不断贡献开源项目和技术支持，形成了一个丰富多彩的生态系统，对于新手开发者尤其友好。无论是大型科技公司还是初创企业，Python 都是推动人工智能研究和产品开发的重要工具。此外，选择 Python 进行人工智能开发，不仅能享受到高效便捷的编程体验，还能获得来自社区的广泛支持。随着技术的进步，Python 及其生态将继续扩展人工智能技术的应用边界，为开发者提供无限可能。

6.1.1 Python 简介与特点

1. 量身定制的编程语言

Python 是一种设计直观、语法简洁的编程语言，其代码风格接近自然语言，减少了复杂符号和语法规则的使用。其逻辑结构的一致性高，因此学习新概念更加容易，它还提供了详尽的学习资源，能够有效帮助编程初学者快速上手并写出有用的程序。此外，Python

支持多种编程范式，无论是面向对象编程（OOP）、过程化编程还是函数式编程，Python 都能很好地适应。这种灵活性如同一把万能钥匙，允许开发者根据个人偏好或具体问题选择最适合的编程方式，从而更高效地解决问题。无论读者喜欢结构化的解决方案还是灵活多变的方法，Python 都能满足需求，让编程变得更加得心应手。

2. 学习曲线与开发效率

Python 作为一种高效的编程语言，特别适合于将初步概念迅速转换为实际的代码和功能。特别是在人工智能领域，Python 使得开发者可以快速搭建基础框架，导入必要的库，并立即运行程序进行测试。例如，在构建一个简单的图像识别人工智能模型时，Python 允许用户在短时间内完成从设计到实现的过程。这种快速迭代的能力对于探索不同算法、优化模型参数至关重要，因为它加速了学习过程，促进了更快的改进。

Python 的动态类型系统和强大的交互式开发环境（如 Jupyter Notebook）极大地简化了调试和问题解决的过程。这些工具提供了即时反馈机制，使开发者可以在编写代码的同时验证每一行代码的效果。例如，当遇到不确定的逻辑时，可以直接在交互式 shell 中运行相关代码片段，检查输出是否符合预期。如果结果不理想，可以立即调整代码并再次测试，整个过程高效流畅。此外，Python 无须提前声明变量类型，这增加了编程的灵活性，让代码的编写和修改更加便捷。

Python 不仅自身功能强大，还能够与其他编程语言和技术无缝协作，成为复杂项目中不可或缺的一部分。在人工智能项目中，经常需要整合多种技术，如使用 C++ 编写高性能计算模块，或者结合 Java 的企业级应用。Python 作为一个超级中介，通过其丰富的库和工具集，轻松实现了这些不同组件之间的连接。例如，在开发人脸识别系统时，可能需要利用深度学习框架（如 TensorFlow 或 PyTorch）处理图像数据，同时调用硬件接口或 Web API 获取实时信息。Python 凭借其强大的集成能力，确保各个部分协同工作，共同完成复杂的任务。

6.1.2 Python 在人工智能中的作用

1. 连接研究与应用的过程

无论是研究人员探索新的机器学习算法，还是企业希望快速验证新技术的可行性，Python 都提供了必要的工具和支持。同时，研究人员可以利用 Python 编写代码来迅速验证新算法的有效性。例如，一个新提出的机器学习算法可以通过 Python 实现，并通过实验数据进行测试，以证明其理论上的优势。Python 拥有 NumPy、SciPy 等科学计算库，能轻松实现复杂的数学公式。这不仅加速了科研过程，还确保了结果的准确性和可靠性。

Python 在学术研究与产业实践之间架起了一座坚实的桥梁，确保每一项有价值的科研成果都能顺利进入市场。这种转化过程通常包括以下几个步骤：使用 Python 及其丰富的机器学习库（如 TensorFlow、PyTorch）进行模型的构建和优化，通过基于 Python 开发的原型帮助企业快速评估新技术的应用潜力，最后借助 Flask、Django 等 Web 框架以及 Kubernetes 等容器编排工具，Python 支持将人工智能模型部署到云端或嵌入式设备中，以满足不同场景的需求。

2. 生态丰富性与层次性

Python 编程语言及其生态系统提供了一个层次分明且功能完备的工具集，覆盖了从基础数据处理到复杂模型部署的所有关键步骤。该生态系统确保开发者在项目开发的每一个环节都能找到合适的工具和技术支持，其全面的支持体系涵盖了数据准备、模型训练、性能评估以及最终的产品部署。其中各个阶段提供的工具不仅强大而且易于使用，初学者可以在友好的环境中轻松入门，有经验的开发者则可以利用其灵活性迅速迭代算法，找到最适配问题的解决方案。在性能评估阶段，Python 提供的验证和优化工具保证了模型的准确性与可靠性。因此，Python 以其结构严谨且功能全面的特性，连接并强化了人工智能开发的各个阶段，成为众多人工智能领域相关开发者的首选编程语言。这种层次化且全面的支持体系使得 Python 在每个开发阶段都能为用户提供强有力的支持，无论是新手还是专业人士，都能从中受益。

3. 贯穿人工智能项目全流程

Python 作为一种强大且灵活的编程语言，在连接学术研究与产业应用方面扮演了至关重要的角色。它不仅促进了新技术从实验室到市场的快速转化，还在整个人工智能项目生命周期中提供了强有力的支持，确保每个阶段的任务都能高效完成。Python 的生态系统专门为数据处理、模型训练、性能评估以及结果展示等各个阶段准备了大量的简单易用工具，简化了操作流程，使得即使没有丰富经验的用户也能顺利开展开发工作。接下来将详细探讨 Python 生态系统中的具体工具和技术，介绍它们如何在整个人工智能项目生命周期的不同阶段——从初步的数据探索到最终的产品部署——为用户提供全面而有力的支持。

（1）数据准备

在启动任何人工智能项目之前，数据的质量和完整性如同建筑物中砖块的质量一样至关重要。高质量的数据是构建有效模型的基础，而 Python 在此过程中扮演了"砖瓦匠"的关键角色，通过其强大的数据处理能力，确保数据的收集、清洗和预处理达到高标准，为后续分析和建模工作奠定坚实基础。面对杂乱无章的数据集——其中可能包含缺失值、错误信息或格式不一致的问题——Python 提供了一系列工具和库，如 Pandas 和 NumPy，这些工具能够高效地清理和整理数据。简单来说，开发者可以利用 Pandas 进行数据框操作，轻松处理缺失数据、剔除异常值，并进行数据转换；同时，NumPy 提供了高效的数值计算功能，支持大规模数据的操作和分析。通过这些库的帮助，原本复杂的数据准备工作变得更为系统化和自动化，大大提高了数据准备工作的效率与准确性。

（2）模型验证与参数优化

在选定算法并完成模型训练之后，确保模型的可靠性成为下一个关键步骤。此过程类似于对新建筑物进行结构安全评估，旨在确认模型在各种条件下都能提供稳定且准确的预测结果。Python 及其丰富的库为这一阶段提供了强有力的支持。为了保证模型的性能，可以采用诸如交叉验证（Cross-Validation）等统计方法来评估模型的一致性和泛化能力：通过将数据集分割成多个子集，并轮流将每个子集作为验证集、其他部分作为训练集，更全面地评估模型的表现。如果在验证过程中发现模型结果波动较大或误差较高，可以通过调整模型参数来改善性能。

PyTorch 及其生态系统为模型的参数优化提供了丰富的工具和接口，支持研究人员和实践者实现高效且直观的调参过程。例如，通过结合使用 PyTorch Lightning 或 Catalyst 等高级框架，可以简化训练循环的编写，并集成网格搜索（Grid Search）和随机搜索（Random Search）等传统参数优化策略，以系统化的方式探索超参数空间，从而找到一组最优参数组合来提升模型性能。

（3）结果展示

在成功构建并优化模型之后，如何有效地传达分析结果便成为至关重要的环节。此阶段的目标是将复杂的数据科学成果转化为直观易懂的信息，以便不同背景的受众能够理解并利用这些信息进行决策。Python 及其相关库在此过程中扮演了关键角色，提供了多种可视化和报告生成工具，以及模型部署的支持。对于结果展示而言，Python 拥有强大的数据可视化库，如 Matplotlib、Seaborn 等可以将模型的预测输出转换为图形化表示，使得技术人员和非技术人员都能快速理解数据背后的意义。此外，通过使用 Jupyter Notebook 或类似平台，可以创建交互式文档，结合代码、文本、图表和多媒体元素，提供一个动态的展示环境。

本节详细介绍了 Python 在人工智能项目不同阶段所提供的工具支持，从数据处理到结果展示，各环节均具备便捷易用的解决方案，适用于不同层次的开发需求。接下来的内容将通过前置知识的讲解，为项目的构建做好准备。

6.2 前置知识学习

在开始第一个深度学习项目之前，应熟悉相关模块的基本功能与用法。本节将详细介绍几个核心工具，包括 Pandas（用于数据管理）、Matplotlib 和 Seaborn（用于数据可视化），以及 PyTorch 等。这些内容将为后续学习提供必要的背景知识，同时为读者进一步探索机器学习领域奠定基础。

6.2.1 Python 相关

1. 导入包

在 Python 编程中，导入包（或模块）是使用其他人编写的代码来扩展自己程序功能的重要方式。通过导入包，可以利用现成的函数、类和变量，而无须从头开始编写所有代码。这不仅提高了开发效率，还促进了代码的复用性和可维护性。本节将详细介绍如何在 Python 中导入包，并解释几种常见的导入方式及其应用场景。

（1）使用 import 关键字

最常用的方式是使用 import 关键字来导入整个包或模块。这样做的好处是可以明确地知道所使用的函数或类来源于哪个包，有助于提高代码的可读性和清晰度。接下来的代码段展示了如何使用 import 关键字导入整个包（见程序清单 6.1）。

程序清单 6.1　用 import 关键字导入整个包

```
1  # 导入整个包
2  # math 模块提供对数学运算的支持，例如三角函数、对数、指数函数等
3  import math
4
5  # 使用包中的函数
6  print(math.sqrt(16))   # sqrt()函数计算16的平方根，输出：4.0
```

（2）使用 from … import … 语句

有时只需在代码段中使用包的某些特定函数或类，这时可以使用 from … import … 语句来有选择地导入。这种方式可以使代码更简洁，因为可以直接调用导入的对象而不必每次都指定包名。接下来的代码段展示了如何使用 from … import … 导入整个包（见程序清单 6.2）。

程序清单 6.2　用 from…import…导入整个包

```
1  #导入单个对象
2  from math import sqrt
3
4  # 直接使用导入的函数
5  print(sqrt(16))   # sqrt函数计算16的平方根，输出：4.0
```

（3）使用 as 关键字简化名称

当包名或对象名较长时，可以通过 as 关键字为它们创建一个简短的别名。这不仅能够使代码更加简洁，还可以避免命名冲突。接下来的代码段展示了如何使用 import 导入包并重命名（见程序清单 6.3）。

程序清单 6.3　用 as 关键字重命名

```
1  #导入包并重命名
2  import numpy as np
3
4  # 使用别名调用包中的函数
5  array = np.array([1, 2, 3])
6  print(array.mean())   # mean()计算array数组的平均值，输出：2.0
```

2. 数据结构介绍

在编程中，数据结构是用来组织、管理和存储数据的方式，通过数据结构可以高效地访问和修改数据。良好的数据结构不仅能够简化代码编写，还能显著提升程序的性能和可维护性。Python 作为一种高级编程语言，内置了多种强大的数据结构，包括列表（List）、字典（Dictionary）、元组（Tuple）和集合（Set）。这些数据结构各自具有独特的特性和应用场景，为开发者提供了灵活的数据处理工具。

（1）字典

在 Python 中，字典是一种用于存储数据值的集合，其中数据采用键值对的形式表示。字典的定义强调了其无序性、可变性和不允许重复键的特性。字典通常使用花括号来创建，键必须是唯一的且通常是不可变类型（如字符串、数字或元组），而值可以是任何数据类型，包括其他字典、列表等，每个键与一个值相关联。因此字典非常适合用于查找表或映射关系的表示。

（2）列表

在 Python 中，列表是一种内置的数据结构，用于存储多个项目。列表是一个可变的序列，可以包含不同类型的元素，包括数字、字符串和其他对象。列表可以通过方括号来创建，元素之间用逗号分隔。

（3）元组

在 Python 中，元组是一种内置的数据类型，用于存储有序的集合。元组通常使用括号来创建，元素之间用逗号分隔。元组的一个重要特性是不可变性，这意味着一旦创建元组，该元组中的元素就不能被修改。因此，元组在需要保护数据不被意外修改的情况下非常有用。此外，元组中的元素是有序的，这意味着每个元素都有一个固定的位置，可以通过索引访问元素，索引从 0 开始。

6.2.2 数据预处理

1. NumPy

NumPy（Numerical Python）是 Python 中广泛使用的科学计算库，提供了多维数组对象（ndarray）以及对这些数组进行操作的各种函数，可以直接作用于整个数组，无须循环遍历每个元素，大大提高了计算效率。常见的操作包括加、减、乘、除、指数、对数、三角函数等，还有统计函数，如平均值、方差、标准差等。它不仅支持大规模数值运算，还具备高效的内存管理机制，是数据处理和分析中不可或缺的工具。接下来的代码段涵盖如何利用 NumPy 创建多维数组、执行基本运算以及对多维数组进行简单操作（见程序清单 6.4 和程序清单 6.5）。

程序清单 6.4　NumPy 简单操作 1

```
1  # 引入 NumPy 库
2  import numpy as np
3
```

```
4   # 创建一个一维数组
5   simple_array = np.array([1, 2, 3, 4, 5])
6   # 打印创建的数组
7   print("一维数组: ")
8   print(simple_array)
9   # 对数组执行加法运算
10  added = simple_array + 10
11  # 打印加法运算后的结果
12  print("\n一维数组每个元素加10后的结果: ")
13  print(added)
14  # 计算数组元素的平均值
15  mean_value = np.mean(simple_array)
16  # 打印平均值
17  print(f"\n一维数组的平均值是: {mean_value}")
```

输出信息如下：

一维数组：[1 2 3 4 5]

一维数组每个元素加 10 后的结果：[11 12 13 14 15]

一维数组的平均值是：3.0

程序清单 6.5　NumPy 简单操作 2

```
1   import numpy as np
2   # 创建一个二维数组（矩阵）
3   matrix = np.array([[1, 2, 3], [4, 5, 6]])
4   # 打印创建的二维数组
5   print("\n二维数组（矩阵）: ")
6   print(matrix)
7   # 转置二维数组
8   transposed_matrix = matrix.T
9   # 打印转置后的二维数组
10  print("\n转置后的二维数组: ")
11  print(transposed_matrix)
```

输出信息如下：

二维数组（矩阵）：[[1 2 3] [4 5 6]]

转置后的二维数组：[[1 4] [2 5] [3 6]]

- **np.array()**：用于创建多维数组，这个数组类似于列表，但提供了更多的数学运算支持。
- **np.mean()**：计算一维数组中所有元素的平均值。
- 对多维数组使用.T 属性进行转置操作，转置意味着交换矩阵的行和列，使得原本的行变成列，原本的列变成行。

通过这个简单的例子，可以看到 NumPy 库为数据处理提供了极大的便利。无论是创建多维数组、执行数学运算还是进行多维数组变换，NumPy 都能提供简洁而强大的工具。

2. Pandas

Pandas 是一个强大的开源数据分析库，专为 Python 编程语言设计，广泛应用于数据处理和分析领域。它提供了两种主要的数据结构：Series（能够存储任何类型的数据，包括整数、字符串、浮点数、Python 对象等，同时每个元素都有一个对应的索引，可以方便地进行查找和操作）和 DataFrame（二维表格型数据结构，每一列可以包含不同类型的值，是 Pandas 中最常用的数据结构），非常适合处理表格型数据，如 CSV 文件和 Excel 表格。Pandas 不仅支持高效的数据读写操作，还提供了丰富的数学和统计函数，可以直接作用于整个数据集，无须逐个处理元素，大大提高了计算效率。此外，它简化了数据的选择、过滤、聚合等操作，使得数据预处理和特征工程变得更加直观和便捷。接下来的代码段涵盖如何利用 Pandas 进行创建数据表、查看数据结构、筛选数据以及计算统计数据等基本操作（见程序清单 6.6 和程序清单 6.7）。

程序清单 6.6　Pandas 简单操作 1

```
 1  # 引入 Pandas 库，并简写为 pd
 2  import pandas as pd
 3
 4  # 创建一个简单的数据字典
 5  # 定义了一个包含三个键（'姓名','年龄','城市'）的字典，每个键对应一个列
       表，这些列表中的元素分别表示不同人的信息
 6  data = {
 7      '姓名': ['张三', '李四', '王五'],
 8      '年龄': [25, 30, 35],
 9      '城市': ['北京', '上海', '广州']
10  }
11  # 将字典转换为 DataFrame（数据框）
12  df = pd.DataFrame(data)
13  # 打印整个数据框
14  print("原始数据框：")
15  print(df)
```

输出信息如下：
原始数据框：
　　姓名　年龄　城市
0　张三　25　北京
1　李四　30　上海
2　王五　35　广州

程序清单 6.7 Pandas 简单操作 2

```
1  # 筛选特定条件的数据（例如，筛选年龄大于30岁的人）
2  # df['年龄'] > 30返回一个布尔数组
3  filtered_df = df[df['年龄'] > 30]
4  # 打印筛选后的数据框
5  print("\n筛选后年龄大于30岁的数据：")
6  print(filtered_df)
7  # 计算数据框中某一列的统计信息（例如，年龄的平均值）
8  average_age = df['年龄'].mean()
9  # 打印计算结果
10 print(f"\n所有人的平均年龄是:\space{average_age}")
```

输出信息如下：

筛选后年龄大于 30 岁的数据：

  姓名 年龄 城市

2 王五 35 广州

所有人的平均年龄是:30.0

- **pd.DataFrame()**：将字典转换为一个 DataFrame 对象。DataFrame 是 Pandas 中最常用的数据结构，类似于电子表格或 SQL 表格，用于存储和操作表格型数据。
- **df.head()**：查看数据框的前几行，默认情况下会显示前 5 行。
- **df['年龄'].mean()**：计算数据框中'年龄'这一列的平均值。mean() 是 Pandas 提供的统计函数之一，可以计算平均值。

通过上述代码段和结果，展示了如何使用 Pandas 库进行基本的数据处理和分析。首先，通过导入 Pandas 并简写为 pd，创建了一个包含姓名、年龄和城市信息的简单数据字典，并将其转换为 DataFrame（数据框）。接着，打印整个数据框以展示原始数据。然后，通过布尔索引筛选出年龄大于 30 岁的记录，并打印筛选后的结果。最后，计算并输出所有人的平均年龄。以上代码简单演示了 Pandas 在数据创建、查看、筛选和统计分析方面的基本功能。

6.2.3 可视化

1. Matplotlib

Matplotlib 是一个广泛使用的 Python 绘图库，能够生成高质量的图表和图形。它提供了丰富的绘图功能，从简单的线形图、散点图到复杂的热力图、3D 图等应有尽有，其核心概念是 Figure（画布）和 Axes（坐标轴）。每个图表都是在 Figure 对象上绘制的，实际的绘图工作则由 Axes 对象完成。Matplotlib 支持多种输出格式，包括 PNG、PDF、SVG 等，并且可以轻松地集成到 Jupyter Notebook 中进行交互式绘图。接下来的代码段涵盖如何利用 Matplotlib 创建图表、绘制折线图与柱形图以及自定义图表样式的操作（见程序清单 6.8 与程序清单 6.9）。

程序清单 6.8　Matplotlib 简单操作 1

```
1  import matplotlib.pyplot as plt
2
3  # 定义数据
4  months = ['一月', '二月', '三月', '四月', '五月']
5  sales = [120, 150, 130, 180, 200]
6  expenses = [90, 110, 110, 120, 140]
7  # 创建图表和子图，使用紧凑布局
8  fig, (ax1, ax2) = plt.subplots(1, 2, figsize=(12, 5), tight_layout=True)
9  # 设置共享属性
10 for ax in [ax1, ax2]:
11     ax.set_xlabel('月份')
12     ax.set_ylabel('金额（万元）')
13     ax.grid(True)  # 可选：添加网格线以提高可读性
```

- plt.subplots(1, 2, figsize=(12,5), tight_layout=True)：参数 1 表示有一行子图，参数 2 表示每行中有两个子图，共有两个水平排列的子图，figsize 参数设置了整个图表的尺寸，tight_layout 参数设置整个图表为紧凑布局格式。
- ax.grid()：在每个子图上启用了网格线。

以上代码段展示了通过 Matplotlib 库来创建一个包含两个子图（分别为 ax1 与 ax2）的图表，用于比较几个月份的销售和支出数据。每个子图将显示相同月份的数据，一个子图显示销售数据，另一个子图则显示支出数据。

程序清单 6.9　Matplotlib 简单操作 2

```
1  # 绘制折线图（销售额）
2  ax1.plot(months, sales, marker='o', label='销售额')
3  ax1.legend()
4  # 绘制柱状图（销售额与支出对比），直接使用数值代替变量
5  rects1 = ax2.bar(range(len(months)), sales, 0.35, alpha=0.8, color='b',
       label='销售额')
6  # 直接计算每个柱子的位置并绘制支出柱状图
7  rects2 = ax2.bar([x + 0.35 for x in range(len(months))], expenses, 0.35,
       alpha=0.8, color='r', label='支出')
8  ax2.legend()
9  # 显示图形
10 plt.show()
```

- **ax1.plot()**：绘制折线图。其中 months 为横轴数据（月份），sales 为纵轴数据（销售额）。marker='o' 参数指定在每个数据点处使用圆圈标记，使得图表更加直观。
- **ax1.legend()**：在子图 ax1 上添加"销售额"图例，将显示定义的标签。
- **ax2.bar()**：绘制柱状图，显示每个月份的销售额。其中 range(len(months)) 提供了柱状图的 X 坐标位置，sales 列表提供了每个柱子的高度，0.35 是柱子的宽度，alpha=0.8 设置透明度，color='b' 指定了蓝色作为柱子的颜色，label=' 销售额' 再次为图例提供了一个标签。
- **plt.show()**：显示绘制好的图表，打开一个新的窗口来展示图表。

每月销售额的折线图与柱状图如图 6.1 所示，可以看到，使用 Matplotlib 将自定义的月份以及销售数据绘制成对应的折线图与柱状图，清晰表示了销售额变化。它为数据可视化提供了极大的便利，无论是创建图表、绘制折线图或柱状图还是自定义图表样式，Matplotlib 都能提供简洁而强大的工具。

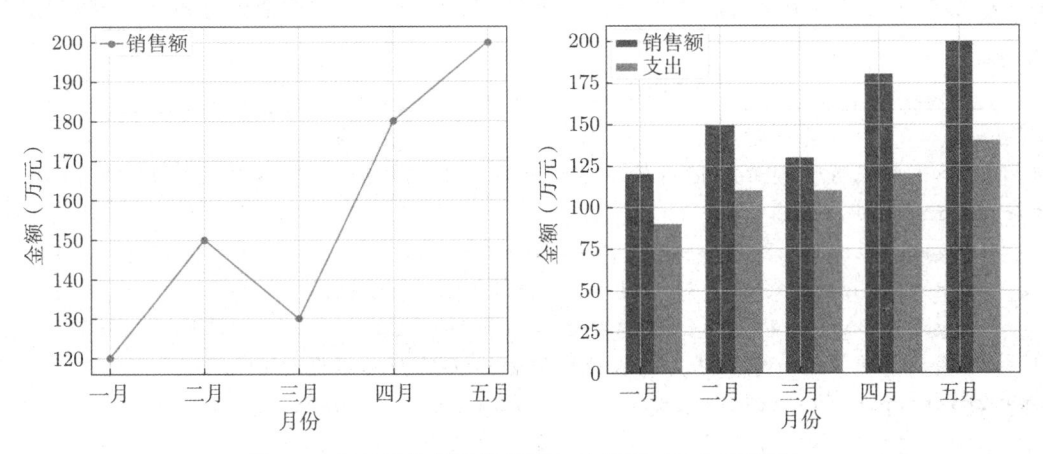

图 6.1　每月销售额的折线图与柱状图（见文前彩插）

2. Seaborn

Seaborn 是基于 Matplotlib 的 Python 数据可视化库，是面向统计学的数据可视化工具，提供了更高级的接口来绘制统计图表。Seaborn 的设计旨在让绘图变得更加简单直观，尤其适合进行统计数据的快速探索和展示。它支持多种类型的数据集，包括时间序列、分类数据等，并且内置了许多主题和颜色调色板，可以帮助用户创建既专业又美观的图表。接下来的代码段涵盖如何利用 Seaborn 创建图表、绘制折线图以及自定义图表样式的操作（见程序清单 6.10 与程序清单 6.11）。

程序清单 6.10　Seaborn 简单操作 1

```
1  import seaborn as sns       # 导入Seaborn库，并简写为sns
2  import matplotlib.pyplot as plt   # 导入Matplotlib，用于显示图表
3  import pandas as pd         # 导入Pandas，用于数据处理
4
```

```
5   # 设置Seaborn样式以获得更美观的默认风格
6   sns.set_theme(style="whitegrid")
7   # 定义一个自定义数据集
8   data = {
9       'coffee_cups': [1, 2, 3, 4, 5, 6, 7, 8, 9, 10],
10      'total_sales': [5.5, 11.0, 16.5, 22.0, 27.5, 33.0, 38.5, 44.0, 49.5,
            55.0]
11  }
12  df = pd.DataFrame(data)
```

以上代码段首先导入了 Seaborn、Matplotlib 和 Pandas 三个库，分别用于统计图表的绘制、图表的显示和数据的处理。然后设置 Seaborn 的主题风格为带有白色网格线的样式，以确保生成的图表美观、清晰。最后定义了一个包含卖出咖啡杯数与对应总销售额的数据集，并将其转换为 Pandas 的 DataFrame 对象 df，以便于后续的数据分析和可视化操作。

程序清单 6.11　Seaborn 简单操作 2

```
1
2   # 对两个子图设置相同的X轴和Y轴标签以及其他共享属性
3   for ax in [ax1, ax2]:
4       ax.set_xlabel('卖出的咖啡杯数' if ax is ax1 else '总销售额（美元）')
5       ax.set_ylabel('总销售额（美元）' if ax is ax1 else '频率')
6       ax.grid(True)  # 可选：添加网格线以提高可读性
7   # 绘制第一个子图——散点图，展示卖出的咖啡杯数与总销售额的关系
8   sns.scatterplot(x="coffee_cups", y="total_sales", data=df, ax=ax1)
9   ax1.set_title('卖出的咖啡杯数与总销售额的关系')
10  # 绘制第二个子图——折线图，展示总销售额的分布情况
11  sns.histplot(df["total_sales"], bins=5, kde=True, color="skyblue", ax=ax2)
12  ax2.set_title('总销售额的分布')
13  # 显示图形
14  plt.show()
```

- scatterplot()：绘制散点图，用于展示 df 中卖出的咖啡杯数与总销售额之间的关系。
- histplot()：绘制折线图，其中参数 bins 指定折线图的柱数，kde 在折线图上叠加一个核密度估计曲线（KDE），用以描绘数据的分布形态。

咖啡营业额散点图与折线图，如图 6.2所示，可以看到，通过 Matplotlib 和 Seaborn 库，将自定义的销售数据绘制成散点图和折线图，直观展示了咖啡营业额的变化趋势和分布情况。Seaborn 能够绘制具有统计学意义的美观图表，简化了数据探索和理解的过程，并特别适用于进行统计分析时的数据可视化。

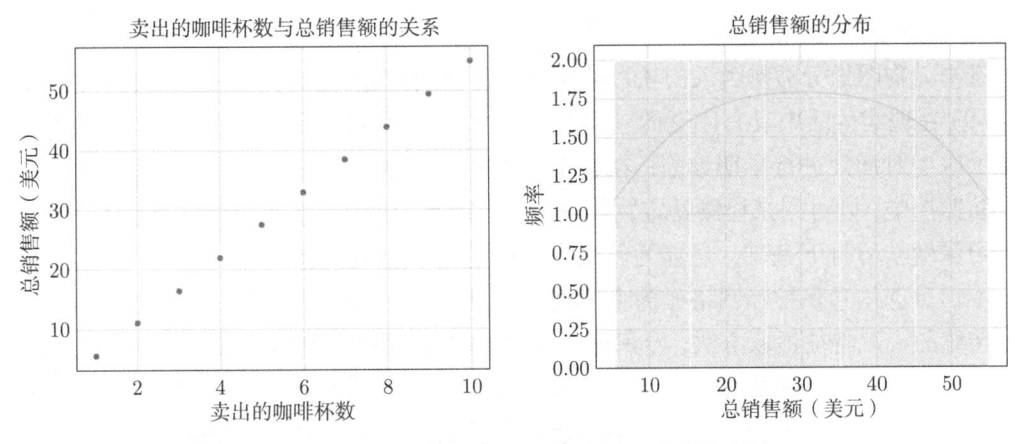

图 6.2　咖啡营业额散点图与折线图（见文前彩插）

6.2.4 深度学习框架

1. PyTorch

PyTorch 是一个开源的深度学习框架，具有强大的灵活性和易用性。它提供了动态计算图的能力，允许开发者在编写代码时即时执行操作并获得结果，这为调试和实验提供了极大的便利。PyTorch 的核心功能包括张量计算、自动微分系统以及对多 GPU 加速的支持，这些都使得它成为处理大规模数据集和复杂模型训练的理想选择。PyTorch 生态系统包含了许多扩展模块，如 TorchVision（用于计算机视觉任务）、TorchText（针对自然语言处理）、TorchAudio（针对音频数据处理）和其他社区贡献的包。这些扩展模块不仅提供了常用的预处理方法和数据加载器，还包含了多种预训练模型，方便用户进行迁移学习或作为研究的起点。

2. TensorFlow

TensorFlow 是一个开源机器学习框架，以静态计算图和高性能著称，适用于大规模分布式训练和复杂模型的优化。它允许开发者先定义完整的计算流程，然后编译并优化图形，最后运行。这种方式虽然增加了调试的复杂性，但在处理大规模数据集和复杂模型时性能优势明显。此外，TensorFlow 还拥有丰富的生态系统，包括 TensorFlow Lite（用于移动设备）、TensorFlow.js（针对浏览器应用）和 TensorFlow Extended（用于端到端机器学习流水线建设），以及强大的可视化工具 TensorBoard（帮助监控和调优模型表现）。

6.3　项目概述

本项目基于深度学习技术，利用卷积神经网络实现猫狗图像的自动分类。项目的目标是训练一个高效的深度学习模型，该模型能够准确识别并分类不同种类的猫狗图像。通过本项目，读者将学习如何处理图像数据、设计神经网络结构，并通过模型训练和优化来提升分类性能，同时掌握深度学习项目的完整开发流程。

6.3.1 项目背景与意义

选择猫狗图像分类作为入门项目的原因在于,图像分类是计算机视觉领域中的经典问题,同时在现实生活中具有广泛的应用场景。例如,在医疗影像分析中,图像分类技术可以辅助医生对病灶进行早期诊断;在自动驾驶中,分类算法可用于识别交通标志和行人;在安防监控中,则可用来检测特定物体或行为。因此,学习和掌握图像分类技术不仅能够为学习深度学习打下基础,还能为解决实际问题提供有效工具。

本项目选用卷积神经网络作为主要技术工具,其在图像处理任务中展现出卓越性能。相比传统的人工特征提取方法,卷积神经网络能够自动从图像中提取多层次特征,从而降低了手工设计特征的复杂度和人为干预的风险。此外,卷积神经网络的共享权重和局部感知特性,使其在处理大规模图像数据时表现出较高的计算效率和准确性。

6.3.2 技术选型与实现框架

本项目使用当前主流的深度学习框架 PyTorch 来实现神经网络模型的构建、训练和评估。PyTorch 灵活的设计让用户可以轻松构建和调整模型,并快速发现和解决问题。

在技术实现方面,项目主要包括以下内容。

- 数据预处理:对原始图像数据进行尺寸调整、数据增强、归一化等操作,以提高模型的泛化能力和训练效率。
- 模型构建:基于 PyTorch 框架搭建卷积神经网络,包括多层卷积层、池化层和全连接层,并使用交叉熵作为损失函数。
- 模型训练:在 CPU 上训练模型,并记录损失和准确率曲线,评估模型性能。
- 模型测试:通过准确率曲线、损失曲线等图像可视化测试结果。

6.3.3 学习目标

通过本项目,读者将掌握以下核心技能。

- 学习如何处理和增强图像数据。
- 了解卷积神经网络的基本原理及其在图像分类中的应用。
- 掌握基于 PyTorch 的深度学习模型构建与训练方法。
- 体验从数据预处理到模型评估的完整开发流程。

本项目不仅帮助读者理解深度学习的基本概念,还通过实际操作加深读者对图像分类任务的认识,为后续深入研究计算机视觉技术打下坚实基础。

6.4 从数据集处理开始

在进入模型构建阶段之前,首先进行数据集的处理。这一环节是任何机器学习项目的基础,因为数据的质量直接影响到模型的表现。一个良好的数据集不仅能够提高训练效率,还能确保模型的高效性与准确性。因此,数据预处理被视为深度学习项目中至关重要的一步。

6.4.1 数据导入与查看

在进行深度学习任务时，第一步是导入数据集。数据集通常会按照文件夹结构组织，每个文件夹代表一个猫狗类别，并且其中包含了大量的猫狗图像文件。通过这种方式，数据集的管理变得更加系统化，便于后续的处理和分析。导入数据集之后，需要对数据进行初步的观察和理解。通常通过查看数据集的结构，来确认每一类猫狗对应的图片数量以及图片的尺寸等信息，为后续的数据预处理和模型训练做准备。

为了顺利完成这些步骤，首先需要导入一些必要的库，这些库将支持数据加载、图像处理以及后续的深度学习模型训练等任务。接下来的代码段（见程序清单 6.12）列出了导入所需库的代码。

程序清单 6.12　导入库

```
1  import torch
2  from torch import nn
3  from torch.utils.data import DataLoader, random_split
4  from torchvision import datasets, transforms, models
5  import matplotlib.pyplot as plt
6  import matplotlib
7  import numpy as np
8  import copy
9  import seaborn as sns
10 from sklearn.metrics import confusion_matrix, classification_report
11 import os
```

代码解析如下。
- **torch**：提供了构建和训练神经网络的基本工具。
- **DataLoader**：用于加载和划分数据集。
- **datasets, transforms, models**：用于处理图像数据，包括数据集的加载、预处理和使用预训练模型。
- **matplotlib.pyplot** 和 **matplotlib**：用于绘制图形和可视化数据。
- **numpy**：用于数值计算和数组操作。
- **copy**：用于对象的复制。
- **seaborn**：用于绘制统计图表，增强可视化效果。
- **sklearn.metrics**：提供评估模型性能的工具，如混淆矩阵和分类报告。
- **os**：用于操作系统相关的功能，如文件和目录的管理。

通过导入以上这些库，项目具备了处理数据、构建和训练模型以及可视化结果的基本功能。接下来定义数据目录，代码如程序清单 6.13 所示。

程序清单 6.13　定义数据目录

```
1  train_datadir = './big_data/train/'
2  test_datadir = './big_data/val/'
```

在这段代码中，./ 代表当前的工作目录，也就是说，路径是从当前文件所在的文件夹开始的。big_data/ 是一个子文件夹，包含训练数据和验证数据。train/ 和 val/ 分别是存放训练集和验证集的子文件夹。路径中的斜杠 / 用于分隔文件夹名称。

接下来定义一个能统计图片总数和查看文件夹组织的数据集概览函数，见程序清单 6.14。

程序清单 6.14　定义数据集概览函数

```
1  def get_dataset_info(dataset_dir):
2      # 使用 ImageFolder 加载数据集
3      dataset = datasets.ImageFolder(dataset_dir)
4  
5      # 获取类别标签
6      class_names = dataset.classes
7      print("类别标签: ", class_names)
8  
9      # 统计图片总数
10     total_images = len(dataset.samples)
11     print(f"总图片数: {total_images}")
12 
13     # 查看文件夹组织结构
14     folder_structure = {class_name: len(os.listdir(os.path.join(
           dataset_dir, class_name)))for class_name in class_names}
15     print("文件夹组织结构: ", folder_structure)
```

以上代码定义了一个函数 get_dataset_info(dataset_dir)，用于获取并打印数据集的类别标签、图片总数和文件夹组织结构。

- **datasets.ImageFolder**：用于加载指定目录下的数据集。它会自动扫描指定的目录，并根据子目录名称将图片自动划分为不同的类别，每个子目录代表一个类别，目录名称即为类别标签。
- **dataset.classes**：该属性返回一个列表，其中包含数据集中所有类别的名称。每个类别对应一个子目录，列表中的顺序与文件夹中的顺序一致。
- **len(dataset.samples)**：通过计算 dataset.samples 中样本的数量，获取数据集中图片的总数。每个样本是一个元组，其中包含图片路径和对应的类别标签。
- **os.listdir**：该函数列出指定目录下的所有文件和子目录。在这里，它用于获取每个类别子目录中的图片数量。

- **folder_structure**：这是一个字典，它存储了每个类别及其对应图片的数量。通过遍历每个类别文件夹，统计其中的文件数量，最终形成这个字典。

最后通过代码分别输出训练集与验证集信息（见程序清单 6.15）。

程序清单 6.15　输出训练集与验证集信息

```
1  #输出训练集信息
2  print("训练集信息：")
3  get_dataset_info(train_datadir)
4
5  #输出验证集信息
6  print("\n验证集信息：")
7  get_dataset_info(test_datadir)
```

代码解析如下。

- **train_datadir 和 test_datadir**：这两个变量分别代表了训练集和验证集的文件夹路径。路径 "./big_data/train/" 和 "./big_data/val/" 指向存储训练数据和验证数据的文件夹。训练集用于训练模型，验证集用于评估模型在训练过程中和训练结束后的表现。
- **get_dataset_info() 函数调用**：该函数被调用，分别用于输出训练集和验证集的信息。在每个调用中，传入不同的目录路径（train_datadir 或 test_datadir）。该函数会输出该数据集的类别标签、图片总数以及文件夹结构信息，帮助用户了解数据集的基本情况。
- **输出信息**：通过 print() 函数，首先输出"训练集信息:"或"验证集信息:"，然后调用 get_dataset_info() 函数打印相应的数据集详细信息。这种结构保证了在执行时，先显示训练集的信息，再显示验证集的信息。

输出信息如下：

训练集信息：

类别标签: ['cat', 'dog']

总图片数: 2819

文件夹组织结构: 'cat': 1410, 'dog': 1409

验证集信息：

类别标签: ['cat', 'dog']

总图片数: 581

文件夹组织结构: 'cat': 290, 'dog': 291

从输出结果可以了解到，本项目所使用的数据集中，训练集包含 2819 张图片，其中猫类图片 1410 张，狗类图片 1409 张；验证集包含 581 张图片，其中猫类图片 290 张，狗类图片 291 张。训练集与验证集的比例为 5:1，即验证集约为训练集的 20.6％。在机器学习中，数据集的划分比例并没有固定标准，其他常见的比例包括 7:3 与 8:2（训练集：验证集）。这些比例的划分的主要目的是确保模型能够在不同的数据集上进行训练、调优，从而评估其泛化能力。

6.4.2 数据预处理

数据预处理是深度学习中不可忽视的一步，不仅有助于提升模型的训练效果，还能增强模型的鲁棒性。通过对数据进行统一尺寸调整、标准化处理和增强操作，可以使模型更好地适应不同的输入并提高其泛化能力。本节将分别定义训练集和验证集的数据增强与预处理策略，代码如程序清单 6.16 所示。

程序清单 6.16　训练集数据预处理和增强

```
# 定义数据增强和预处理
train_transforms = transforms.Compose([
    # 将输入图片resize成统一尺寸
    transforms.Resize([224, 224]),
    # 随机旋转，在-10°到10°之间随机选择
    transforms.RandomRotation(degrees=(-10, 10)),
    # 随机视角
    transforms.RandomPerspective(distortion_scale=0.6, p=1.0),
    # 将PIL Image或numpy.ndarray转换为tensor，并归一化到[0,1]之间
    transforms.ToTensor(),
    # 标准化处理-->转换为标准正态分布（高斯分布），使模型更容易收敛
    transforms.Normalize(
        # 其中 mean和std 从ImageNet数据集计算得到
        mean=[0.485, 0.456, 0.406],
        std=[0.229, 0.224, 0.225])
])
```

代码解析如下。

- **transforms.Resize([224, 224])**：将图片的尺寸统一调整为 224×224 像素。虽然 LeNet 模型在最初设计时并未强制要求 224×224 的输入尺寸，但在现代深度学习框架和标准中，许多预训练模型（如 ResNet、VGG）都采用了这一标准尺寸。因此，统一调整输入图片大小可以保证数据的一致性，有助于模型的训练和测试。
- **transforms.RandomRotation(degrees=(−10, 10))**：设定随机旋转图片角度，并使旋转的角度范围限定在 $[-10°, 10°]$ 之间。该操作有助于模型更好地适应不同角度的物体，使得模型在面对实际应用中可能出现的各种视角变化时，能够做出更准确的判断。
- **transforms.RandomPerspective(distortion_scale=0.6, p=1.0)**：随机扭曲图片的视角，使得图片看起来像是从不同的角度拍摄的。括号内的第一个等式控

制变换的强度，而 p=1.0 表示每张图片都会进行这种变换。这样可以增强图片的多样性，使模型能够学习到更多不同的场景变化。

- **transforms.ToTensor()**：将图片转化成计算机可以处理的数据格式，称为"张量"。它会将原本的像素值（范围在 0~255 之间）转换成 0~1 之间的小数，使得计算机能更有效地处理这些数据。

- **transforms.Normalize(mean=[0.485, 0.456, 0.406], std=[0.229, 0.224, 0.225])**：对图片进行标准化处理，目的是使每张图片的颜色值在数值上保持一致。因为图片由三种基本颜色（红色、绿色和蓝色，也称为三原色）组成，每种颜色都有自己的数值范围。其中 mean 和 std 参数参考的是从 ImageNet 数据集计算得到的均值和标准差，用来调整每个颜色通道的数值。这可以帮助模型更快地学习，并提高训练效率，同时避免由于图片的亮度或对比度差异过大而影响模型的表现。

测试集数据预处理代码如程序清单 6.17 所示。

程序清单 6.17　测试集数据预处理

```
test_transforms = transforms.Compose([
    # 将输入图片resize成统一尺寸
    transforms.Resize([224, 224]),
    # 将PIL Image或numpy.ndarray转换为tensor，并归一化到[0,1]之间
    transforms.ToTensor(),
    # 标准化处理
    transforms.Normalize(
        mean=[0.485, 0.456, 0.406],
        std=[0.229, 0.224, 0.225])
])
```

与训练集数据的预处理流程相似，测试集数据的预处理主要包括以下几个步骤。

- **transforms.Resize([224, 224])**：该操作的目的是将测试图像的大小调整为 224×224 像素，使其与训练图像大小一致。这样做可以保证输入模型中的图像具有相同的尺寸，从而避免由于图像尺寸差异带来的影响，确保模型能够正常处理所有输入数据。

- **transforms.ToTensor()**：该操作的目的是将图片转化成计算机可以处理的数据格式，称为"张量"。它会将原本的像素值（范围在 0~255 之间）转换成 0~1 之间的小数，使得计算机能更有效地处理这些数据。

- **transforms.Normalize(mean=[0.485, 0.456, 0.406], std=[0.229, 0.224, 0.225])**：使用与训练集相同的均值和标准差对测试集的图片进行标准化处理，确保训练和测试时的预处理步骤保持一致。

6.4.3 数据加载与批次处理

在完成对训练集和测试集数据的预处理后，接下来将数据加载到模型中进行训练和评估。为了实现这一目标，首先需要加载数据集，然后通过 DataLoader 将数据分批处理，方便模型逐步进行训练或评估。

1. 加载数据集

在 PyTorch 框架中，通常通过 datasets.ImageFolder 来加载数据集。该方法能够自动读取存储在文件夹中的图像，并根据文件夹名称为每个图像分配标签。程序清单 6.18 展示了加载训练集和测试集数据的代码。

程序清单 6.18　加载数据

```
1  # 加载训练集数据
2  train_data = datasets.ImageFolder(train_datadir, transform=
       train_transforms)
3
4  # 加载测试集数据
5  test_data  = datasets.ImageFolder(test_datadir, transform=test_transforms)
```

代码解析如下。

- **datasets.ImageFolder**：这是 PyTorch 提供的一个非常实用的工具，它可以根据文件夹的结构自动将每个子文件夹中的图片标记为不同的类别。具体来说，每个子文件夹的名字代表一个类别，文件夹中的所有图片都会被赋予相应的标签。通过这种方式，可以避免手动为每张图片添加标签，PyTorch 会根据文件夹名称自动完成这个过程。
- **train_datadir 和 test_datadir**：分别是存放训练集和测试集图片的文件夹路径。在这段代码中，训练集和测试集的图片会被加载到内存中，并应用前面提到的预处理操作（如调整大小、转换为张量、标准化等）。这些操作是通过 transform 参数传递的，它们在数据加载时对每张图片进行处理。
- **transform**：在加载图片时应用的操作。该操作能够确保所有图片都按照相同的方式进行预处理。比如，在训练集和测试集的加载中，都会使用 train_transforms 和 test_transforms，它们是之前定义好的处理步骤，包括调整图片大小、转换为张量、标准化等操作，确保训练集和测试集在相同的条件下被处理。

2. 创建 DataLoader

加载数据集之后，下一步是通过 DataLoader 将数据组织成批次。DataLoader 不仅可以将数据分批次加载，还能在每个 epoch 开始时打乱训练数据，并支持多线程加速数据加载。程序清单 6.19 创建了训练和测试数据加载器。

程序清单 6.19　创建 DataLoader

```
1  # 创建 DataLoader
2  train_loader = DataLoader(train_data,
3                            batch_size=4,
4                            shuffle=True,
5                            num_workers=1)
6  test_loader  = DataLoader(test_data,
7                            batch_size=4,
8                            shuffle=False,
9                            num_workers=1)
```

代码解析如下。

- **DataLoader**：PyTorch 中用来加载和处理数据的工具。它能将数据分成一个个小批次，这样在训练模型时，模型每次只会接收一小部分数据，避免一次性加载过多数据而导致内存不足。
- **train_loader 和 test_loader**：用于加载训练集和测试集数据的工具。它们会分别从训练集和测试集的数据中，按照设定的批次大小（比如每批次 4 张图片）提供数据，保证模型能逐步地处理数据。
- **batch_size=4**：指定每次加载 4 张图片作为一个批次。选择较小的批次有助于减少内存的消耗，而选择较大的批次则有可能加速训练过程。可以根据计算资源调整该值。
- **shuffle=True 和 shuffle=False**：分别表示在每次训练时，数据会被随机打乱顺序和不被随机打乱顺序。打乱顺序是为了避免模型记住数据的顺序，进而提高在新数据上的泛化能力。所以训练集数据通常会打乱顺序，以确保模型不会依赖数据的排列方式。而测试集数据通常不需要打乱，因为它主要用于评估训练好的模型性能，按顺序提供测试集数据有助于保证评估结果的一致性。因此，在测试集加载器中设置 shuffle=False。
- **num_workers=1**：用于指定加载数据时的工作进程数。设置为 1 表示使用单个进程。对于具有多个处理器核心的计算机，可以将此值增大，以利用更多进程加速数据加载过程。

3. 查看所加载的数据

在成功加载数据并创建了数据加载器之后，可以进一步检查加载的数据的形状和结构。通过查看一个批次的数据，可以确保数据的加载和预处理步骤是否按预期工作，以及数据的形状是否符合模型的要求。程序清单 6.20 展示了如何查看测试集加载器返回的一个批次的数据形状，并通过可视化方法展示训练数据的数据增强效果。

程序清单 6.20　查看所加载的数据

```
1  # 打印一个批次的数据形状
2  for X, y in test_loader:
3      print("Shape of X [N, C, H, W]: ", X.shape)
4      print("Shape of y: ", y.shape, y.dtype)
5      break
```

代码解析如下。

- **for X, y in test_loader**：这行代码通过循环从数据加载器 test_loader 中获取一个批次的数据。在每次循环中，X 会存储输入数据（即图像），而 y 存储对应的标签（即图像的类别）。这种方式使得数据能够逐批次地被处理，避免一次性加载过多数据而导致占用过多内存。
- **X.shape**：这里使用 X.shape 打印出当前批次输入数据的形状。数据的形状通常表示为一个四维张量：[批次大小, 通道数, 高度, 宽度]。例如，如果输入是 224×224 像素的彩色图像，那么数据的形状可能是 [4, 3, 224, 224]，表示批次中有 4 张彩色图像，每张图像有 3 个颜色通道（RGB），每张图像的大小为 224×224 像素。
- **y.shape 和 y.dtype**：y.shape 用于查看标签的形状，y.dtype 用于查看标签的数据类型。标签 y 通常是一维张量，包含每个样本对应的类别标签。形状可能是 [4]，表示批次中有 4 个标签，而数据类型通常是整型（torch.int64）。
- **break**：由于只需要查看一个批次的数据，使用 break 来停止循环，避免打印过多信息。

输出信息如下：

Shape of X [N, C, H, W]: torch.Size([4, 3, 224, 224])

Shape of y: torch.Size([4]) torch.int64

打印结果中的 X 和 y 分别表示输入数据和标签，其形状分别为 torch.Size([4, 3, 224, 224]) 和 torch.Size([4])。首先，X 是模型的输入数据，形状为 [4, 3, 224, 224]，其中 4 表示批次大小，即一次输入 4 张图片，3 表示每张图片有 3 个颜色通道（RGB），224 是图片的高度和宽度，意味着每张图片的尺寸是 224×224 像素。换句话说，X 存储了 4 张 224×224 像素的 RGB 图像，每张图片有 3 个通道，组成一个批次。y 是标签的张量，形状为 [4]，表示与每张输入图片对应的标签。标签是一个一维的张量，长度为 4，说明有 4 个标签值，每个值表示对应图片的类别。在分类问题中，标签通常是整数值，如 0 或 1，代表不同的类别。因此，y 中的 4 个元素分别对应 4 张图片的类别标签。

由于在数据预处理部分对训练集数据进行了增强，尤其是在图片的视角操作上，因此通过可视化已加载的数据，可以直观地观察到这些增强操作的效果。接下来，将通过代码来可视化部分训练集图像及其标签。

首先定义图像转化的函数，代码如程序清单 6.21 所示。

程序清单 6.21　训练集数据可视化

```
1  def im_convert(tensor):
2      #将 Tensor 转换为可显示的图像
3      image = tensor.to("cpu").clone().detach()
4      image = image.numpy().squeeze()
5      image = image.transpose(1,2,0)
6      image = image * np.array((0.229, 0.224, 0.225)) + np.array((0.485,
       0.456, 0.406))
7      image = image.clip(0, 1)
8      return image
```

代码解析如下。
- image = tensor.to("cpu").clone().detach()：将输入的 tensor 转移到 CPU（如果它在 GPU 上），然后通过 clone() 创建副本，detach() 使其不与计算图关联，避免影响梯度计算。
- image = image.numpy().squeeze()：将张量从 PyTorch 的格式转换为 NumPy 数组（便于后续处理）。squeeze() 函数去除数组中为 1 的维度（通常是颜色通道维度），使得形状符合图像的要求（例如，(H, W, C)）。
- image = image.transpose(1, 2, 0)：调整图像数组的维度顺序，从 (C, H, W) 转换为 (H, W, C)，这符合图像显示的标准格式。
- image = image * np.array((0.229, 0.224, 0.225)) + np.array((0.485, 0.456, 0.406))：使用 ImageNet 数据集的标准化参数对图像进行反标准化。图像数据通常在输入时会经过均值（mean）和标准差（std）的处理，这一步将其还原为原始的像素值范围。通过逐通道进行乘法和加法操作，恢复出原始图像的亮度和对比度。
- image = image.clip(0, 1)：将像素值限制在 0~1 的范围内，避免由于数值变化超出范围而导致的错误或异常显示。
- return image：返回处理后的图像，可以直接用于显示。

接着进行图形的创建，代码如程序清单 6.22 所示。

程序清单 6.22　创建图形

```
1  # 创建图形
2  fig = plt.figure(figsize=(20, 20))
3  columns = 2
4  rows = 2
```

代码解析如下。
- fig = plt.figure(figsize=(20, 20))：创建一个图形窗口，并指定窗口的大小为 20×20 英寸。

- columns=2 和 rows=2：定义在窗口中展示 2 行 2 列的图片布局。

下面进行迭代器转换，代码如程序清单 6.23 所示。

程序清单 6.23　迭代器转换

```
1  dataiter = iter(train_loader)
2  inputs, classes = next(dataiter)
```

代码解析如下。

- dataiter = iter(train_loader)：它将数据加载器（train_loader）转换为一个迭代器。迭代器可以让程序按批次逐步获取训练数据，这样可以让模型在训练时更加高效，避免一次性加载太多数据而影响训练速度。
- inputs, classes = next(dataiter)：获取迭代器中的第一批数据，inputs 为输入图像数据，classes 为图像对应的标签（如猫或狗）。

接着迭代标注图像，代码如程序清单 6.24 所示。

程序清单 6.24　迭代标注图像

```
1  for idx in range(columns * rows):
2      ax = fig.add_subplot(rows, columns, idx + 1, xticks=[], yticks=[])
3      if classes[idx] == 0:
4          ax.set_title("猫", fontsize=35)
5      else:
6          ax.set_title("狗", fontsize=35)
7      plt.imshow(im_convert(inputs[idx]))
8  plt.show()
```

代码解析如下。

- for idx in range(columns * rows)：这行代码使用一个循环来遍历图像网格中的每个位置。通过计算 columns 和 rows 的乘积，确定循环的次数，用来处理每一张图像。
- ax = fig.add_subplot(rows, columns, idx + 1, xticks=[ ], yticks=[ ])：在每次循环中，使用 add_subplot() 方法将一个新的子图添加到绘图区域 fig 中。子图的行数和列数由 rows 和 columns 参数指定，idx + 1 确定子图的位置，xticks=[] 和 yticks=[] 用来去掉坐标轴的刻度线。
- if classes[idx] == 0：检查当前图像的类别。如果该图像的类别为 0（即猫），则执行接下来的代码。
- ax.set_title("猫", fontsize=35)：如果图像属于猫类（classes[idx] == 0），则在该子图上方添加标题"猫"，并设置标题的字体大小为 35。
- else：如果图像不是猫类（即狗类），则执行接下来的代码。

- ax.set_title（"狗"，fontsize=35）：如果图像属于狗类，则在该子图上方添加标题"狗"，并设置标题的字体大小为 35。
- plt.imshow(im_convert(inputs[idx]))：使用 imshow() 方法显示图像。在这里，inputs[idx] 是当前图像的张量格式，im_convert() 函数用于将其转换为可显示的格式（即反标准化后的图像）。
- plt.show()：最后，调用 show() 方法将所有的子图显示出来，形成一个网格状的图像布局。

图 6.3 展示了训练集数据增强前后的对比效果。其中，图 6.3 a 为图片增强前的效果；图 6.3 b 为图片增强后的效果。从图中可以看到，数据增强对原始图片进行了视角的随机调整，使得图片产生了不同的倾斜和变形。这种处理可以模拟出各种拍摄角度的场景，从而有助于提高模型在不同角度下识别图片的能力。

此外，由于视角调整导致图片形状发生变化，空白区域被填充为黑色背景，但这并不会影响模型的训练效果。图片上方的类别标签"猫"或"狗"依然清晰可见，表明数据的分类信息在预处理后得到了良好的保持。这种数据增强方法有效增加了训练数据的多样性，使模型能够更好地适应实际应用中的图像变化。

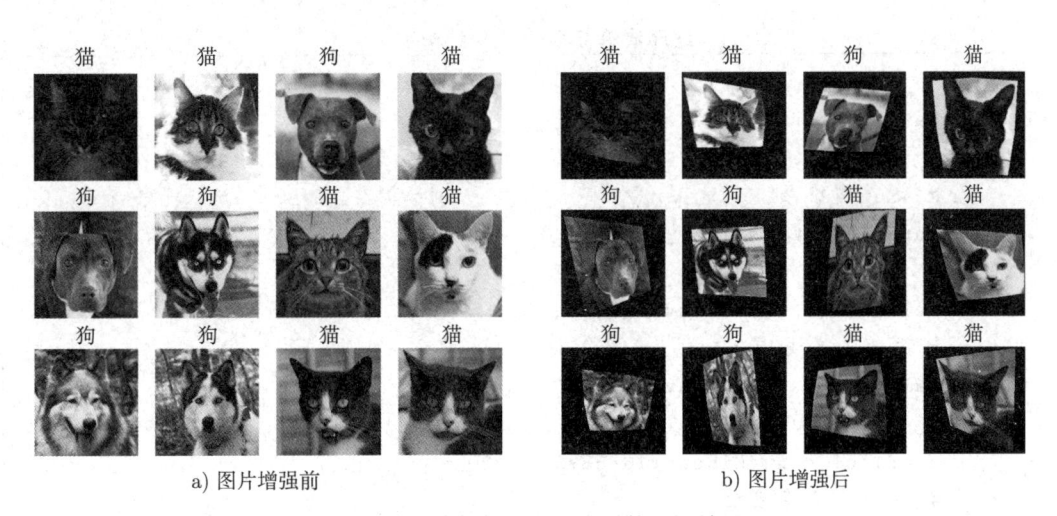

a) 图片增强前　　　　　　　　　　　　b) 图片增强后

图 6.3　训练集数据增强前后的对比效果

6.5　深度学习模型构建

LeNet 是深度学习领域早期的重要模型，由杨立昆在 1998 年提出，最初用于手写数字识别任务（例如 MNIST 数据集中的数字 0~9）。尽管 LeNet 的结构相较于如今的深度学习模型（如 ResNet 和 VGG）显得简单，但它为现代卷积神经网络的设计奠定了基础，是理解深度学习中图像处理的重要起点。

LeNet 模型通过卷积层、池化层和全连接层来处理图像。卷积层的作用是提取图像中的基本特征，如边缘和线条；池化层则用于缩小图像尺寸，从而减少计算量；全连接层则负责将这些特征进行组合，最终完成分类任务。

在本部分，将使用 PyTorch 从零实现 LeNet 模型，并应用于图像分类任务。虽然模型较为简单，但它仍然能够帮助读者掌握卷积神经网络的基本原理及其在实际任务中的应用。接下来将详细探讨模型的实现过程。

6.5.1 硬件设备配置

在训练深度学习模型之前，需要选择和配置计算设备。程序清单 6.25 中的代码指定选用 CPU 进行工作。

程序清单 6.25　硬件设备配置

```
1  device = "cpu"
```

6.5.2 模型结构定义

这部分定义了深度学习模型的具体结构。程序清单 6.26 实现了一个基于 LeNet 的卷积神经网络模型，包括卷积层、池化层和全连接层的具体设计，以及模型的前向传播逻辑。

程序清单 6.26　模型结构定义

```
1   # 定义模型
2   class LeNet(nn.Module):
3       def __init__(self):
4           # 定义网络层
5           super(LeNet, self).__init__()
6           # 第一个卷积层
7           self.conv1 = nn.Conv2d(3, 6, 5)
8           # 第二个卷积层
9           self.conv2 = nn.Conv2d(6, 16, 5)
10          # 第一个全连接层
11          self.fc1 = nn.Linear(16*53*53, 120)
12          # 第二个全连接层
13          self.fc2 = nn.Linear(120, 84)
14          # 第三个全连接层，输出2类
15          self.fc3 = nn.Linear(84, 2)
16          # 最大池化层，窗口大小为2
17          self.pool = nn.MaxPool2d(2, 2)
18  
19      def forward(self, x):
20          # relu作为激活函数
21          x = F.relu(self.conv1(x))
22          x = self.pool(x)
23          x = F.relu(self.conv2(x))
```

```
24          x = self.pool(x)
25          # 展平
26          x = x.view(-1, 16*53*53)
27          x = F.relu(self.fc1(x))
28          x = F.relu(self.fc2(x))
29          x = self.fc3(x)
30          return x
```

这段代码旨在构建一个卷积神经网络模型。通过继承自 nn.Module 基础模块，LeNet 类自动获得了神经网络所需的许多基本功能。这个类将包含构建网络层的详细信息，以及如何将输入数据通过这些层进行处理的逻辑。

1. 初始化定义部分

- **class LeNet(nn.Module)**：这行代码定义了一个名为 LeNet 的类，用来构建神经网络模型。这个类从一个基础的模块 nn.Module 中继承了很多功能，从而可以容易地搭建网络。
- **def __init__(self)**：这是初始化函数，它会在创建模型时自动运行，负责设置网络的各个部分。
- **super(LeNet, self).__init__()**：这行代码调用父类的初始化方法，确保网络继承了父类的一些基础功能。
- 卷积层
  - **self.conv1 = nn.Conv2d(3, 6, 5)**：第一个卷积层，它从输入的图像（RGB 三个颜色通道）中提取特征，输出 6 个特征图。
  - **self.conv2 = nn.Conv2d(6, 16, 5)**：第二个卷积层，处理从第一个卷积层得到的 6 个特征图，输出更多（16 个）特征图。
- 全连接层
  - **self.fc1 = nn.Linear(16*53*53, 120)**：这是第一个全连接层，它将卷积层提取的特征数据转化为更抽象的 120 个数字。
  - **self.fc2 = nn.Linear(120, 84)**：第二个全连接层，它接收 120 个数字并将其转化为 84 个数字。
  - **self.fc3 = nn.Linear(84, 2)**：最后一个全连接层，它将 84 个数字转化为 2 个数字，代表模型的分类结果（比如猫或狗）。
- 池化层
  - **self.pool = nn.MaxPool2d(2, 2)**：池化层用于简化图像数据，它会从图像的每一小块中选出最重要的部分，帮助减少计算量。
- **def forward(self, x)**：定义了模型的计算流程。输入数据（图片）会按顺序通过各个层，最终得出分类结果。

2. 前向传播过程

- x = F.relu(self.conv1(x))：通过第一个卷积层提取特征后，用 ReLU 函数处理结果，让它更加适合训练。
- x = self.pool(x)：通过池化层简化图像数据，减小数据的规模。
- x = F.relu(self.conv2(x))：通过第二个卷积层进一步提取图像特征，并用 ReLU 函数处理。
- x = self.pool(x)：再次通过池化层进一步简化图像数据。
- x = x.view(-1, 16*53*53)：将经过卷积和池化的图像数据展平成一维，准备进入全连接层。
- x = F.relu(self.fc1(x))：通过第一个全连接层处理展平后的数据，并用 ReLU 激活函数使其变得更有用。
- x = F.relu(self.fc2(x))：通过第二个全连接层处理数据，并应用 ReLU 激活函数。
- x = self.fc3(x)：最后一步，通过最后的全连接层得到最终的分类结果（比如猫或者狗）。
- return x：返回模型的最终输出结果，即分类预测。

接下来是初始化模型并转移到设备的部分，代码如程序清单 6.27 所示。

程序清单 6.27　初始化模型并转移到设备

```
1  # 初始化模型并转移到设备
2  model = LeNet().to(device)
3  print(model)
```

代码解析如下。

- model = LeNet().to(device)：这行代码首先创建了一个 LeNet 模型的实例。然后使用 .to(device) 将模型转移到指定的设备（本项目在硬件设备配置步骤中选定了 CPU）。如果设备是 GPU，模型会利用 GPU 来加速计算，提升训练效率。
- print(model)：输出模型的结构，帮助查看模型中的每一层及其对应的参数。这样可以确认模型是否按照预期构建。

输出信息如下：

```
LeNet(
(conv1): Conv2d(3, 6, kernel_size=(5, 5), stride=(1, 1))
(conv2): Conv2d(6, 16, kernel_size=(5, 5), stride=(1, 1))
(fc1): Linear(in_features=44944, out_features=120, bias=True)
(fc2): Linear(in_features=120, out_features=84, bias=True)
(fc3): Linear(in_features=84, out_features=2, bias=True)
(pool): MaxPool2d(kernel_size=2, stride=2, padding=0, dilation=1, ceil_mode=False))
```

输出结果分析如下。

- (conv1): Conv2d(3, 6, kernel_size=(5, 5), stride=(1, 1))：这是第一个卷积层，接收一个大小为 3（RGB）的输入图像，输出 6 个特征图。卷积核的大小为 5×5，步幅为 1，即每次卷积操作在图像上移动 1 个像素。
- (conv2): Conv2d(6, 16, kernel_size=(5, 5), stride=(1, 1))：这是第二个卷积层，接收来自第一个卷积层的 6 个特征图，输出 16 个特征图，同样使用 5×5 的卷积核，步幅为 1。
- (pool): MaxPool2d(kernel_size=2, stride=2, padding=0, dilation=1, ceil_mode=False))：最大池化层，对每个 2×2 区域取最大值，步幅为 2。池化层帮助减少特征图的尺寸，并保留重要信息。
- (fc1): Linear(in_features=44944, out_features=120, bias=True)：这是第一个全连接层，输入的特征数量为 44 944（由前面的卷积和池化层输出的特征图尺寸决定），输出 120 个特征。该层带有偏置项。
- (fc2): Linear(in_features=120, out_features=84, bias=True)：第二个全连接层，输入为 120，输出为 84。
- (fc3): Linear(in_features=84, out_features=2, bias=True)：第三个全连接层，输入为 84，输出为 2，表示最终的分类结果，例如猫和狗两类。

6.5.3 设置学习目标与优化策略

在进行模型训练前，需要明确学习目标并选择合适的优化策略。这些步骤直接影响到训练过程和模型表现。程序清单 6.28 中定义了损失函数和优化器的实现。

程序清单 6.28　设置学习目标与优化策略

```
1  # 交叉熵损失函数
2  loss_fn = nn.CrossEntropyLoss()
3
4  # 随机梯度下降优化器
5  optimizer = torch.optim.SGD(model.parameters(), lr=1e-3)
```

代码解析如下。

- nn.CrossEntropyLoss()：交叉熵损失函数。作为分类任务中常用的损失函数之一，它用于计算模型的预测结果与真实标签之间的差距。由损失函数计算得出的值越小，表明模型预测得越好。而选择损失函数有助于优化模型，使其在训练过程中不断提高准确性。
- torch.optim.SGD(model.parameters(), lr=1e−3) 是一种常见的优化方法，目的是通过调整模型的参数来减少错误，帮助模型变得更准确。这里的 model.parameters() 用来获取模型中所有可训练的参数（比如权重和偏置）。优化器会根据这些参数计算梯度并进行更新。学习率 1e-3 采用科学计数法表示，等价于

0.001，它决定了每次调整参数时的"步伐"。通过控制步伐的大小，学习率帮助模型平稳且快速地收敛到最佳状态。如果学习率过大，模型可能会跳过最佳解；如果学习率过小，则训练过程会变得过慢。

损失函数和优化器是模型训练的基础，它们共同作用，推动模型不断调整，最终达到预期的性能。通过合理的损失函数和优化策略，能够有效地训练出表现优秀的深度学习模型。

6.5.4 训练流程定义

在定义学习目标和优化策略后，接下来实现模型的训练流程。训练函数的作用是让模型从训练数据中学习，并不断调整参数以提高性能。程序清单 6.29 详细实现了训练的逻辑。

程序清单 6.29 训练流程定义

```python
def train(dataloader, model, loss_fn, optimizer, train_loss_history,
    train_acc_history):
    size = len(dataloader.dataset)
    model.train()
    running_loss = 0.0
    running_corrects = 0
    for batch, (X, y) in enumerate(dataloader):
        X, y = X.to(device), y.to(device)

        # 计算预测误差
        pred = model(X)
        loss = loss_fn(pred, y)

        # 反向传播
        optimizer.zero_grad()
        loss.backward()
        optimizer.step()

        running_loss += loss.item() * X.size(0)
        running_corrects += (pred.argmax(1) == y).type(torch.float).sum().item()

        if batch % 100 == 0:
            loss_val, current = loss.item(), batch * len(X)
            print(f"loss: {loss_val:>7f}  [{current:>5d}/{size:>5d}]")

    epoch_loss = running_loss / size
    epoch_acc = running_corrects / size
    train_loss_history.append(epoch_loss)
```

```
28      train_acc_history.append(epoch_acc)
29      print(f"Train Error: \n Accuracy: {(100*epoch_acc):>0.1f}%, Avg loss:
    {epoch_loss:>8f} \n")
```

上述代码的核心流程可以分为以下几个步骤。

1）初始化模型与计数变量：使用 `model.train()` 设置模型为训练模式，并初始化 `running_loss` 和 `running_corrects`，分别用于记录当前轮次的累计损失值和预测正确的样本数。

2）逐批训练模型：通过遍历数据加载器，模型逐批接收训练数据。
- 使用 `model(X)` 对当前批次数据 X 进行预测，得到预测结果。
- 使用损失函数 `loss_fn` 计算模型预测结果和真实标签 y 的误差。
- 通过 `loss.backward()` 计算梯度，`optimizer.step()` 根据梯度更新模型参数。
- 累计当前批次的损失值和正确预测的样本数。

3）记录与打印进度：在每轮训练结束时，计算整个训练集的平均损失值和准确率，并将其记录到历史列表中。输出当前轮次的损失值和准确率，方便观察训练进度。

6.5.5 测试流程定义

训练完成后，需要验证模型在测试数据上的表现。测试函数的主要功能是计算模型的测试集损失值和准确率，以评估模型的性能。程序清单 6.30 展示了这一过程的实现。

程序清单 6.30 测试流程定义

```
1   def test(dataloader, model, loss_fn, test_loss_history, test_acc_history):
2       size = len(dataloader.dataset)
3       num_batches = len(dataloader)
4       model.eval()
5       test_loss, correct = 0, 0
6       with torch.no_grad():
7           for X, y in dataloader:
8               X, y = X.to(device), y.to(device)
9               pred = model(X)
10              loss = loss_fn(pred, y)
11              test_loss += loss.item() * X.size(0)
12              correct += (pred.argmax(1)==y).type(torch.float).sum().item()
13      epoch_loss = test_loss / size
14      epoch_acc = correct / size
15      test_loss_history.append(epoch_loss)
16      test_acc_history.append(epoch_acc)
```

```
17    print(f"Test Error: \n Accuracy: {(100*epoch_acc):>0.1f}%, Avg loss: {
          epoch_loss:>8f} \n")
```

上述代码的执行流程如下。

1) 设置模型为评估模式：用 model.eval() 告诉模型现在是测试阶段，避免训练时的一些特殊操作（比如 Dropout）影响测试结果。
2) 禁用梯度计算：通过 torch.no_grad() 暂停梯度计算功能，避免在测试过程中记录不必要的计算信息。使内存占用减少并提高计算效率，确保测试过程专注于模型性能的评估，而不涉及训练所需的额外计算开销。
3) 逐批评估测试数据：逐一处理测试集中的数据，一次处理一小部分，利用模型进行预测，并计算每部分预测的正确数目和误差。
4) 计算总体性能指标：完成所有测试后，算出测试的平均误差和正确率，并将结果记录下来，显示出来方便查看。

通过训练和测试流程的定义，完整实现了模型的学习与性能评估逻辑，清晰地呈现了深度学习模型的训练与验证过程。

6.6 正式开始训练模型

在完成数据准备和模型定义之后，本部分介绍如何将定义好的模型应用于实际训练，并通过测试数据集评估模型性能。本节内容涵盖训练过程中的核心步骤、参数配置以及训练结果的记录方法，全面呈现深度学习模型训练的关键环节。

6.6.1 设置训练参数与初始化记录

为了正式开始训练模型，需要先设置一些关键的训练参数，例如训练轮次（epochs），并初始化用于记录训练和测试结果的变量。这些准备工作是训练过程的基础，代码如程序清单 6.31 所示。

程序清单 6.31　设置训练参数与初始化记录

```
1  # 设置训练轮次
2  epochs = 20
3
4  # 初始化历史记录列表
5  train_loss_history = []
6  train_acc_history = []
7  test_loss_history = []
8  test_acc_history = []
```

代码解析如下。

- **epochs = 20**：设置模型的训练轮次为 20，这表示模型会对整个训练数据集重复学习 20 次，从而不断优化其参数。
- **train_loss_history** 和 **train_acc_history**：用于记录每轮训练中模型的损失值和准确率。
- **test_loss_history** 和 **test_acc_history**：用于记录每轮测试中模型的损失值和准确率。这些记录有助于分析训练和验证的性能趋势。

6.6.2 执行训练、测试循环

在完成参数设置后，模型进入正式的训练和测试阶段。在每一轮训练中，模型会从训练数据中学习参数，并通过测试数据评估模型的性能。训练和测试的过程通过循环逐轮次（epoch）完成，代码如程序清单 6.32 所示。

程序清单 6.32 执行训练、测试循环

```
1  for t in range(epochs):
2      print(f"Epoch {t+1}\n-------------------------------")
3      train(train_loader, model, loss_fn, optimizer, train_loss_history,
            train_acc_history)
4      test(test_loader, model, loss_fn, test_loss_history, test_acc_history)
```

代码解析如下。

- **for t in range(epochs)**：建立一个从 0 到 epochs − 1 的循环，每次循环代表模型训练的一轮（epoch）。
- **train()**：调用训练函数对训练数据进行学习，优化模型参数，并将每轮训练的损失和准确率存储到对应的历史记录中。
- **test()**：调用测试函数对测试数据进行验证，记录模型的性能表现，包括损失值和准确率。
- **print()**：在每轮训练和测试开始时输出提示信息，例如当前的训练轮次，以便跟踪训练进度。

输出信息如下（展示第一个周期和最后一个周期）：

```
Epoch 1
-------------------------------
loss: 0.699231 [   0/ 2819]
loss: 0.695031 [ 400/ 2819]
loss: 0.701240 [ 800/ 2819]
loss: 0.688542 [1200/ 2819]
loss: 0.645965 [1600/ 2819]
loss: 0.723638 [2000/ 2819]
```

```
loss: 0.644932  [ 2400/ 2819]
loss: 0.773314  [ 2800/ 2819]
Train Error:
Accuracy: 55.2%, Avg loss: 0.678958
Test Error:
Accuracy: 55.6%, Avg loss: 0.650277
...
Epoch 20
-------------------------------
loss: 0.276089  [    0/ 2819]
loss: 0.653717  [  400/ 2819]
loss: 0.098346  [  800/ 2819]
loss: 0.095482  [ 1200/ 2819]
loss: 0.182743  [ 1600/ 2819]
loss: 0.192721  [ 2000/ 2819]
loss: 0.037269  [ 2400/ 2819]
loss: 0.939435  [ 2800/ 2819]
Train Error:
Accuracy: 88.3%, Avg loss: 0.282046
Test Error:
Accuracy: 88.1%, Avg loss: 0.291710
```

输出结果分析如下。

- 训练损失的变化：在第 1 个周期中，训练损失波动较大（如 0.723638、0.644932），并且训练损失相对较高。这表明模型在初始阶段没有很好地学习数据特征，预测结果也较为粗糙。而到第 20 个周期，训练损失大幅降低，特别是在后期，如 0.037269，表明模型的学习效果显著提升。

- 训练准确率的提升：第 1 个周期的训练准确率仅为 55.2%，模型的预测能力较差，尚未很好地掌握数据的特征。到了第 20 个周期，训练准确率提高到 88.3%，表明模型经过训练后显著提高了预测准确性。

- 测试集性能：第 1 个周期的测试准确率为 55.6%，与训练集的表现接近，表明模型在初期对测试集的泛化能力较差。到了第 20 个周期，测试准确率提高至 88.1%，接近训练集的表现，说明模型的泛化能力得到了显著改善。尽管如此，训练集和测试集的准确率之间依然存在轻微差距，这通常是因为模型在训练集上可能出现了少许过拟合，但总体表现良好。

- 损失值与准确率的关系：随着训练的进行，损失值不断减少，准确率持续上升，表明模型逐步收敛，能够更好地拟合训练数据并适应测试数据。

6.7 测试模型

在完成模型的训练后，需要对其进行全面的评估，以确保模型的性能符合预期。本节将介绍三个主要的评估步骤。

1) 训练与验证结果的可视化：通过绘制准确率和损失曲线，直观地了解模型的学习过程。
2) 生成混淆矩阵：展示模型在各个类别上的预测情况，帮助识别分类错误的模式。
3) 生成评估报告：提供详细的性能指标，如精确率、召回率和F1分数，帮助深入分析模型表现；总结模型在整个测试集上的整体表现，提供宏观的评估指标。

6.7.1 训练与验证结果的可视化

在模型训练完成后，为了评估训练的收敛情况以及训练集与验证集之间的表现差异，绘制了训练与验证的准确率曲线和损失曲线。这两类曲线直观地反映了模型的学习过程，比如是否存在过拟合现象。过拟合现象是指模型在训练数据上表现很好，但在新数据集上表现欠佳，难以应用于新的数据集。

在训练完成后，为了更好地分析模型的表现，需要对训练过程中记录的数据进行可视化处理。以下代码展示了绘制训练与验证曲线的准备工作，包括设置绘图范围和图形窗口大小，如程序清单6.33所示。

程序清单 6.33 可视化准备工作

```
1  epochs_range = range(1, len(train_acc_history) + 1)
2
3  plt.figure(figsize=(14, 6))
```

代码解析如下。

- **epochs_range = range(1, len(train_acc_history) + 1)**：这行代码创建了一个从1到训练周期总数的范围。train_acc_history是一个记录每个训练周期训练准确率的列表，通过计算其长度，可以确定总共有多少个训练周期。这个范围用于在图表中正确显示每个周期对应的数据点。
- **plt.figure(figsize=(14, 6))**：使用Matplotlib库创建一个新的图形窗口，并设置其宽度为14英寸、高度为6英寸。这使得后续绘制的图表既清晰又易于观察。

绘制准确率曲线的代码如程序清单6.34所示。

程序清单 6.34 绘制准确率曲线

```
1  # 准确率图
2  plt.subplot(1, 2, 1)
3  plt.plot(epochs_range, train_acc_history, label='训练准确率')
4  plt.plot(epochs_range, test_acc_history, label='验证准确率')
5  plt.legend(loc='lower right')
```

```
6   plt.title('训练和验证准确率')
```

代码解析如下。

- **plt.subplot(1, 2, 1)**：将图形窗口分为 1 行 2 列的子图布局，并激活第一个子图位置。这样可以在同一个窗口中并排展示两个图表。
- **plt.plot(epochs_range, train_acc_history, label='训练准确率')**：在第一个子图中绘制训练准确率随训练周期变化的曲线。epochs_range 作为 x 轴，train_acc_history 作为 y 轴。
- **plt.plot(epochs_range, test_acc_history, label='验证准确率')**：在同一个子图中绘制验证准确率随训练周期变化的曲线。这样可以直观地比较训练集和验证集的准确率变化情况。
- **plt.legend(loc='lower right')**：在图表的右下角添加图例，以区分训练准确率和验证准确率的曲线。
- **plt.title('训练和验证准确率')**：为第一个子图设置标题为"训练和验证准确率"，以明确图表的内容。

绘制损失曲线的代码如程序清单 6.35 所示。

程序清单 6.35　绘制损失曲线

```
1   # 损失图
2   plt.subplot(1, 2, 2)
3   plt.plot(epochs_range, train_loss_history, label='训练损失')
4   plt.plot(epochs_range, test_loss_history, label='验证损失')
5   plt.legend(loc='upper right')
6   plt.title('训练和验证损失')
7   plt.show()
```

代码解析如下。

- **plt.subplot(1, 2, 2)**：激活第二个子图位置，准备在该位置绘制损失曲线。
- **plt.plot(epochs_range, train_loss_history, label='训练损失')**：在第二个子图中绘制训练损失随训练周期变化的曲线。train_loss_history 记录了每个训练周期的训练损失。
- **plt.plot(epochs_range, test_loss_history, label='验证损失')**：在同一个子图中绘制验证损失随训练周期变化的曲线。test_loss_history 记录了每个训练周期的验证损失。
- **plt.legend(loc='upper right')**：在图表的右上角添加图例，以区分训练损失和验证损失的曲线。
- **plt.title('训练和验证损失')**：为第二个子图设置标题为"训练和验证损失"，以明确图表的内容。

- **plt.show()**：调用 Matplotlib 的 show 函数，将绘制好的图形窗口展示出来。这一步骤使得所有之前绘制的子图能够在屏幕上可见，便于观察和分析模型的训练过程。

最后，输出的是如图 6.4所示的准确率曲线与损失曲线图。

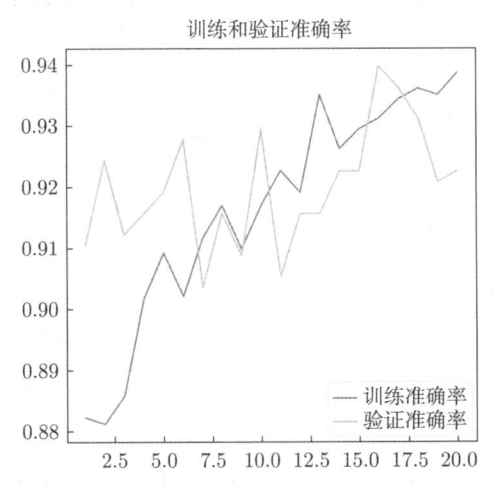

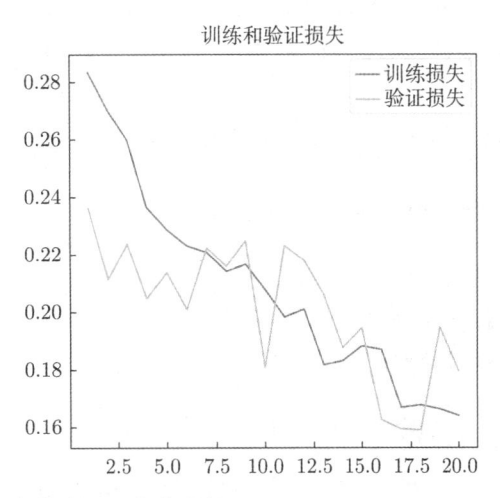

图 6.4　准确率曲线与损失曲线（见文前彩插）

图 6.4 左图（训练和验证准确率）中展示了训练集和验证集的准确率随训练周期的变化情况。其中，训练准确率（蓝色）从 88% 左右开始逐渐上升，并在后期稳定在 94% 左右，表明模型在逐渐学习数据的特征并提高预测能力。验证准确率（橙色）随着训练周期的增加整体呈上升趋势，但波动较大，这可能是由于验证集样本较少或模型对部分样本的表现不够稳定。验证准确率在后期趋于接近训练准确率，表明模型具有较好的泛化能力。

图 6.4 右图（训练和验证损失）中展示了训练集和验证集的损失随训练周期的变化情况。其中，训练损失（蓝色）在最初的训练周期较高，逐步下降并趋于平稳，最终接近 0.16。这表明随着训练的进行，模型的预测误差逐渐减小。验证损失（橙色）的整体下降趋势与训练损失相似，但波动较大，且在部分周期略高于训练损失。这可能反映了验证集中存在一些较难预测的样本或模型在验证集上的表现稍弱。两者的损失值最终接近，表明模型在训练集和验证集上的表现一致性较好，过拟合现象较轻。

由图 6.4 可以看出，随着训练周期的增加，训练准确率和验证准确率均提高，而训练损失和验证损失均下降。最终，训练集和验证集的表现趋于一致，验证准确率约为 92%，表明模型训练较为成功，具备一定的泛化能力，但验证集的波动表明可能还存在进一步优化的空间。

6.7.2　生成混淆矩阵

混淆矩阵是一种常用的工具，用于评价分类模型的性能。它以矩阵形式展示了模型的预测结果与实际标签之间的对应关系，其中行表示实际类别，列表示模型预测的类别，对角线上的元素表示模型对各类别的正确预测数量,非对角线元素则表示分类错误的数量。通过混淆矩阵,可以直观地了解模型在不同类别上的表现,例如某些类别的准确率较低是否由于样本特征相似或数据不平衡导致。

首先,将模型切换到评估模式,以确保在测试时不会应用训练阶段的特殊功能(如Dropout)。随后初始化两个列表,分别存储模型的预测结果和真实标签,以便在绘制混淆矩阵时调用,代码如程序清单 6.36 所示。

程序清单 6.36 设置评估模式和初始化存储列表

```
1  # 设置模型为评估模式
2  model.eval()
3
4  # 初始化存储列表
5  val_pre = []
6  val_label = []
```

代码解析如下。

- model.eval():将模型切换到评估模式。这确保了模型在推理时的行为符合测试要求,例如不会启用 Dropout 和 Batch Normalization 的更新操作,保持测试结果的稳定性。
- val_pre = [ ] 和 val_label = [ ]:初始化两个空列表,分别用于存储模型的预测结果和测试集的真实标签。这些数据将在后续步骤中被用来计算混淆矩阵和分类报告。

遍历测试数据并收集结果的代码如程序清单 6.37 所示。

程序清单 6.37 遍历测试数据并收集结果

```
1  with torch.no_grad():
2      for X, y in test_loader:
3          X, y = X.to(device), y.to(device)
4
5          outputs = model(X)
6          _, preds = torch.max(outputs, 1)
7
8          val_pre.extend(preds.cpu().numpy())
9          val_label.extend(y.cpu().numpy())
```

代码解析如下。

- with torch.no_grad():表示在不计算梯度的情况下进行推理,这样可以节省计算资源并加快推理速度。
- for X, y in test_loader:遍历测试数据加载器中的每一批数据。

- X, y = X.to(device), y.to(device)：将数据移动到指定的计算设备（如 GPU），以便进行加速计算。
- outputs = model(X)：通过模型进行预测，得到输出结果。
- _, preds = torch.max(outputs, 1)：使用 torch.max 函数获取每个样本预测的类别。这里，preds 包含了模型对每个样本的预测标签。
- val_pre.extend(preds.cpu().numpy()) 和 val_label.extend(y.cpu().numpy())：将预测结果和真实标签转换为 NumPy 数组，并添加到对应的列表中。

生成和可视化混淆矩阵的代码如程序清单 6.38 所示。

程序清单 6.38　生成和可视化混淆矩阵

```
1  conf_matrix = confusion_matrix(val_label, val_pre)
2  conf_df = pd.DataFrame(conf_matrix, index=train_data.classes, columns=
       train_data.classes)
3
4  plt.figure(figsize=(8, 6))
5  sns.heatmap(conf_df, annot=True, fmt="d", cmap="Blues")
6  plt.title('混淆矩阵', fontsize=15)
7  plt.ylabel('真实标签', fontsize=12)
8  plt.xlabel('预测标签', fontsize=12)
9
10 plt.show()
```

代码解析如下。

- conf_matrix = confusion_matrix(val_label, val_pre)：使用真实标签和预测结果计算混淆矩阵。混淆矩阵展示了每个类别的正确预测和错误预测数量。
- conf_df = pd.DataFrame(conf_matrix, index=train_data.classes, columns=train_data.classes)：将混淆矩阵转换为 Pandas 的 DataFrame 格式，并设置行和列的标签为类别名称。这使得混淆矩阵更具可读性。
- plt.figure(figsize=(8, 6))：设置图形的宽度为 8 英寸，高度为 6 英寸。
- sns.heatmap(conf_df, annot=True, fmt="d", cmap="Blues")：使用 Seaborn 库绘制热力图。其中 conf_df 是要绘制的数据，annot=True 表示在每个单元格中显示数值，fmt="d" 指定数值的格式为整数，cmap="Blues" 设置颜色主题为蓝色调。
- plt.title('混淆矩阵', fontsize=15)：设置图形的标题为"混淆矩阵"，并将字体大小设为 15。
- plt.ylabel('真实标签', fontsize=12) 和 plt.xlabel('预测标签', fontsize=12)：分别设置 y 轴和 x 轴的标签，并将字体大小设为 12。
- plt.show()：展示绘制好的混淆矩阵图。

如图 6.5 所示，图 6.5a 为代码直接生成的标准混淆矩阵，图 6.5b 为在混淆矩阵的基础上嵌入实际样本图片的版本，以更直观地展示模型的分类表现。

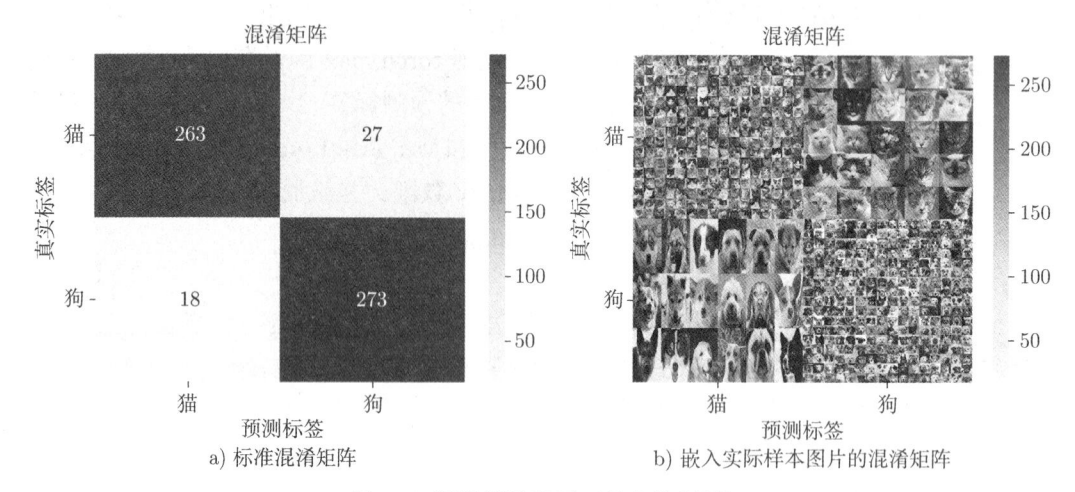

a) 标准混淆矩阵　　　　　　　　b) 嵌入实际样本图片的混淆矩阵

图 6.5　混淆矩阵展示（见文前彩插）

图 6.5 a 展示了模型在测试集上对两种类别（猫和狗）的分类结果。通过统计预测结果与真实标签的交叉关系，混淆矩阵量化了分类模型的性能。左上角的格子表示模型正确地将 263 张猫的图片分类为"猫"，右下角的格子表示模型正确地将 273 张狗的图片分类为"狗"，说明模型对大部分样本的分类是准确的。右上角的格子表示模型错误地将 27 张猫的图片分类为"狗"，而左下角的格子表示模型错误地将 18 张狗的图片分类为"猫"，这些非对角线元素反映了分类错误的分布。

根据混淆矩阵的统计结果，猫类的分类准确率为

$$猫类的分类准确率 = \frac{263}{263+18} \approx 93.6\%$$

狗类的分类准确率为

$$狗类的分类准确率 = \frac{273}{273+27} = 91.0\%$$

总体准确率为

$$总体准确率 = \frac{263+273}{263+27+273+18} \approx 92.3\%$$

图 6.5b 在图 6.5a 的基础上嵌入了实际样本图片，更直观地展示了分类结果。通过样本图片的直观展示，可以更容易观察到模型分类的错误分布以及正确分类的具体实例。这种可视化方式不仅提升了可读性，还为分析和改进模型性能提供了依据。模型整体表现较好，总体准确率达到约 92.3%，对猫和狗的分类表现接近，但狗的分类误差略高于猫。未来可通过数据增强或调整模型超参数等方法，进一步提升分类性能，尤其是对错误分布更为集中的类别的改进。

6.7.3 生成评估报告

在生成评估报告时，通常会使用一些常见的评估指标来全面了解模型的表现。这些指标能够分析模型在不同方面的性能，包括它在分类任务中的准确性、可靠性以及综合能力。以下是几个重要的评估指标。

- 精确率（Precision）：精确率衡量的是模型预测为某一类别的样本中，实际属于该类别的比例。具体来说，精确率越高，表示模型对于某个类别的预测越准确。
- 召回率（Recall）：召回率衡量的是实际属于某一类别的样本中，模型成功识别出来的比例。召回率越高，表示模型对该类别的识别能力越强。
- F1 分数（F1 Score）：F1 分数是精确率和召回率的调和平均值。它在精确率和召回率之间找到平衡，适用于类别不平衡的情况。F1 分数越高，表示模型在两者之间的表现越好。
- 平均损失值（Average Loss）：平均损失值是所有测试样本的误差的平均值，表示模型预测结果和真实值之间的差距。较小的损失值意味着模型预测较为准确。
- 总体准确率（Overall Accuracy）：总体准确率表示模型预测正确的样本占总样本数的比例。总体准确率越高，表示模型整体的预测效果越好。

为了生成关于分类的报告，使用程序清单 6.39 生成并打印了每个类别的精确率、召回率和 F1 分数三个方面的信息。

程序清单 6.39　生成分类报告

```
1  print("分类报告:")
2  print(classification_report(val_label, val_pre, target_names=train_data.
       classes))
```

代码解析如下。

- print("分类报告:")：这行代码输出字符串 "分类报告:"，作为接下来打印分类报告的标题。
- print(classification_report(val_label, val_pre, target_names=train_data.classes))：这行代码调用了 classification_report() 函数来生成并打印模型在验证集上的分类报告。具体来说，val_label 包含验证集中所有样本的真实标签。val_pre 包含模型对验证集中所有样本的预测结果。target_names=train_data.classes 指定了每个类别的名称，它来自训练数据的类别信息（即猫和狗）。

为了从全局视角评估模型的性能，需要对测试集的所有数据进行计算，求出平均损失值和总体准确率。

首先初始化累计变量，代码如程序清单 6.40 所示。

程序清单 6.40　初始化累计变量

```
1  running_loss = 0.0
2  running_corrects = 0
```

代码解析如下。

- **running_loss = 0.0**：初始化变量 running_loss 为 0，用于累积每批数据的误差（损失）。该变量将在后续计算中求得所有测试数据的总误差。
- **running_corrects = 0**：初始化变量 running_corrects 为 0，用于记录模型正确预测的样本数量。

其次遍历测试数据，代码如程序清单 6.41 所示。

程序清单 6.41　遍历测试数据

```
1   with torch.no_grad():
2       for X, y in test_loader:
3           X, y = X.to(device), y.to(device)
4   
5           outputs = model(X)
6           loss = loss_fn(outputs, y)
7           _, preds = torch.max(outputs, 1)
8   
9           running_loss += loss.item() * X.size(0)
10          running_corrects += torch.sum(preds == y).item()
```

代码解析如下。

- **with torch.no_grad()**：此操作禁用梯度计算，用于测试阶段。这样可以减少计算量，加速推理过程，并节省内存。
- **for X, y in test_loader**：遍历测试数据加载器 test_loader，每次获取一批数据，其中 X 是输入图像，y 是对应的标签。
- **X, y = X.to(device), y.to(device)**：将输入数据 X 和标签 y 移动到指定的计算设备（如 CPU 或 GPU）上，以便进行计算。
- **outputs = model(X)**：将输入图像 X 传入训练好的模型，得到模型的预测结果 outputs。
- **loss = loss_fn(outputs, y)**：计算模型预测结果 outputs 与实际标签 y 之间的误差（损失）。loss_fn 是损失函数，用于衡量模型预测的准确性。
- **_, preds = torch.max(outputs, 1)**：从模型的输出中获取每个样本的预测类别。通过 torch.max() 找到每个样本预测的最大值对应的类别。
- **running_loss += loss.item() * X.size(0)**：将当前批次的损失值 loss.item() 乘以当前批次的样本数 X.size(0)，并累加到 running_loss 中，用于计算总损失。
- **running_corrects += torch.sum(preds == y).item()**：统计当前批次中预测正确的样本数，并将其累加到 running_corrects 中。

最后进行全局指标的计算，代码如程序清单 6.42 所示。

程序清单 6.42　计算全局指标

```
1  total_loss = running_loss / len(test_loader.dataset)
2  total_acc  = running_corrects / len(test_loader.dataset)
3
4  print(f'\n验证集上的总体损失: {total_loss:.4f}, 准确率: {total_acc:.4f}')
```

代码解析如下。

- total_loss = running_loss / len(test_loader.dataset)：计算测试集上的平均损失值，将累积的损失值 running_loss 除以测试集的样本总数。
- total_acc = running_corrects / len(test_loader.dataset)：计算测试集上的总体准确率，将正确预测的样本数 running_corrects 除以测试集的样本总数。
- print(f'\n 验证集上的总体损失: {total_loss:.4f}, 准确率: {total_acc:.4f}')：这一行代码以格式化字符串的方式输出模型在测试集上的平均损失值和总体准确率。":.4f" 表示结果包含保留四位小数的损失值和准确率，方便清晰、直观地了解模型在整个测试集上的整体表现。

输出信息如下：

```
              precision    recall  f1-score   support

         cat       0.94      0.91      0.92       290
         dog       0.91      0.94      0.92       291

    accuracy                           0.92       581
   macro avg       0.92      0.92      0.92       581
weighted avg       0.92      0.92      0.92       581
```

分类报告中包含了精确率（precision）、召回率（recall）、F1 分数（f1-Score）以及支持数量（support）等重要指标，以下对报告结果进行详细分析。

- 类别 cat
  - 精确率为 0.94，表示模型将图像分类为 cat 的样本中，94% 是正确的。
  - 召回率为 0.91，表示模型成功识别出所有 cat 样本的 91%。
  - F1 分数为 0.92，是精确率和召回率的调和平均值，反映了模型对 cat 的综合分类表现。
  - 支持数量为 290，表示测试集中实际属于 cat 的样本数。
- 类别 dog
  - 精确率为 0.91，表示模型将图像分类为 "dog" 的样本中，91% 是正确的。
  - 召回率为 0.94，表示模型成功识别出所有 "dog" 样本的 94%。
  - F1 分数为 0.92，是精确率和召回率的调和平均值，反映了模型对 "dog" 的综合分类表现。

- 支持数量为 291，表示测试集中实际属于"dog"的样本数。
- **总体准确率（accuracy）**：模型在测试集上的整体准确率为 0.92，表示测试集中 92% 的样本被正确分类。
- **宏平均（macro avg）**：精确率、召回率和 F1 分数分别为 0.92，表示对所有类别的平均表现，不考虑类别样本数量的不均衡。
- **加权平均（weighted avg）**：精确率、召回率和 F1 分数分别为 0.92，表示根据各类别样本数量加权后的整体表现，更能反映模型的实际应用效果。

从以上报告分析中得出，模型在 cat 和 dog 两个类别上的表现较为均衡，综合指标较高，且整体准确率达到 92%，说明模型具有良好的分类能力。

小结

本章首先探讨了 Python 作为人工智能领域编程语言的优势，包括其简洁的语法结构和丰富的社区资源，接着介绍了 Python 生态系统中不可或缺的几个库——Pandas、Matplotlib 等，对于数据处理、可视化以及模型构建至关重要。随后，继续深入讲解如何运用这些工具进行数据集的准备、数据特征的探索及分析结果的展示，为后续的模型训练做好充分准备。最后通过实际的猫狗识别案例研究展示从数据预处理到使用现代深度学习框架进行模型训练的完整流程。通过猫狗识别项目的构建，逐步动手实践，让读者更好地理解和掌握相关人工智能知识，同时积累宝贵的实际操作经验，为进一步探索人工智能领域打下坚实的基础。

习题

1. 解释数据预处理的重要性，并描述如何使用 Python 处理缺失值、异常值等数据质量问题。
2. 解释学习率的概念及其对训练过程的影响，并举例如果学习率设置不当可能会导致什么问题。
3. 在深度学习模型中，隐藏层的数量和神经元个数是如何影响模型的学习能力和复杂度的？
4. 正则化在防止模型过拟合方面起着什么样的作用？
5. 为什么在模型训练中要将数据集划分为训练集和测试集？两者之间的比例分配对模型性能评估有何影响？
6. 什么是批量大小（batch_size）？它对模型训练的影响是什么？请举例说明在不同的应用场景下如何选择合适的批量大小。
7. 在执行模型训练时，为什么要记录每轮训练的损失值和准确率？
8. 损失函数在机器学习中的目的是什么？
9. 可视化在数据分析和模型理解中的作用是什么？

第 7 章
关于人工智能的思考

人工智能技术是一种极具颠覆性、能够改变人类未来的技术。随着人工智能的迅猛发展，其在社会各个领域中的应用日益广泛，极大地推动了生产力的提升和生活方式的改变。然而，人工智能的发展也伴随着隐私泄露、偏见歧视、滥用恶用等问题，如何在促进技术进步的同时，确保其符合伦理规范，成为急需解决的问题。为此，2023 年 3 月，国家人工智能标准化总体组、全国信标委人工智能分委会发布的《人工智能伦理治理标准化指南（2023 版）》明确提出，技术开发应以人为本，保障人类福祉与自主自由，同时坚持可持续发展，避免对环境造成不可逆破坏。

《指南》中强调，人工智能的发展需要政府、企业、学术界和公众的共同参与，确保技术的公平性、隐私保护和负责任应用。它还提出了系统的安全要求，包括外部安全防范滥用、内部安全确保系统可靠性，同时强调透明性和可问责性，确保在问题发生时能追究责任。通过这些伦理准则，《指南》为人工智能技术的健康发展奠定了坚实基础，推动其造福人类的同时，遵循道德规范，实现可持续发展。

人工智能伦理治理是一个复杂且多维度的议题，单靠政府或企业的努力远远不够，它需要社会各界共同参与和协作。下面将详细介绍人工智能目前面临的主要挑战。

7.1 人工智能的算法歧视问题

本章将介绍人工智能领域中的一个重要议题，即算法歧视。通过结合现实世界的具体案例，深入分析算法歧视的概念、成因，并探讨应对这一问题的有效对策。本节的核心目的是提醒读者，算法歧视不仅仅是一个技术问题，更是一个涉及社会公正的伦理问题。需要考虑如何避免算法的偏见和歧视，确保人工智能在推动社会发展的同时，公平地对待所有个体和群体。

7.1.1 算法歧视的概念和具体表现

算法歧视指的是人工智能系统在决策过程中，由于算法设计或数据输入不当，导致对特定群体或个体产生不公平、不公正的待遇。这种歧视可能源于算法本身的偏见，也可能是由于输入数据中存在的隐性偏见所引发的结果。算法歧视在现实生活中表现得尤为广泛，涵盖了招聘系统、金融评估、司法判决等多个关键领域。

根据复旦大学的《从算法偏见到算法歧视：算法歧视的责任问题探究》论文，算法歧视的根源在于算法偏见。算法偏见主要源自训练数据的不平衡、不完整，这些偏见在算法的学习和决策过程中被放大，最终导致对特定群体的不公正对待。清华大学的《算法治理与发展：以人为本，科技向善》论文中进一步细化了算法偏见的分类，指出算法偏见可以分为有损群体包容性的偏见、有损群体公平性的偏见和有损个体利益的偏见三类。

- 有损群体包容性的偏见指的是算法在处理数据时，对某些群体的数据覆盖不足或代表性不强，导致这些群体在算法决策中被忽视或误判。例如，IBM 和微软的人脸识别算法曾被发现对有色人种的识别准确率显著低于白种人，导致在实际应用中可能产生误判和不公正待遇。旷视科技的面部识别系统也面临类似的问题，其算法在处理不同性别和种族的数据时表现出明显的偏差。
- 有损群体公平性的偏见则涉及算法在决策过程中对不同群体的待遇不一致，即使这些群体在实际能力或资质上是相似的。例如，在招聘系统中，如果训练数据主要来自某一性别或种族，算法可能会倾向于推荐与训练数据相似的候选人，从而忽视其他群体的优秀人才。
- 有损个体利益的偏见关注的是算法对个体的特定利益或权利的侵害，即使这些个体在群体层面上没有受到歧视。最典型的例子是大数据杀熟，即商家通过收集用户的消费习惯、偏好等个人信息，利用算法分析后对老客户或特定用户群体实施价格歧视的行为。

这些案例表明，算法歧视不仅仅是技术问题，更涉及伦理和社会责任。为了有效应对算法歧视，必须在算法设计、数据收集和应用管理等多个环节采取综合性的治理措施，确保人工智能技术在促进社会进步的同时，不对特定群体或个体造成不公平的影响。

7.1.2 算法歧视的成因

前面探讨了算法歧视的概念，那么算法歧视究竟是怎么产生的呢？《人工智能伦理治理标准化指南（2023 版）》将人工智能伦理的风险来源划分为数据、算法、系统和人为因素。具体来说，算法歧视成因主要包括以下四个方面。

1. 数据偏见

数据偏见是算法歧视的主要来源之一。随着数据采集、机器学习、人工智能等技术的使用，数据集大小呈指数级扩大，数据富含越来越多的特征，但是数据的倾向也在进一步扩大。人工智能技术依赖海量数据进行算法训练，但由于数据特征的不平衡性，这些偏差往往会在算法中被放大，从而引发一系列伦理风险。

以亚马逊人工智能招聘工具为例，系统在训练时使用了历史招聘数据，而这些数据中男性候选人占主导地位，结果人工智能系统对女性候选人的评分偏低。这种数据偏见反映了过去性别不平等的现象，并且无意中让算法延续并放大了这种不公平。具体来说，在人工智能系统的开发过程中，如果数据集缺乏代表性、规模不完整或不均衡，就可能影响算法的公平性。另外，数据标注时如果存在泄露等安全问题，可能会导致个人信息保护上的风险。最后，如果没有合适的数据追溯技术，就可能增加在出现问题时追责的难度，带来问责风险。

人工智能在开发过程中产生的数据偏见可以细分为以下三个方面。
- 数据收集阶段的选择性：在数据收集过程中，如果数据来源不够多样化，或者某些群体的数据被系统性地忽视，算法训练出来的模型将难以全面反映真实世界的多样性。就像亚马逊的人工智能招聘工具那样。
- 数据标注过程中的主观性：数据标注往往依赖于人为的判断，标注人员的偏见或刻板印象可能渗透到数据中，导致算法学习到不公平的模式。
- 数据本身所代表的社会偏见：历史数据往往反映了社会中的不平等和偏见，算法在学习这些数据时，可能无意中继承并放大这些偏见。

2. 历史偏见

历史偏见是指人工智能系统在处理包含历史决策或过去行为的数据时，所体现出来的偏见。这种偏见源自过去社会、经济、文化等各方面的历史不公正现象，特别是在特定群体或个体在历史上受到不平等待遇的情况下。这些历史不平等的决定、政策或行为影响了数据的生成，使得算法在分析和处理这些数据时，无法摆脱这种历史上的不公正因素，从而延续并加剧了现有的偏见。此处的"历史"不仅指过去的时间维度，更重要的是指过去的决策、行为和制度。历史所传递的信息不单单是时间的流逝，还包括了在人类社会中各类群体的互动和社会结构的形成。历史不仅反映了人类社会的演进，还折射出其中的权力关系、社会不平等、偏见与歧视。具体来说，历史包含以下几个层面。
- 历史决策：例如，政府在过去的政策中可能通过法律、规定、资源分配等方式，对特定群体（如少数族裔、女性、低收入群体等）造成了不平等的待遇。这样的历史决策往往塑造了当前的数据模式，并影响了今天的数据采集与分析方法。
- 社会结构：某些群体由于历史上的社会和经济地位较低，可能在教育、医疗、住房、就业等领域遭遇不公平待遇。这些历史上的不平等将影响到今天的社会结构和数据模式，导致一些群体的数据表现出不平等趋势。
- 文化和观念：历史上某些观念和文化传统可能滋生了对某些群体的偏见，比如种族主义、性别歧视等。这些文化观念会影响到社会对群体行为和特征的认知，从而影响数据的产生和人工智能模型的训练。
- 历史遗留问题：某些历史上的不公正事件（如种族隔离、性别歧视、社会阶层固化等）在今天仍然存在其遗留问题。例如，某些社会群体因历史原因未能获得平等的教育机会，导致其在当今社会中的数据表现（如收入、健康状况、犯罪率等）存在差距。

ProPublica⊖的《机器偏见》（*Machine Bias*）报告中分析了司法领域中风险评估算法的偏见问题，发现这些算法在预测犯罪风险时，对少数族裔存在系统性的高估，导致他们在司法程序中受到不公正的待遇。这种历史偏见不仅源于数据本身的偏见，还与社会结构

⊖ ProPublica 是一个总部设在纽约市曼哈顿区的非盈利性公司。

性的不平等密切相关，使得算法在学习过程中无意中继承了这些不公正的模式，并在处理新的输入时展现出对某些群体的不公平结果。历史偏见在人工智能中主要表现在以下三个方面。

- **制度性不平等的延续**：历史上的决策和政策可能对某些群体造成了长期的不利影响，算法在使用这些历史数据时，难以摆脱这些深层次的不平等。
- **反馈回路的形成**：算法基于历史数据进行预测和决策，这些决策反过来又影响未来的数据，形成恶性循环。
- **缺乏多样性和包容性的历史记录**：历史数据往往缺乏对多样性和包容性的充分记录，导致算法在面对多元化的现实世界时，表现出不适应和偏见。

3. 算法设计缺陷

算法就是解决问题的"蓝图"或"路径图"，其核心目的是通过一系列明确的操作步骤，将输入转换为期望的输出。例如，在搜索引擎中，Google 的算法通过分析网页的内容、关键词、用户行为等因素来判断哪些网页最相关，以此排序并展示给用户。又如，在机器学习中，算法帮助计算机从数据中自动学习并做出预测。

算法设计是指在特定问题背景下，开发人员根据需求和目标选择并制订解决方案的过程。这个过程不仅仅是编写代码，更包括对问题的深入理解、所需步骤的规划以及对效率、可扩展性和稳定性的考量。好的算法设计不仅能高效解决问题，还能够保证其在实际应用中具备良好的性能、可靠性和适应性。知道了算法和算法设计的概念后，下面解释何为算法设计缺陷。

算法设计缺陷是指在开发过程中，算法未能充分考虑到某些关键因素，导致算法无法在特定环境中有效运行，或者在特定群体之间产生不公平或不平等的结果。例如，某些算法在设计时缺乏多样性原则，未能充分考虑不同群体的需求和特征，导致算法在实际应用中对某些群体表现不佳。这种设计缺陷不仅影响了算法的公平性，也削弱了其在实际应用中的有效性和可信度。此外，缺乏对公平性指标的定义和监控，也会导致算法在部署后产生预期之外的歧视性结果。

- **缺乏公平性考量的算法目标设定**：算法通常依赖于历史数据或样本数据进行训练和优化。如果数据本身存在偏见（例如，某些群体的数据样本过少或不完整），而在算法目标设定阶段，只关注性能指标（如准确率、召回率等），而忽视公平性指标，导致算法可能会无意中继承这些偏见，进而导致算法在优化过程中牺牲某些群体的利益。
- **单一视角的设计团队**：如果开发团队在背景、经验和视角上缺乏多样性，可能无法全面考虑到不同群体的需求和潜在问题。团队成员的局限性可能导致他们忽视算法设计中的某些歧视性潜在风险。例如，若团队成员没有充分理解某些弱势群体的需求，可能导致算法的决策对这些群体产生不利影响。
- **缺乏多层次评估**：设计阶段如果没有对算法进行多维度的评估和测试，特别是在不同群体和场景中的表现，可能会导致缺陷的积累。例如，如果一个招聘算法在测试时只关注男性候选人的数据，忽略女性候选人可能表现出的不同需求和特征，那么该算法就可能对女性候选人产生不公平的结果。

4. 模型透明度和可解释性不足

模型透明度是指一个算法或模型的内部决策过程对外部观察者来说是可见的，能够清晰地展示模型是如何得出其结论的。透明的模型使得使用者、开发者和审查人员能够理解其决策依据，以及在特定输入下，模型如何运作和做出预测。具体来说，透明度要求算法的设计、操作和决策过程是开放的，能够被用户、专家或监管机构审查和理解。

对于机器学习模型来说，透明度意味着开发人员或使用者能够理解模型在处理数据时的关键决策路径。例如，逻辑回归模型因其线性特征和清晰的权重系数，通常具有较好的透明度，而深度神经网络等复杂模型则由于其庞大且非线性的结构，往往难以解释和追溯决策过程。

可解释性指的是在模型做出决策后，能够用简单、直观的语言或工具解释模型为什么会做出这个决策，具体包括哪些因素和特征对决策结果起到了关键作用。与透明度不同，透明度侧重于模型结构和决策过程的可见性，而可解释性更多聚焦于结果的解释和决策依据的可理解性。例如，在一个医疗诊断系统中，如果模型确认某个患者患有某种疾病，模型的可解释性意味着能够明确指出哪些症状或数据特征使得模型得出这个结论。通过可解释性，用户或医疗专家能够信任模型的决策，并在此基础上做出更准确的判断。

模型的透明度和可解释性不足是导致算法歧视的重要原因。许多复杂的人工智能算法，如深度学习模型，具有"黑箱"性质，涉及数百万甚至数十亿个参数和复杂的层次结构。外部观察者难以理解其内部决策过程。这种不透明性使得识别和纠正算法中的歧视性决策变得困难，阻碍了对算法公平性的监督和改进。缺乏可解释性不仅影响了用户对算法的信任，还导致在出现歧视性结果时，难以追溯和修正问题根源，具体表现如下。

- 决策过程难以追溯：复杂算法的"黑箱"性质意味着其内部决策过程对外部人员几乎不可见。当算法产生偏见或错误时，外部用户或监管者无法追溯模型为何做出这些决策。这种情况使得当问题发生时，难以明确责任归属，难以对算法进行有效的审查和修正。
- 缺乏可解释性工具和方法：目前许多先进的人工智能算法缺乏有效的可解释性工具和方法，使得使用者难以获得清晰的决策依据。这种情况增加了算法审查和监督的难度，尤其是在涉及公共安全、金融、医疗等敏感领域时，缺乏可解释性会导致用户和社会对算法的不信任。
- 用户对算法决策的不信任：如果用户无法理解算法的决策过程，特别是在涉及个人权益、社会公正等领域时，用户会产生不信任感。例如，在招聘、贷款审批、医疗诊断等领域，算法的决策直接影响个人的生活和福祉。缺乏透明度和可解释性可能导致用户对算法的合法性和公正性产生怀疑，从而影响其应用和接受度。
- 阻碍问题的发现和解决：缺乏透明度和可解释性使得算法中的偏见和歧视难以被及时发现和纠正。这不仅导致算法继续做出不公平的决策，还可能加剧已有的社会不平等和歧视。例如，某些群体可能在算法中遭受不公正对待，而缺乏可解释性意味着这些偏见难以被审查、监控和修正，导致问题持续存在甚至扩大。

7.1.3 解决算法歧视的对策

为了更好地推动人工智能技术的健康发展，解决上述算法歧视的相关问题，人工智能伦理治理显得尤为必要。治理的核心应当以人为本，注重公平、公正和包容的价值观，确保技术服务于全体人类，而非加剧不平等。中国信息通信研究院发布的《人工智能伦理治理研究报告》指出，人工智能伦理治理是人工智能治理的重要组成部分，主要包括以人为本、公平非歧视、透明可解释、人类可控制、责任可溯源、可持续发展等内容。其必要性在于，它不仅能确保人工智能的技术进步符合社会伦理要求，还能有效规避技术滥用可能带来的负面影响，尤其是在算法歧视等问题的治理上，采取有效对策显得至关重要。这些对策应该涵盖数据处理、算法设计、模型透明度、伦理规范等多个方面，以确保人工智能的公平性和公正性。具体的策略可以从以下四个方面展开。

1. 提升数据质量与多样性

数据质量与多样性是解决算法歧视问题的核心要素之一。算法的表现和公平性高度依赖于它所使用的数据集，而数据本身的偏见、单一性和不平衡性往往是算法歧视产生的根本原因。为了确保算法在训练过程中不因数据的不平衡而形成偏见，需要对数据的采集、生成和整理等多个层面进行优化。

- **数据采集阶段的公平性**：在数据采集阶段，必须考虑到数据来源的多样性，确保训练数据不仅仅代表某一特定群体，而是能够全面涵盖不同的种族、性别、年龄、社会经济背景等群体。很多时候，数据采集的偏差是由历史上的不平等现象、社会结构的歧视或某些群体的隐性排斥导致的。例如，微软在修订和扩展其面部识别算法时，通过加入更多肤色较深的男性和女性的数据，减少了这些群体的识别错误率。通过提高数据集的多样性，微软能够确保其算法在处理不同种族和性别的个体时具有更高的准确性和公平性。
- **数据标注阶段的公平性**：数据标注是将原始数据转化为可用于训练的标签数据的关键步骤，这一阶段的主观性可能会加剧偏见。不同的标注者可能对同一数据做出不同的判断，这种判断上的差异往往受制于标注者的社会文化背景、个人经验以及对某些群体的固有偏见。在进行数据标注时，必须确保标注团队的多样性，避免某一类群体的偏见影响标签的生成过程。例如，在标注某些与性别、种族相关的图像数据时，如果标注者对某些性别或种族持有刻板印象，可能会误导模型的训练，从而在算法结果中表现出对该群体的歧视性偏见。因此，组织和管理数据标注团队时，应该引入多样性意识，确保不同背景的标注者参与，降低单一视角的风险。

2. 使用公平性算法和偏差缓解技术

为了确保人工智能在追求高性能的同时不引入不公平性，开发者必须采取公平性算法和偏差缓解技术。这些技术旨在通过在算法的设计和训练过程中加入公平性考量，确保算法不仅优化预测准确性，还能确保算法对不同群体的公正性。简而言之，公平性算法和偏差缓解技术是指通过在模型训练过程中主动处理不公平性，防止算法在解决特定问题时对某些群体产生歧视性偏见。

公平性算法旨在通过在算法设计中加入公平性目标，确保最终模型能够在不牺牲性能的前提下，平衡不同群体之间的结果差异。公平性算法通常会在模型训练时对某些群体的特定偏差进行校正，采用不同的策略来消除不公正。公平性算法能通过多种方式来实现，如通过对决策过程中的错误进行重新加权、修改目标函数或者在模型输出上进行修正，确保不同群体的结果达到平衡。

偏差缓解技术则专门用于识别并减轻算法中已存在的偏差。这些技术包括数据预处理、算法预处理和后处理等阶段，用于减少偏差对最终模型结果的影响。偏差缓解技术的核心是帮助开发者识别哪些数据、特征或算法设计可能引入不公平，并通过技术手段进行调整。具体可以分为以下几个阶段。

- 数据预处理阶段：在数据采集、清洗或标注阶段，偏差缓解技术通过识别和修改数据中的不公平偏差来提高数据集的公平性。例如，在训练数据中过度代表某一群体（如只采集了白人男性的面部图像），可以通过加权处理或数据增强等技术，增加其他群体的样本数据，减少数据不平衡。
- 算法预处理阶段：在训练算法时，偏差缓解技术通过修改训练过程中的损失函数，加入对公平性约束。算法预处理技术会调整模型的学习方式，确保在优化模型性能时，减少对某些群体的偏见或不公正影响。
- 后处理阶段：偏差缓解技术也可以应用于模型的预测结果，针对已经训练好的模型进行后期的修正和调整。这些方法可以在模型输出的结果上进行平衡，确保算法的决策结果对不同群体的影响一致。

在实际应用中，公平性算法和偏差缓解技术的一个典型例子是 IBM 推出的 AI Fairness 360 工具包，它为开发者提供了多种公平性指标和偏差缓解算法，广泛应用于信用评分、医疗预测、面部图像分类等领域。通过这些工具，企业能够识别和消除算法中的偏差，从而减少对特定群体的不公平待遇。

3. 提高模型透明度与可解释性

提高模型的透明度和可解释性是解决算法歧视问题的另一项重要策略。很多复杂的人工智能模型，如深度学习模型，通常具有"黑箱"性质，外部观察者难以理解其内部决策过程。缺乏透明度和可解释性不仅影响了用户对算法的信任，也使得偏见难以被及时发现和纠正。

例如，谷歌的 Model Cards 功能可以让开发者详细说明算法模型的优缺点以及潜在的偏见，从而增强用户和监管机构的信任。这种透明度的提升能够让公众更加理解算法的决策依据，也有助于及时识别模型中潜在的不公正因素，推动其改进。

4. 提高开发团队的多样性与意识

构建多元化的开发团队是消除算法歧视的重要手段。不同背景的开发者能够为算法设计提供不同的视角，减少主观偏见，确保算法在设计时充分考虑到各类群体的需求和特征，从而避免算法歧视的发生。

例如，Google 等科技公司通过推行多元化招聘政策，确保开发团队中有来自不同背景的成员。这种多样性的团队可以更好地在算法设计过程中考虑到不同群体的需求，促进算法的公平性和包容性，避免单一文化背景下的偏见影响。

7.2 人工智能的隐私问题

本节将探讨数据隐私与人工智能之间的关系，分析个人隐私面临的严重威胁以及如何有效保护隐私。随着人工智能技术的迅猛发展，其在各个领域的广泛应用使得数据隐私问题日益突出。生成式人工智能需要海量数据进行学习，而这些数据可能涉及敏感的个人信息，如用户行为记录、通信数据和健康信息等。因此，如何在享受人工智能带来便利的同时保障个人隐私，已成为亟待解决的关键问题。

7.2.1 数据隐私与人工智能的关系

数据隐私，也称为信息隐私，是指个体对其个人信息的控制权和保护措施。个人数据的隐私权意味着个人有权控制谁可以收集、使用、共享以及处理他们的个人数据，确保这些信息不被非法访问、滥用或泄露。数据隐私不仅涵盖个人身份信息（如姓名、身份证号码、地址、电话号码等），还包括敏感信息（如健康状况、金融数据、在线行为等）。

人工智能的核心在于通过大量的高质量数据进行训练，尤其是在监督学习中，它依赖于输入数据（特征）与输出数据（标签）的关系。举例来说，在图像识别任务中，人工智能系统需要大量标注好的图片数据来学习识别不同类别的图像；而在自然语言处理任务中，则需要大量的文本数据来训练语言模型。这些训练数据通常来自多个渠道，包括公开数据集、企业内部数据以及通过智能设备收集的行为数据等。

然而，数据隐私泄露的问题并不简单，具体的泄露原因可以归结为以下几个方面。
- 数据未充分去标识化：某些数据，尤其是通过数据挖掘或关联分析获得的数据，可能在没有充分去标识化的情况下，依然可以通过其他特征推测出个体身份。例如，用户的行为数据、地理位置数据，甚至社交网络数据，可能通过结合分析暴露个人的身份信息。
- 数据存储和传输的安全漏洞：训练数据在存储和传输过程中，若没有采取加密、访问控制等安全措施，可能被黑客攻击或泄露。例如，未加密的数据在存储或传输时，可能会遭遇数据泄露，导致用户的个人信息暴露。2014 年，Yahoo 遭遇了大规模的数据泄露，影响了约 5 亿用户，泄露的数据包括用户名、电子邮件地址、电话号码、出生日期以及用户密码等。由此可见,在数据存储和传输过程中,若没有加密保护,极易受到黑客攻击,导致个人隐私信息泄露。
- 第三方数据共享:为了促进应用的开发和平台之间的互操作性,许多公司允许第三方访问用户数据。如果第三方机构未经授权或未得到用户同意擅自使用数据,可能会导致隐私泄露。例如,2018年曝光的Cambridge Analytica事件中,该数据分析公司未经Facebook用户同意,获取了8700万用户的私人数据,并利用这些数据影响了2016年的美国总统选举。

随着人工智能技术的广泛应用,数据隐私泄露所带来的风险不容忽视。这种泄露可能导致以下后果:一是个人隐私暴露,进而被用于身份盗用、诈骗等恶意行为;二是影响用户对人工智能技术的信任,尤其是在涉及个人数据和社会公正领域的应用,如果人工智能公司或平台频繁发生数据泄露事件,用户对该平台的信任程度可能会大幅下降,甚至停止使用这些服务;三是可能引发法律和伦理问题,例如,隐私泄露事件如果违反了欧盟的《通用数据保护条例》(General Data Protection Regulation,GDPR)[⊖]、中国的《中华人民共和国个人信息保护法》等数据保护法规,相关企业可能面临法律诉讼、巨额罚款甚至停业的风险;四是加剧社会不公平,如果训练数据存在偏见,无法全面涵盖不同群体的需求,可能导致算法在某些群体中的表现偏差,进一步加剧社会不公平。

7.2.2 保护数据隐私的技术与法规

为了有效应对数据隐私泄露的风险,既需要采用先进的技术手段,也需要通过立法和规范化的法律框架来保护用户的隐私安全。下面将具体介绍几种主要的技术手段和相关的法律法规。

1. 数据加密与匿名化技术

数据加密技术是数据隐私保护中的基础性技术,其核心原理是通过数学算法将原始数据转换为无法直接读取的格式,使得即使数据被非法获取,也无法恢复为原始内容。只有拥有特定的解密密钥或密码的人,才能将其恢复成可用数据。加密技术在确保数据安全方面扮演着至关重要的角色,尤其是在金融、医疗、社交平台等领域,它们涉及大量敏感信息,必须通过加密技术来防止数据泄露。

加密技术在现代社会中的应用无处不在,尤其在互联网和数字化时代,保护数据免受黑客攻击和未经授权的访问变得尤为重要。

在金融领域,在银行和支付系统中,加密技术的应用至关重要。银行客户的银行卡信息、交易记录以及账户余额都通过加密技术进行保护,确保只有授权用户(如账户持有人和相关银行人员)才可以访问这些信息。例如,当客户通过在线银行系统进行支付时,银行卡号和密码都会被加密,确保在网络传输过程中,信息不会被黑客窃取。同样,支付平台(如PayPal、支付宝)也利用加密技术来防止用户的交易信息在网络中被泄露或篡改。

⊖ 《通用数据保护条例》为欧洲联盟的条例,前身是欧盟在1995年制定的《计算机数据保护法》。

在医疗行业，患者的健康记录往往包含非常敏感的个人信息，如病历、诊断结果和用药历史等。医院和诊所通过加密技术保护这些信息，确保只有授权的医生、护士和医疗工作人员才可以查看患者的健康数据。例如，一些医疗系统已经开始使用区块链技术来加密存储患者的医疗记录。区块链的去中心化特性使得患者数据更加安全，只有获得授权的机构才能访问这些敏感信息。

在社交平台，用户的个人信息（如姓名、照片、联系方式）通常是加密存储的，以避免这些数据被未经授权的第三方访问。例如，Facebook、Instagram 等社交网络平台都采取了加密技术来保护用户的隐私信息。在进行私密消息传输时，平台会使用端到端加密技术，确保信息只能由发送者和接收者解读，即使数据在传输过程中被拦截，黑客也无法读取内容。

与加密技术相辅相成的是数据匿名化技术。数据匿名化技术的核心思想是去除数据中的个人标识信息，使得即便数据被泄露，也无法与具体个体关联。通过去除或模糊化用户的身份信息，可以减少数据泄露对个人隐私的威胁。常见的匿名化方法包括数据去标识化（如去除姓名、地址、电话等）和聚合数据（将多个个体的数据进行汇总，避免显示单一用户的信息）。例如，许多国家的统计部门会收集大量个人数据（如收入水平、教育背景、住房情况等），并将这些数据用于制定公共政策或经济分析。为了保护公民隐私，政府通常会对这些数据进行匿名化处理。

尽管数据匿名化技术在保护用户隐私方面起到了积极作用，但它并非完美无缺，仍然存在一定的风险。在大数据时代，匿名化数据可能通过数据挖掘和机器学习技术进行"再识别"，即通过将匿名数据与其他公开数据源相结合，推测出某个个体的身份。例如，如果某个匿名化的数据集中包含了用户的邮政编码、年龄和性别等信息，结合社交媒体等公开数据，可能很容易推测出该数据属于某个特定的个体。

在某些极端情况下，即使数据经过了去标识化处理，某些特殊的个体信息仍可能被揭示。例如，在 2006 年，Netflix 发布了一个包含用户电影观看记录的匿名化数据集，研究人员通过结合用户的观看历史和公开的电影评论数据，成功地识别出该数据集中的一些具体用户。因此，在大数据背景下，匿名化技术的保护作用面临着严峻的挑战，如何平衡隐私保护与数据共享之间的关系，仍然是当前研究的重点。

2. 差分隐私

在解释差分隐私前，先解释下差分攻击（Differential Attack）的概念。差分攻击是一种通过对比多个数据集之间的微小变化来推测特定个体信息的攻击方式。攻击者通常会通过已知的数据集和部分公开的信息，逐步推断出被隐私保护的个体的敏感数据。这种攻击方式在数据泄露后显得非常有效，因为即使攻击者未能直接获得完整的个体数据，仍然能够利用数据集之间的差异揭示某个特定个体的信息。

举个例子，有一个在线投票系统，它允许用户对某个问题投"赞成"或"反对"票。为了保护用户的隐私，系统不直接显示每个用户的投票情况，而是只公开总票数。假设现在有 10 个人投票了，其中 7 票是"赞成"，3 票是"反对"。系统仅公布了总票数：7 个

"赞成"票，3个"反对"票。第二天，第11个人投了一票，并且系统更新了票数：8个"赞成"票，3个"反对"票。作为攻击者，你注意到在第11个人投票之后，只有"赞成"的票数增加了1，而"反对"的票数没有变化。作为攻击者可以轻易推断出第11个人投的是"赞成"。攻击者通过观察前后两次投票结果之间的差异，推断出新增的选票的具体内容，这就是一个简单的差分攻击。

差分隐私（Differential Privacy）是一种用于保护数据隐私的先进技术，旨在在对数据进行分析时，保护个体的敏感信息。其核心思想是，在数据分析过程中，保证对某个特定数据点（例如，某个个体的信息）的查询或操作，不会显著影响整体数据集的统计结果，从而避免泄露个体的隐私。为了达到这一目的，差分隐私技术通过在数据中加入一定的噪声（通常是随机噪声）来模糊数据，使得即使数据被泄露，外部攻击者也无法推断出某个特定个体的具体信息。

简单来说，差分隐私的目标是：即使数据集中某个个体的信息被删除或修改，最终的数据分析结果也几乎不受影响，从而使得个体的隐私得以保护。

举个简单的例子，假设政府正在进行人口普查，并且希望通过调查收集市民的收入数据，为制定财政政策提供依据。政府需要确保，尽管这些数据被广泛使用，任何个人的收入信息都不应泄露给未经授权的人。美国国家安全局（NSA）在其加密标准中采用差分隐私技术来保护用户数据，同时保持数据分析的有效性。差分隐私能够有效降低数据泄露的风险，是当前数据隐私保护领域中的一项重要技术。

3. 隐私保护计算

隐私保护计算是指在不泄露数据本身的前提下，通过某些算法和技术对数据进行计算和处理。两种典型的隐私保护计算技术是联邦学习（Federated Learning）和同态加密（Homomorphic Encryption）。

联邦学习的关键是，在整个过程中，数据从未离开本地设备，因此有效避免了敏感数据的泄露。即使中途某个参与方的设备被黑客攻击，也无法获取其他设备上的数据。联邦学习能够在不同的数据源之间进行联合训练，不需要将数据集中到一个地方，适用于数据分布广泛的场景。它通过只共享模型参数而非原始数据，大大减少了数据传输和存储的负担。同态加密是一种加密技术，允许对加密数据进行运算，而无须解密数据。在传统的加密系统中，数据一旦加密后就无法进行有效计算，但同态加密打破了这一限制，允许对加密数据直接进行数学运算，计算结果解密后与在原始数据上执行相同计算的结果一致。

金融机构可以使用同态加密来对客户的交易记录进行处理和分析，而无须解密数据。这种方式能够有效保护客户的隐私，防止敏感信息的泄露。在医疗领域，患者的健康数据往往包含非常敏感的信息。使用同态加密，研究人员可以在不访问患者数据的前提下，对加密数据进行统计分析、研究等，确保患者隐私不被泄露。

除了上述技术手段外，保护数据隐私还需要依赖严格的法律法规来提供合规框架，确保数据保护措施的实施。全球范围内，多个国家和地区已经出台针对数据隐私保护的法律和规章,如美国的《美国数据隐私和保护法案》和《人工智能风险管理框架 1.0》㊀。

7.3 人工智能的责任与监管问题

本节主要探讨人工智能决策中的责任归属问题,以及如何监管和保障人工智能安全。随着人工智能技术的广泛应用,其在决策过程中的责任归属和安全保障问题日益突出。这些问题不仅关系到技术本身的可靠性和公正性,更直接影响到社会对人工智能的信任和接受程度。人工智能作为一种高度自动化的决策工具,其决策过程的透明性和可解释性成为一个亟待解决的重要问题。人工智能系统通常通过大数据和复杂算法做出决策,而这些决策有时可能是高度复杂的"黑箱"过程,使得外部人员难以理解其决策逻辑。正因如此,社会对人工智能技术的信任度往往受到其可靠性、可控性和公正性的影响。如果人工智能系统未能得到妥善管理和监控,其决策结果可能会带来无法预见的后果,甚至加剧不公平或歧视的情况,这无疑会削弱公众对技术的信心。

因此,人工智能的责任归属问题变得尤为重要。一方面,人工智能技术的发展和应用必须确保其决策能够被追溯和验证,确保当人工智能系统出现错误时,相关责任能够得到明确的归属;另一方面,人工智能系统的安全性也是保护社会利益的重要保障。随着人工智能技术逐步渗透到医疗、金融、交通等多个高风险领域,其在这些领域中的决策失误可能会带来严重后果,甚至危及人们的生命和财产安全。因此,只有通过不断加强人工智能技术的规范化、标准化建设,才能确保其在发挥巨大潜力的同时,也能够确保安全、公正和可控,最终得到社会的广泛接受和信任。

7.3.1 人工智能决策中的责任归属问题

人工智能决策的复杂性引发了关于责任归属的广泛讨论。人工智能系统的开发和运作通常涉及多个利益相关方,如算法设计者、数据提供者、系统开发商、运营者等,每个主体在系统的不同环节中发挥着重要作用。这些参与者的相互依赖和协同作用,造成了责任归属的模糊性和复杂性。因为人工智能系统的各个环节之间责任存在交叉和重叠,在出现问题时,不同责任方之间的责任划分变得尤为复杂。特别是在一些高风险领域,如自动驾驶、智能医疗和智能媒体,这种复杂性更加显著,影响了各类决策的法律和伦理框架。

在自动驾驶事故中,责任可能涉及汽车制造商、人工智能算法开发者、数据提供商及车辆运营商等。人工智能在多方参与下的决策过程具有高度复杂性。例如,2018 年 3 月 18 日,一名女子被优步(Uber)自动驾驶汽车撞伤,送医后不治身亡。事故发生时,车辆的人工智能系统未能及时识别行人并采取刹车措施,导致了悲剧的发生。事发后,优步公司立即暂停了其自动驾驶项目,并对事故原因展开调查。检察官在初步调查中认为,优步公司在技术和运营上并未存在明显的故意或重大过失,因此未对公司提起刑事诉讼。然

㊀ 美国国家标准与技术研究院(NIST)发布了《人工智能风险管理框架 1.0》,旨在为设计和管理可信赖的人工智能提供一个管理框架。

而，随着案件的深入审理，法院在 2023 年最终认定安全员未能在关键时刻有效监控车辆运行，未及时介入干预，导致事故发生。因此，法院将主要责任归咎于该安全员，并判处其三年有期徒刑。这一判决引发了关于自动驾驶技术责任划分的广泛讨论，促使相关法律法规进一步完善，以更清晰地界定各方在自动驾驶事故中的法律责任。

智能医疗领域也是人工智能技术应用最为广泛且最具挑战性的领域之一。人工智能系统在医疗诊断和治疗过程中发挥着越来越重要的作用，但这也带来了医疗事故中的责任归属问题。特别是在人工智能系统辅助诊断的过程中，若人工智能误诊或提供错误的治疗建议，责任该由谁来承担成为目前医疗领域亟待解决的问题。例如，在人工智能辅助的医疗诊断系统中，人工智能系统可能会因为算法错误、训练数据不充分或者其他因素而导致误诊，若由此产生医疗纠纷，责任归属问题便浮出水面，导致医生和患者对人工智能的信任度下降。

IBM Watson Health 与 MD Anderson 癌症中心于 2013 年开始合作，旨在通过人工智能帮助提供癌症治疗方案。Watson Health 使用人工智能来分析患者的病历并提供个性化的治疗建议。然而，该项目在实施过程中遇到了诸多问题。Watson Health 无法提供有效的治疗方案，甚至给出了错误的推荐，最终，MD Anderson 于 2017 年决定停止与 IBM 的合作。据报道，Watson Health 未能充分理解医学文献和病历数据，导致治疗方案的推荐出现错误。IBM 和 MD Anderson 分别被指责为项目失败的责任方。IBM 被认为在人工智能系统的开发过程中未能充分测试系统，导致其不能准确处理复杂的医疗数据。而 MD Anderson 也未能充分验证人工智能系统的有效性，并未对该系统的应用进行足够的监管。IBM 后来承认，Watson Health 在临床应用中存在不当的数据处理和处理逻辑缺陷。尽管 IBM 没有面临刑事责任，但公司对技术的过度承诺和对系统未进行充分的测试和验证被认为是该项目失败的主要原因。

智能媒体，特别是生成式人工智能（如自动化写作、图像生成等技术）所带来的法律和伦理挑战有着更多不同的声音。人工智能生成的内容，无论是新闻报道、艺术作品，还是广告文案，都涉及著作权、隐私保护以及道德伦理等问题。

美国的立场认为，版权保护仅限于"人类创作"的作品，因此人工智能生成的内容只有在能够体现人类创作者的独创性时，才能获得版权保护。美国版权局明确指出，如果人工智能只是根据人类的指示生成内容，并且这一过程缺乏人类的充分控制和创造性，那么人工智能生成物将不具备版权资格。例如，在漫画 *Zarya of the Dawn* 的案例中，人工智能自动生成的图像未能体现人类创作者的足够创造性，因此被排除在版权保护之外。美国的核心标准是"独创性"，创作必须由人类智力活动主导，人工智能的贡献仅被视为"工具"，不能代替人类创作者享有版权。

英国的立场则相对宽松。根据 1988 年《版权、设计和专利法》，即便没有人类创作者，计算机生成的作品仍然有可能获得版权保护。英国法律规定，对于计算机生成的作品，版权归属于对该作品创作过程进行"必要安排"的人，且这种"安排"必须是实质性的。换句话说，即使人工智能在生成过程中占主导作用，只要有一个人对过程进行了安排，作品便可获得版权保护。尽管如此，英国对于人工智能生成作品的版权保护期较短，仅为50年，而对人类创作的作品的版权保护期为70年。英国的立场具有突破性，认为人工智能在创作中的作用不应完全排除其获得版权的可能性，尤其是在艺术创作领域。

欧盟的版权法律则要求作品必须具备"人类智力活动"和"独创性"才能获得保护。为此，欧盟认为人工智能生成的作品是否能够获得版权保护，主要取决于作品是否体现了人类智力活动、是否具有独创性，以及是否具备一定的表现形式。欧盟的这一标准表明，虽然技术迅速发展，但现行的版权法律依然具备一定的灵活性，能够应对人工智能技术带来的挑战。

中国在这方面的司法实践也延续了"自然人"和"独创性"的原则。根据中国法院的判例，人工智能生成的作品是否能够被认定为版权作品，关键在于是否具有人类创作者的独创性。

为了应对人工智能技术带来的伦理和法律挑战，多个国家和机构已经开始推进相关的法律和伦理规范。例如，中国的《人工智能伦理治理标准化指南（2023版）》明确提出，人工智能技术的开发与应用应当遵循"以人文本"的原则，确保技术在促进社会进步的同时，不会对个体和社会造成负面影响。此《指南》强调，人工智能的设计与应用必须符合社会的整体价值观，避免技术被滥用，尤其是在医疗、金融、司法等重要领域。

与此同时，可信人工智能（Trustworthy AI）也逐渐成为全球技术发展的重要目标。国际组织和政府机构已在多个层面上提出了确保人工智能系统可信的建议。例如，欧盟的《人工智能法案》提出了人工智能系统的透明性、公正性和可解释性的要求，确保人工智能的决策过程能够为用户理解并承担责任。这一法案不仅对人工智能系统的开发者提出了技术要求，还要求其对人工智能系统的风险进行评估和管理，以确保这些系统不会对社会、经济和个人安全产生潜在威胁。

当前关于人工智能责任归属的争论，引发了一个更加深刻的问题：当技术的决策能力和自主性超过了其开发者的控制范围时，该如何界定责任？这不仅是法律领域的问题，更是伦理和社会层面的问题。人类是否应该赋予人工智能系统某种程度的独立性，尤其是在它们能够"做出决定"而非简单执行指令时？

首先，人工智能系统仍然依赖于人类输入的数据、算法和模型，最终决策的结果也能被人类所监控和调整。因此，许多学者和伦理专家认为，人工智能无法完全独立于其开发者和使用者之外承担责任。与此同时，随着人工智能技术逐步具备"自主学习"能力，未来的法律框架或许应该考虑如何平衡技术进步与责任的分配。例如，针对人工智能在医疗领域的误诊问题，是否应考虑对人工智能系统进行更严格的监管，以确保它们的"行为"在合规的框架内进行？

从伦理角度来看，人工智能决策的透明性和可解释性同样至关重要。许多人工智能系统，尤其是深度学习模型，因其"黑箱"特性使得人类难以追溯具体决策路径。这给责任归属带来了额外的复杂性。如果人工智能的决策过程不透明，甚至在某些情况下无法被解释，那么当这些决策导致不良后果时，如何追溯并分配责任就变得愈加困难。

不同立场的背后反映了对人工智能技术的不同看法。在支持人工智能独立责任的学者看来，人工智能的"自主性"正在逐渐超越传统工具的角色，所以在面对日益发展的人工智能系统时，可能需要赋予其更多的法律地位。然而，更多的观点仍然倾向于人工智能作为人类工具的本质，认为无论技术如何发展，最终责任应当回归到设计、制造和使用这些技术的主体。

目前来看，人工智能技术带来的法律与伦理挑战，并非短期内能够彻底解决的问题。随着技术的不断进步，各国在立法时可能需要更加注重灵活性，探索如何在保护公众利益和推动技术创新之间找到一个平衡点。与此同时，社会也应当考虑如何教育公众与专业人士，使其具备应对人工智能技术快速发展所带来的新兴挑战的能力。

7.3.2 人工智能的监管与安全保障

目前，人工智能的许多标准尚未完全成熟，且责任划分问题仍存在争议。为了应对这些挑战，当前急需制定严格的伦理规范，确保人工智能的发展始终以社会公共利益为核心。伦理原则为人工智能的应用提供了道德框架，确保技术在发展过程中不偏离社会价值观，避免产生不公平、歧视、隐私泄露等潜在风险。

1. 国际伦理框架和规范

随着人工智能的快速发展，国际社会已开始制定多个伦理框架和规范，以指导人工智能技术的负责任应用。

在国际协议方面，经济合作与发展组织（OECD）发布的人工智能建议书，为成员国提供人工智能政策指导，侧重于促进人工智能技术的负责任使用，强调道德、隐私、透明度和公平等问题。联合国教科文组织发布的《人工智能伦理问题建议书》，旨在为全球人工智能的伦理问题提供指导，强调对人类尊严、自由和平等的保护。G20集团发布的人工智能原则包括如何通过国际合作、透明度、隐私保护等方面确保人工智能技术的负责任发展。

在国际法案方面，涉及欧盟出台的《人工智能法案》、美国众议院颁布的《2022年算法问责法案》、美国白宫科技政策办公室颁布的《人工智能权力法案蓝图》、拜登签署的《关于通过联邦政府进一步促进种族平等和支持服务不足社区的行政命令》、英国中央数字与数据办公室、人工智能办公室与内阁办公室联合发布的《自动决策系统的伦理、透明度与责任框架》以及中国的《新一代人工智能伦理规范》。

在国际倡议方面，RAIL（Responsible AI Licenses）倡议是一个旨在通过合同和许可方式，推动负责任人工智能开发和使用的倡议。RAIL倡议通过法律和许可框架来确保人工智能技术的使用不会对社会带来不良影响，促进负责任的人工智能开发。

在国际标准方面，IEEE（国际电气与电子工程师协会）发布的P70xx系列标准，旨在为人工智能的设计和使用提供规范。这些标准包括7001-2021、7000-2021、7003和7008。

2. 伦理监督机制

为了确保人工智能技术在符合伦理规范的框架内健康发展，设立有效的伦理监督机制至关重要。很多技术公司已经意识到这一点，并建立了专门的伦理委员会来审查和评估人工智能项目的伦理合规性。

微软设立了人工智能与道德标准委员会（AETHER），专门负责确保所有人工智能产品经过严格的道德伦理审查。这种机制能够帮助公司在产品开发的初期就融入伦理考量，减少潜在的伦理风险，确保技术发展与社会价值相契合。相同的还有 IBM 的人工智能伦理委员会（AI Ethics Board），以及谷歌短暂存在的高级技术外部咨询委员会（Advanced Technology External Advisory Council）。除此之外，2016 年多个科技巨头（包括亚马逊、苹果、谷歌、Facebook、IBM 和微软）联合发起人工智能伙伴关系（Partnership on AI，PAI），也参与这些伦理问题的工作。

除了内部监督，公众的参与和社会的广泛监督也不可忽视。人工智能的伦理问题不仅仅是技术公司的责任，更是整个社会共同关注的议题。各国政府、学术界、行业协会和社会团体都应参与到人工智能伦理问题的讨论和监督中，形成合力，共同推动人工智能技术健康、可持续的发展。

3. 安全性与可靠性保障

在人工智能的技术发展过程中，除了伦理问题外，安全性与可靠性是同样不可忽视的关键组成部分。尤其在自动驾驶、智能医疗、金融科技等领域，人工智能系统必须保证其安全性和稳定性，以确保对人类社会的积极影响。这一要求促进了多项安全保障措施的实施，旨在增强人工智能技术的可控性和可预见性。

随着人工智能技术的日益复杂，风险管理逐渐成为确保人工智能系统安全性的关键环节。在设计和部署人工智能系统时，开发者必须通过全面的风险评估，识别并预测潜在的风险，尤其是极端事件和系统误判的可能性。DeepMind 提出的极端风险评估方法便是一种有效的手段。该方法通过情境模拟、动态预测以及长远影响分析，帮助开发者预见可能出现的风险，防止人工智能系统在不可控情境中产生严重错误。这一方法不仅有助于规避技术失误，还能在设计阶段为开发人员提供有价值的指导，确保系统的安全性。

安全性测试与验证也是保障人工智能系统可靠性的重要措施。通过对人工智能系统进行全面的压力测试、漏洞扫描和安全性评估，开发者能够发现并修复系统中的潜在漏洞。现代人工智能系统，尤其是在自动驾驶、医疗诊断等高风险领域，必须通过严格的安全性验证，确保系统在实际使用中不会发生危险性错误或决策失误。

未来的人工智能将不只是一个工具，更是社会进步的重要推动力，因此，每一个人都应参与其中，共同建设一个安全、可信的人工智能时代。

小结

人工智能技术的迅猛发展正深刻地改变着人类的生活与社会结构,其带来的伦理与治理问题也日益凸显。未来,人工智能伦理与治理将朝着更加完善与精细化的方向发展。伦理规范将不断更新,以适应人工智能在不同领域中的多样化应用,明确界定人工智能在医疗、金融等关键领域的责任与边界,同时兼顾技术发展与人类价值观的融合,确保人工智能行为符合社会道德标准。在治理机制上,将形成政府、企业、学术界、社会组织及公众多方协同的立体化格局。政府将加强立法监管,为企业与技术发展提供明确指引;企业需将伦理贯穿于技术开发与产品设计全程,主动承担社会责任;学术界则为伦理治理提供理论支持与专业指导;社会组织与公众的参与将为治理注入活力,形成全社会共同监督与维护人工智能伦理的良好生态。

技术手段与伦理治理的融合将更加紧密。区块链、联邦学习等前沿技术将广泛应用于数据保护、系统可追溯性提升等方面,为人工智能伦理治理筑牢技术根基;同时,人工智能技术本身也将助力伦理问题的发现与解决,如通过算法监测及时纠正偏见。在全球化背景下,人工智能伦理与治理的国际合作与共识将不断加强。国际组织将发挥更大作用,推动各国在标准制定、政策协调等方面达成一致;跨国企业与研究机构也将携手探索伦理治理最佳实践,共同应对全球性挑战,促进人工智能技术的健康、可持续发展。

公众对人工智能伦理与治理的关注度将持续提升,成为推动技术向善的重要力量。随着人工智能技术的普及,公众将更加积极地参与到相关讨论与实践中,对隐私保护、算法透明度等问题提出更高要求;同时,公众参与也将促进人工智能伦理教育的普及,提高社会整体对伦理问题的认识,营造良好的社会氛围。总之,未来的人工智能伦理与治理将在各方共同努力下,逐步构建起更加完善、协同、高效的体系,为人工智能技术的健康发展保驾护航,使其更好地造福人类社会。

习题

1. 请简要说明什么是算法歧视?
2. 列举并简要说明四个可能导致算法歧视的主要原因和三种有效解决对策。
3. 人工智能在日常生活中的应用越来越广泛,在解决算法歧视问题时,政府、企业和学术界应如何协同合作?
4. 简述《算法治理与发展:以人为本,科技向善》中提到的人工智能算法歧视的三类主要偏见。
5. 如何理解人工智能的透明度与可解释性,两者在人工智能伦理治理中的作用是什么?

附 录

专业名词解释

图形处理单元（Graphics Processing Unit, GPU）：一种专为并行计算设计的硬件设备，最初用于加速图形渲染任务，如游戏画面和 3D 建模。GPU 拥有大量的小型计算核心，能够同时处理多个数据块的计算任务，这种特性使其在深度学习模型训练中发挥了重要作用，大幅提升了神经网络的计算速度和效率。

中央处理单元（Central Processing Unit, CPU）：计算机的核心处理器，主要负责执行程序中的各种逻辑和运算任务。CPU 更擅长处理单一的复杂任务，类似于一位精通多种技能的工匠，但其核心数量较少，因此在处理需要大量并行计算的任务时效率较低。

矩阵运算：对二维数组（矩阵）进行的加法、乘法、转置等操作，在深度学习中广泛应用于神经网络的权重更新、激活函数计算等环节。这些运算本质上是线性代数的核心内容，支撑着模型的前向传播和反向传播过程。矩阵运算是神经网络计算的基础。在前向传播过程中，模型需要对输入数据与权重矩阵进行乘法运算，再加上偏置项，从而得到各层的输出结果。而在反向传播中，模型通过链式求导法则对误差进行传播，并根据梯度更新每一层的权重和偏置参数。矩阵的乘法和转置操作在权重更新的过程中尤为重要，影响了模型的收敛速度和精度。

非线性数据：变量之间的关系无法用简单的直线表达的复杂数据类型。

迭代学习：通过反复调整模型和重新评估结果，逐步改进模型性能的过程。

模型训练：通过已有数据调整模型参数，使其能够识别数据模式并做出预测的过程，例如使用历史销售数据训练模型预测未来销量。

验证与评估：利用独立的数据集来测试模型性能，以衡量模型在处理新数据时的准确性和鲁棒性。

鲁棒性：模型在面对噪声、异常数据或其他不可预见情况时，仍然能够保持稳定性能的能力。

模型参数：模型中需要学习的系数，这些系数反映了每个输入变量对输出结果的影响大小。

异常值：显著偏离其他数据点的值，可能由于测量误差或极端情况导致。在模型中，这些值会对结果产生较大影响，需加以处理。

阈值：分类决策中的关键参数，用于将概率值划分为不同类别。合适的阈值选择需综合考虑分类任务的性质和错误成本。

Softmax 回归：一种扩展逻辑回归以支持多分类任务的方法。它使用 Softmax 函数将模型的输出映射到多个类别的概率分布上，从而实现对多个类别的预测。

调和平均值：一种统计学计算方法，强调小数值对整体结果的影响。公式为：$F1 = 2 \times \dfrac{精确率 \times 召回率}{精确率 + 召回率}$。它特别适用于评估需要在多个指标间找到平衡的场景。

正则化：一种机器学习技术，旨在限制模型的复杂度，避免过度拟合训练数据。常见的正则化方法包括 L1 正则化（Lasso）和 L2 正则化（Ridge），通过在损失函数中加入惩罚项减少模型对特定特征的依赖。

数据规律：数据中隐藏的模式或趋势，模型需要通过训练过程识别这些规律来提高预测能力。未能识别数据规律可能是由于模型过于简单或数据不足导致的。

模型复杂度：模型的容量或表达能力，通常由参数的数量或模型结构的层次决定。较高的复杂度可以让模型更好地适应复杂的数据分布，但可能导致过拟合问题。

超参数调整：在模型训练之前手动或自动选择适合的参数，这些参数不会通过训练过程更新，例如学习率、正则化系数和批量大小。超参数调整直接影响模型的收敛速度和性能。

学习率：超参数之一，用于控制模型每次更新参数的步幅大小。较大的学习率可能导致模型跳过最优解，而较小的学习率则可能使训练过程过于缓慢。找到适当的学习率有助于平衡训练效率和准确性。

正则化系数：超参数之一，用于控制正则化项对模型的约束力度。较大的正则化系数可以有效减少过拟合，但可能导致欠拟合。

批量大小：每次训练过程中用于更新模型参数的数据样本数量。较大的批量大小可以提高计算效率，但可能影响模型的泛化能力；较小的批量大小通常需要更长的训练时间，但可能更有助于模型的泛化。

网格搜索：一种系统化的超参数调整方法，通过在预设的参数网格中逐一尝试每种组合，找到最优的超参数配置。

错误分析：通过检查模型预测错误的样本，分析模型性能问题的一种方法。它有助于发现模型设计或数据分布中的不足，从而为进一步优化提供指导。

样本：用于模型训练或评估的单个数据点，例如一个记录、一张图片或一段文本。样本的质量和多样性对模型的性能有直接影响。

数据不平衡：数据集中不同类别的样本数量分布不均，可能导致模型对样本数量较多的类别预测较好，而对样本较少的类别表现较差。

多层结构：深度学习模型由多个隐藏层组成，每一层负责提取数据的不同特征，从简单到复杂逐步处理，从而解决复杂问题。例如，第一层可能提取图像的边缘信息，第二层识别形状，最后一层则判断具体的类别。

神经网络：一种仿生计算结构，模拟人脑的工作方式，由输入层、隐藏层和输出层组成。每一层通过权重和偏置连接，用于提取数据的特征和模式，最终形成预测或决策。

传感器：用于监测环境条件（如温湿度、光照强度等）的设备，能够实时采集数据，为分析和决策提供基础支持。

卷积神经网络（CNN）：一种特别适合图像处理的深度学习模型，通过提取图像的局部特征进行分类和识别。

循环神经网络（RNN）：一种擅长处理时间序列数据的深度学习模型，可捕捉数据间的上下文信息。

空间结构：数据中存在的内在规律，如图像的像素分布或声音的时间序列。卷积层通过捕捉这些规律来提取有用信息。

滤波器（Filter）：一种用于特征提取的小矩阵，也称为卷积核（Kernel）。它通过滑动窗口的方式与输入数据进行数学运算，提取局部特征，如图像的边缘、角点等。

噪声：数据中无关或随机的干扰，如图像中的光照变化或语音中的背景噪声。池化层通过压缩数据，可以有效减少噪声对模型的影响。

节点：神经网络中的基本单元，它接收输入、执行计算并输出结果，类似于生物神经元的功能。

过拟合：模型在训练数据上表现很好，但在新数据上效果较差的现象。通常可以通过正则化技术或增加数据量来缓解。

Dropout：一种正则化方法，通过随机丢弃部分节点，降低模型对特定特征的依赖，从而提高模型的泛化能力。

物联网（Internet of Things, IoT）技术：通过互联网将各种智能设备互联互通，实现远程控制、数据交换和智能化管理。

Transformer 架构：一种深度学习模型，主要用于自然语言处理，它通过自注意力机制和并行处理能力，显著提高了序列数据的处理效率和效果。

自然语言理解（Natural Language Understanding, NLU）：旨在解析用户的语音或文本输入，理解其中的意图和实体。主要包括语义分析、句法分析、情感分析等。NLU技术通过识别用户意图和提取关键实体，实现对用户需求的准确把握。

自然语言生成（Natural Language Generation, NLG）：根据理解到的意图和上下文信息，生成符合语法和语境的自然语言回应。NLG 技术通过构建语言模型，确保生成的回应既准确又自然，提升用户的交互体验。

非结构化数据：没有固定格式或预定义模型的数据，如文本、图像和视频，难以通过传统的数据库管理系统进行处理和分析。

虚拟现实（Virtual Reality, VR）：一种通过计算机技术创造沉浸式虚拟环境的技术，使用户能够与该环境进行交互。

增强现实（Augmented Reality, AR）：一种将虚拟信息叠加到现实世界中，以实现交互和信息增强的技术。

数字人技术：利用计算机图形学、人工智能和虚拟现实等技术创建和模拟虚拟人类形象及其行为的领域。

自适应巡航控制（Adaptive Cruise Control, ACC）：一种自动驾驶辅助系统，能够根据前方车辆的速度自动调整自身车速，以保持安全的跟车距离。

OTA（Over-The-Air）：一种通过无线网络远程更新软件或固件的技术。OTA 更新使得 Autopilot 系统能够不断优化和提升其性能，而无须车主手动进行更新。这种方式依赖于大规模的数据收集和深度学习，确保系统在各种驾驶场景中具备更好的适应性和可靠性。

C-V2X（Cellular Vehicle-to-Everything）技术：一种基于蜂窝网络的车用无线通信技术，可实现车辆与周围环境，包括其他车辆、基础设施、行人以及网络之间的全方位通信。

单核苷酸多态性（SNP）：在基因组中，单个核苷酸的序列因个体之间的遗传差异而出现的变异。

组学：通过高通量技术研究生物大分子（如基因、蛋白质、代谢物等）及其相互关系的学科，通常用于理解生物系统的整体功能和动态。

图神经网络（Graph Neural Network, GNN）：一种专门处理图结构数据的深度学习模型。它通过将图的节点及其邻居的信息进行聚合和更新，来学习节点的表示，并可用于分类、回归、链接预测等任务。GNN 在社交网络、生物信息学、交通网络等领域得到广泛应用，能够有效地捕捉图中复杂的关系和结构信息。

支持向量机（Support Vector Machine, SVM）：一种强大的机器学习算法，广泛用于分类和回归任务。它的核心思想是通过找到一个最优的超平面，将不同类别的数据点分隔开。这个超平面是决策边界，旨在最大化邻近数据点（即支持向量）与边界之间的间隔（即"间隔最大化"）。

随机森林（Random Forest, RF）：一种集成学习方法，通过构建多个决策树并结合它们的预测结果来提高分类和回归的准确性与稳定性。

认知行为疗法（Cognitive Behavioral Therapy, CBT）：一种重要且广泛应用的心理治疗方法。它的核心理念在于，通过识别和改变个体内心的负面思维模式，帮助人们提升情绪状态和改善行为表现。这种治疗方法强调了思维方式与情感及行动之间的密切关系，使患者能够在认知上调整不健康的模式。

习题答案

第 1 章

1. 你认为智能的定义应该更侧重于人类的哪种能力？为什么？

参考答案：智能的定义应侧重于学习与适应能力。人类能够在不同的环境和情境中快速学习新知识、新技能，并灵活地调整自身行为以适应变化。比如在面对新的工作内容、生活环境改变时，人们能通过自主学习和不断尝试，掌握新的知识与技能。这种能力是智能的核心，因为只有具备强大的学习与适应能力，才能在复杂多变的世界中不断进步、解决各类新问题。相比记忆、推理等其他能力，学习与适应能力具有更强的通用性和基础性，是人类不断创新和发展的动力源泉，能让我们应对从未遇到过的挑战，这一能力对于智能机器同样至关重要，只有拥有高效学习与适应能力的机器，才能更好地服务于人类，应对复杂多样的任务。

2. 机器能否像人类一样思考？请阐述你的观点和理由。

参考答案：机器目前无法像人类一样思考。虽然机器在某些任务（如复杂计算、大规模数据处理）方面远超人类，但思考不仅仅是高效运算。人类思考是基于复杂的情感、意识、经验和价值观的。例如，人类在进行艺术创作时，会融入自身独特的情感体验、对生活的感悟，这种创作源于内心深处的情感驱动。而机器的创作只是基于数据和算法生成，缺乏内在的情感体验和主观意识。另外，人类思考具有灵活性和创造性，能够从不同的角度看待问题，提出全新的、富有想象力的解决方案，这依赖于大脑复杂的神经结构和多年积累的生活经验。机器的算法基于预设的规则和模型，难以产生真正意义上的创造性思维，它们只能按照既定程序运行，缺乏人类思考的深度和广度。

3. 简述人工智能学科发展过程中的一个重要阶段，并说明其对当前人工智能应用的影响。

参考答案：深度学习的兴起是人工智能学科发展的重要阶段。深度学习通过构建具有多个层次的神经网络，让计算机能够自动从大量数据中学习特征和模式。例如，在图像识别领域，卷积神经网络的发展使得计算机对图像中的物体识别准确率大幅提升。在安防监控中，基于深度学习的人脸识别系统能够快速准确地识别出监控画面中的人员身份，广泛应用于门禁系统、城市安防等场景。在自然语言处理方面，循环神经网络及其变体使得机器翻译、智能对话等应用取得显著进展。如今我们使用的在线翻译软件，能够较为准确地进行不同语言之间的翻译，很大程度上得益于深度学习技术的发展。深度学习为当前人工智能在各个领域的广泛应用提供了强大的技术支持，推动了人工智能从理论研究走向实际应用的快速发展。

4. 在你看来，弱人工智能在日常生活中的应用有哪些优点和不足？

参考答案：弱人工智能在日常生活中应用广泛，优点显著。例如语音助手，它能快速响应我们的语音指令，帮助查询信息、设置提醒等，极大提高了生活效率。在电商领域，推荐系统根据用户的浏览和购买历史推荐商品，方便用户发现感兴趣的产品，促进消费。然而，弱人工智能也存在不足之处。它缺乏真正的理解能力，例如在智能客服场景中，对于复杂、模糊的问题，往往不能给出准确有效的回答，只能按照预设的流程和话术进行回复，无法提供个性化、深度的解决方案。此外，弱人工智能通常只能处理特定领域的任务，通用性较差，一个图像识别的弱人工智能系统很难直接应用于自然语言处理任务，应用范围相对狭窄。

5. 强人工智能的实现会对社会就业产生怎样的影响？

参考答案：强人工智能的实现将对社会就业产生复杂而深远的影响。一方面，大量重复性、规律性的工作岗位将被取代，如流水线生产工作，强人工智能驱动的机器人可以比人类更精准、高效地完成任务，导致制造业等领域的大量工人失业。对于数据录入、文档处理等工作，智能软件也能快速准确地完成，使得相关办公岗位需求减少。另一方面，也会创造新的就业机会。研发、维护和管理强人工智能系统需要专业的技术人才，如人工智能工程师、算法设计师等。此外，强人工智能的应用会催生新的产业和服务，如为人工智能系统提供数据标注、训练优化等服务的行业，也需要大量人员参与。同时，人类独有的创造性、情感性工作，如艺术创作、心理咨询等，会变得更加重要且需求可能增加，因为这些领域是强人工智能难以完全替代的。

6. 超人工智能若成为现实，可能会引发哪些伦理问题？

参考答案：超人工智能一旦成为现实，会引发诸多伦理问题。首先是控制权问题，若超人工智能拥有远超人类的智能，人类是否能有效控制它是个难题。它可能会做出违背人类利益和价值观的决策，例如在军事领域，超人工智能控制的武器系统可能会自主发动攻击，而人类无法及时干预，导致不可挽回的后果。其次是道德和价值观冲突，超人工智能的道德和价值判断标准可能与人类不同。它在解决问题时，可能选择对人类来说不可接受的方式，比如为了实现某个效率目标，牺牲部分人的利益。再者，就业和社会公平问题将更加严重，几乎所有工作都可能被超人工智能取代，导致大规模失业，贫富差距进一步拉大，引发社会动荡。另外，人类对超人工智能的过度依赖，可能会削弱人类自身的思考和创造力，影响人类的发展和进步。

7. 符号主义学派和联结主义学派在人工智能发展中的主要区别是什么？

参考答案：符号主义学派基于逻辑推理，认为人工智能可以通过对符号的操作来实现，将知识表示为符号和逻辑规则，通过推理来解决问题。例如在专家系统中，将特定领域的知识以规则的形式存储在知识库中，当遇到问题时，通过逻辑推理得出解决方案。联结主义学派则模拟人类大脑的神经网络结构,通过大量神经元之间的相互连接和信息传递来实现智能。它强调数据的学习,通过对大量数据的训练,调整神经网络的权重,从而使模型能够识别模式、进行预测等,如图像识别领域中使用的神经网络,通过对大量图像数据的学习,识别出不同的物体。符号主义侧重于基于规则的推理和知识表示,适用于解决具有明确逻辑规则的问题;联结主义则侧重于数据驱动的学习,擅长处理模式识别和感知类任务,对数据的依赖性更强。

8. 贝叶斯学派在处理不确定性信息时的优势体现在哪些方面?

参考答案:贝叶斯学派在处理不确定性信息时优势明显。首先,它能够很好地结合先验知识和新的观测数据。例如在疾病诊断中,医生可以根据患者以往的病史、家族病史等先验信息,结合当前的检查结果等新数据,通过贝叶斯定理计算出患者患某种疾病的概率,做出更准确的诊断。其次,贝叶斯方法能够对不确定性进行量化表示。它通过概率分布来描述事件发生的可能性,让我们清晰地了解信息的不确定性程度,不像一些传统方法只能给出确定性的结论。再者,在数据量有限的情况下,贝叶斯方法依然能够有效工作。当新的数据不断出现时,它可以根据贝叶斯公式不断更新概率分布,逐步修正对事件的判断,具有很强的适应性和动态学习能力,在面对复杂多变且存在不确定性的现实问题时表现出色。

9. 类推学派利用相似性解决问题的方法在实际应用中有哪些局限性?

参考答案:类推学派利用相似性解决问题的方法存在一定局限性。一方面,相似性的定义和度量具有主观性。在不同场景下,判断两个事物相似的标准难以统一,例如在图像识别中,不同的特征选择和相似度计算方法会导致不同的结果,这使得该方法的应用缺乏一致性和稳定性。另一方面,当面临复杂问题时,找到真正具有参考价值的相似案例较为困难。现实世界中的问题往往复杂多样,相似案例可能存在细微但关键的差异,这些差异可能导致基于类推得出的解决方案并不适用。比如在法律领域,每个案件都有其独特的背景和细节,即使找到类似案例,也不能简单地类推判决,因为法律条文的解释和具体情况的差异会使类推结果不准确。此外,类推方法对于新出现的、没有相似案例的问题,几乎无法提供有效的解决方案,缺乏创新性和应对全新挑战的能力。

10. 举例说明人工智能在医疗领域的应用如何改变了传统的医疗模式。

参考答案:以医学影像诊断为例,人工智能极大地改变了传统医疗模式。在传统医疗中,医生需要人工查看X光、CT等影像,由于影像数量多、信息复杂,容易出现漏诊、误诊。而现在,基于人工智能的影像诊断系统可以快速处理大量影像数据。例如,一些肺部疾病的人工智能诊断系统,通过对海量肺部影像的学习,能够准确识别出微小的结节、病变,帮助医生更高效地发现潜在病症。这不仅提高了诊断的准确率,还大大缩短了诊断时间。以往,患者可能需要等待数小时甚至数天才能拿到诊断结果,现在借助人工智能,诊断时间可以缩短到几分钟。另外,人工智能系统还能提供辅助诊断建议,帮助经验不足的医生做出更准确的判断,提升了基层医疗的诊断水平。同时,通过对大量病例数据的分析,人工智能可以预测疾病的发展趋势,为医生制订个性化的治疗方案提供参考,从传统的经验式治疗向精准医疗转变。

11. 人工智能在交通领域的应用对城市交通规划有何启示？

参考答案： 人工智能在交通领域的应用为城市交通规划带来诸多启示。其一，通过智能交通系统收集的大量实时交通数据，如车流量、车速等，城市规划者可以更精准地了解交通状况。例如，利用这些数据可以分析出不同路段在不同时段的拥堵规律，从而优化道路设计和信号灯配时。传统的信号灯配时往往是固定的，而基于人工智能的信号灯系统能够根据实时车流量动态调整信号灯时长，减少车辆等待时间，提高道路通行效率。其二，人工智能的应用让共享出行模式得以发展，如共享单车等。这启示城市规划者在规划交通设施时，要考虑共享出行的停车点、运营区域等配套设施的布局。其三，自动驾驶技术的发展提示城市规划要为其预留发展空间，如在道路设计上要满足自动驾驶车辆的高精度定位、通信等需求，同时也要考虑自动驾驶车辆普及后对停车场、加油站等设施需求的变化，提前进行合理规划，以适应未来交通的发展趋势。

12. 如何平衡人工智能在金融领域应用中的风险与收益？

参考答案： 要平衡人工智能在金融领域应用的风险与收益，可从多方面入手。在技术层面，加强对人工智能算法的监管和审查，确保算法的公平性、透明度和稳定性。例如，在信用评估模型中，要防止算法存在歧视性，对不同种族、性别等群体一视同仁，同时要能够解释算法的决策过程，让用户和监管机构理解信用评分的依据。在数据管理方面，严格保护用户数据安全和隐私，建立完善的数据加密、访问控制等机制，防止数据泄露导致的金融诈骗风险。同时，金融机构要加强员工培训，使其具备理解和运用人工智能技术的能力，避免因操作不当引发风险。在业务层面，不能过度依赖人工智能，要将人工智能与人工判断相结合。例如在投资决策中，人工智能可以提供数据分析和预测，但最终决策仍需投资经理结合市场情况、行业经验等进行综合判断。此外，建立风险预警机制，实时监测人工智能系统的运行情况，一旦发现异常，及时采取措施进行调整和干预，从而在追求人工智能带来的高效收益的同时，有效控制风险。

13. 你认为人工智能在教育领域的应用对学习效果有哪些积极和消极影响？

参考答案： 在积极影响方面，人工智能可以实现个性化学习。例如智能学习平台能够根据学生的学习进度、知识掌握情况，为其推送个性化的学习内容和练习题目，满足不同学生的学习需求，提高学习效率。智能辅导系统还能随时解答学生的问题，如智能作业批改系统，能快速反馈学生作业的对错，并给出详细的解题思路，帮助学生及时了解自己的学习情况。消极影响也不容忽视，过度依赖人工智能可能导致学生自主思考能力下降。如果学生在学习过程中遇到问题就依赖智能工具提供答案，可能会减少主动思考和探索的过程，不利于培养独立思考和解决问题的能力。此外，人工智能教育资源的分配不均衡可能加剧教育不公平。经济发达地区和条件较好的学校能够更好地利用人工智能教育产品，而一些贫困地区可能因缺乏设备、技术等资源无法享受到优质的人工智能教育服务，进一步拉大了教育差距。

14. 面对人工智能发展中的伦理问题，你认为应该采取哪些措施来加以规范？

参考答案：面对人工智能发展中的伦理问题，需要从多维度采取措施。首先，政府和相关部门应制定完善的法律法规，明确人工智能开发、使用的责任和规范。例如针对数据隐私问题，制定严格的数据保护法规，对违规收集、使用数据的行为进行严厉处罚。其次，科研机构和企业要建立伦理审查机制，在人工智能项目研发前、中、后各个阶段进行伦理评估。比如在开发具有决策功能的人工智能系统时，审查其决策是否符合道德和伦理标准。再者，加强公众教育，提高大众对人工智能伦理问题的认识和理解，让公众参与到人工智能伦理的讨论和监督中来，形成全社会关注和规范人工智能发展的氛围。此外，推动跨学科研究，集合伦理学、计算机科学、社会学等多学科的力量，共同研究解决人工智能伦理问题，为人工智能的健康发展提供理论支持和解决方案。

15. 结合生活实际，谈谈你对人工智能未来发展趋势的预测。

参考答案：在生活中，我们已经感受到人工智能的广泛应用，未来它还将朝着更智能、更人性化、更普及的方向发展。在智能家居领域，未来的智能设备将具备更强的感知和理解能力，能够根据家庭成员的生活习惯和需求，自动调节室内温度、灯光亮度等，实现更加个性化的家居服务。例如智能空调不仅能根据室内温度自动调节制冷制热，还能根据用户的睡眠习惯，在不同时段调整风速和温度，提升用户的睡眠质量。在交通出行方面，自动驾驶技术将更加成熟，无人驾驶汽车会广泛应用于出租车、物流运输等领域，减少交通事故，缓解交通拥堵。同时，人工智能与医疗的融合将进一步深入，可穿戴设备能够实时监测人体健康数据，一旦发现异常，能及时预警并提供初步的诊断建议，实现疾病的早期预防和治疗。在工作领域，智能办公助手会更加智能，不仅能处理文件、安排会议，还能理解员工的工作意图，提供更具创造性的建议和解决方案，协助员工提高工作效率。但随着人工智能的发展，我们也要关注其可能带来的就业结构调整、数据隐私等。

第2章

1. 烘焙师与人工智能的对比。

假设你是一名烘焙师，想要烘焙出最美味的蛋糕。你有以下两种方法可以选择。

- 方法一：通过经验积累，记录每次烘焙的温度、时间、配料比例，并总结出最佳的配方。
- 方法二：你雇了一名助手，让他通过观察你的每次烘焙过程，自主总结经验，并在下一次尝试中做出更好的蛋糕。

请回答：

1）这两种方法分别对应人工智能中的哪两种学习方式？

2）为什么方法二（助手自主学习）更像深度学习？

3）你认为在现实生活中，人工智能助手会有哪些实际应用场景？

参考答案：

- 方法一是基于规则的传统编程或机器学习。

- 方法二更像深度学习，因为助手通过大量观察和实践，不断改进。
- 实际应用场景包括语音助手、自动驾驶、推荐系统等。

2. 自动驾驶汽车的"眼睛"。

自动驾驶汽车需要识别道路上的车辆、行人、交通信号灯等信息，以做出安全的驾驶决策。如果你是这辆车的设计师，你会面临以下挑战。

请回答：

1）如何让汽车"看清"周围的环境？
2）遇到大雾、暴雨等天气时，汽车识别路况的准确率会下降。你有什么改进方案？
3）汽车如何通过"学习"来提高在不同天气、不同路况下的表现？

参考答案：

- 使用摄像头和传感器作为"眼睛"。
- 数据增强技术（增加各种天气场景的数据）。
- 不断收集实际驾驶数据，优化深度学习模型，让汽车能适应更多环境。

3. 人工智能为什么需要"喂数据"？

人工智能的学习过程就像一个新手园丁管理花园，他需要不断观察和记录花园的变化，才能找到最好的养护策略。

请回答：

1）如果园丁没有足够的数据，他能学会如何管理花园吗？为什么？
2）为什么深度学习需要大量的高质量数据？
3）你认为在哪些场景中，数据不足会导致人工智能模型表现不好？

参考答案：

- 如果没有足够的数据，园丁无法识别出所有情况，学习效果会很差。
- 深度学习依靠数据提取特征，如果数据不足或质量不好，模型无法准确学习。
- 医疗诊断、语音识别、自动驾驶等领域，数据不足可能导致错误判断。

4. 人工智能如何给你推荐电影？

你在视频网站上看电影时，系统会自动推荐你可能喜欢的影片。

请回答：

1）系统是如何知道你喜欢哪类电影的？
2）如果系统总是推荐你不感兴趣的内容，你认为问题出在哪里？
3）如果你是这个推荐系统的开发者，你会如何改进？

参考答案：

- 系统通过分析用户的观看历史、评分等数据，预测用户的偏好。
- 问题可能出在数据不足或推荐算法不准确。
- 改进方法包括收集更多用户行为数据、优化算法、增加用户反馈机制等。

5. 人工智能的偏见从哪里来？

假设某公司开发了一款自动招聘系统，但后来发现它对女性求职者的评分普遍偏低。

请回答：

1）为什么人工智能系统会出现这种偏见？

2）如果你是系统的开发者，你会如何解决这个问题？

3）你认为人工智能的公平性重要吗？为什么？

参考答案：

- 人工智能系统的偏见可能来源于训练数据本身的偏见。
- 解决方法包括使用更公平的数据集、调整模型的评估标准等。
- 公平性很重要，因为人工智能的决策会直接影响人们的生活和工作。

6. 为什么图片识别这么"难"？

人类能轻松识别图片中的猫和狗，但对计算机来说，这并不容易。

请回答：

1）计算机如何"看"一张图片？

2）为什么深度学习比传统方法更擅长识别图片？

3）你认为图片识别技术未来还可以在哪些领域应用？

参考答案：

- 计算机将图片转化为像素矩阵进行处理。
- 深度学习的卷积神经网络（CNN）能够自动提取图片中的关键特征。
- 可以应用于自动驾驶、医疗影像分析、安防监控等领域。

7. 人工智能如何不断"进步"？

人工智能模型并不是一成不变的，它需要不断学习新的数据、应对新的挑战。

请回答：

1）为什么人工智能需要持续学习？

2）如果人工智能学到的"知识"过时了，会出现什么问题？

3）你认为人工智能的持续学习能力在现实生活中有什么重要意义？

参考答案：

- 人工智能需要持续学习来适应新环境、新数据。
- 如果知识过时，人工智能可能会做出错误的判断或决策。
- 持续学习能力在医疗、金融、教育等领域尤为重要，可以提高系统的准确性和实用性。

8. 深度学习和大脑的"学习"有何异同？

深度学习的灵感来源于人类大脑的神经网络。

请回答：

1）人脑如何处理信息？

2）深度学习的神经网络如何模仿大脑？

3）你认为未来的人工智能会发展出类似人类的"思考"能力吗？为什么？

参考答案：

- 人脑通过神经元之间的连接和信号传递处理信息。
- 深度学习的神经网络通过多层神经元进行数据处理和决策。
- 未来人工智能可能会具备一定的"思考"能力，但它们的决策机制与人类不同。

9. 人工智能能预测天气吗？

人工智能可以通过学习大量的天气数据来预测未来的天气情况。

请回答：

1）人工智能是如何根据历史数据预测未来的天气的？

2）如果出现极端天气，人工智能的预测准确性会受到影响吗？为什么？

3）你认为人工智能预测天气还有哪些应用场景？

参考答案：

- 人工智能通过分析历史数据中的模式，预测未来的天气变化。
- 极端天气可能会超出训练数据的范围，影响预测准确性。
- 可以应用于农业管理、自然灾害预警等。

10. 人工智能能帮助医生诊断疾病吗？

医疗领域已经开始应用人工智能来辅助医生进行诊断。

请回答：

1）人工智能如何分析医疗影像来帮助医生诊断疾病？

2）人工智能诊断的结果可靠吗？为什么？

3）你认为人工智能在医疗领域的应用有哪些优势和挑战？

参考答案：

- 人工智能通过深度学习模型分析医疗影像，提取关键特征。
- 诊断结果的可靠性取决于模型的训练数据和算法的准确性。
- 优势包括提高诊断效率、减少误诊，挑战包括数据隐私和伦理问题。

第3章

1. 计算机视觉的三层模型在现代深度学习框架中如何体现？

大卫·马尔提出的三层模型（计算理论层次、表示与算法层次、硬件实现层次）为计算机视觉奠定了理论基础。在当前以深度学习为主导的计算机视觉研究中，这三个层次是如何被体现和应用的？是否存在新的发展或演变？请举例说明。

参考答案：在现代深度学习框架中，大卫·马尔的三层模型体现如下。

- 计算理论层次：该层次主要关注计算机视觉任务的根本目标，例如对象识别、场景理解等。在现代深度学习中，目标通常通过卷积神经网络（CNN）等模型来实现，这些模型通过训练自动学习图像中的特征表示。

- 表示与算法层次：这是实际实现的关键，深度学习算法（如卷积神经网络）用于从原始图像数据中自动提取特征。现代的卷积神经网络就是这一层次的典型例子，它通过多层卷积、池化等操作实现高效的特征表示。

- **硬件实现层次**：当前，深度学习模型的训练通常依赖于高性能的硬件，如图形处理单元（GPU）和专用集成电路（TPU）。这些硬件提供了加速训练和推理的能力，使得大规模视觉任务得以实现。

随着技术的发展，新的模型如 Transformer 和 Vision Transformer（ViT）进一步改进了传统的 CNN 架构，并通过自注意力机制提高了特征表示的能力。

2. 图像采集技术如何影响计算机视觉任务的性能？

图像采集设备的性能（如分辨率、帧率、传感器类型等）对计算机视觉任务（如物体检测、图像分类）的最终效果有何影响？在实际应用中，如何权衡图像采集设备的选择与后续计算机视觉算法的性能？请结合具体应用场景进行分析。

参考答案：图像采集技术直接影响计算机视觉任务的质量和性能，具体影响如下。

- **分辨率**：高分辨率图像提供更多的细节，有助于提高物体检测和图像分类任务的准确性。但高分辨率图像也增加了计算复杂性，因此需要在分辨率和计算资源之间找到平衡。
- **帧率**：对于实时应用（如自动驾驶），高帧率至关重要。较高的帧率能够提供更平滑的图像流，便于快速捕捉动态场景变化。
- **传感器类型**：不同的传感器（如红外传感器、深度传感器）在不同环境下有不同的表现。传感器的选择会影响图像的质量，尤其在低光或高对比度环境下。实际应用中，设备选择需要根据任务需求平衡性能与成本。例如，在自动驾驶中，通常需要高分辨率和高帧率的摄像头，同时还需要高精度的传感器来处理复杂环境。

3. 计算机视觉中的"表示学习"有何重要性？

在计算机视觉中，特征表示是关键的一环。随着深度学习的发展，表示学习（如卷积神经网络自动提取特征）变得越来越重要。请讨论表示学习在计算机视觉任务中的作用，以及它如何改变了传统计算机视觉的特征工程方法。

参考答案：表示学习是计算机视觉中的关键环节，它决定了从输入图像中提取的特征质量。传统的计算机视觉方法依赖于人工设计的特征，如 SIFT、HOG 等，来从图像中提取信息。这些特征通常是根据专家经验设计的，缺乏通用性和鲁棒性。深度学习中的表示学习通过自动化的方式提取图像中的高维特征，不需要人工干预。这使得模型能够学习到更具表现力的特征，提高了物体识别、图像分类等任务的准确性。卷积神经网络就是表示学习的重要工具，它通过多层的卷积操作有效地提取了图像的层次化特征。

4. 计算机视觉任务与问题之间的关系如何影响研究方向？

为什么说计算机视觉任务（如图像分类、物体检测）和问题（如图像分割、目标识别）之间的关系对研究方向的选择至关重要？请结合当前研究热点（如自动驾驶、医疗影像分析）讨论这种关系如何指导研究人员解决实际问题。

参考答案：计算机视觉任务和问题的关系直接影响了研究方向和技术应用。

- **图像分类与目标识别**：图像分类通常要求识别图像中的整体内容，而目标识别则是识别图像中多个特定物体的类别和位置。在自动驾驶领域，目标识别（如行人、车辆检测）比图像分类更加重要，因为它直接关系到交通安全。

- 图像分割与目标检测：图像分割可以精确到以像素级别识别物体的边界，而目标检测则关注物体的定位和识别。在医疗影像分析中，图像分割对于病灶的准确定位至关重要，进而影响医生的诊断决策。

因此，研究人员在选择研究方向时，需要依据任务的需求来决定解决问题的策略和技术。

5. 计算机视觉技术在伦理和隐私方面的挑战是什么？

随着计算机视觉技术在监控、人脸识别等领域的广泛应用，伦理和隐私问题日益凸显。请探讨计算机视觉技术在这些领域可能带来的伦理挑战，并提出可能的解决方案或应对措施。

参考答案：计算机视觉技术在伦理和隐私方面面临以下挑战。

- 隐私侵犯：人脸识别技术被广泛用于监控，可能导致个人隐私泄露，特别是在没有明确同意的情况下使用这些技术。
- 算法偏见：计算机视觉算法可能存在性别、种族等偏见，这可能影响结果的公平性，尤其在人脸识别和面部情感分析等应用中。

解决这些问题的策略包括：实施严格的数据保护和隐私政策，确保用户知情同意；改进算法的公平性，避免算法偏见；对敏感技术的使用进行监管，确保其合规和透明。

6. 多模态数据融合在人工智能中的应用。

在多模态数据融合中，如何有效地整合视觉、语音和文本信息，以提升 AI 系统的整体性能？请举例说明不同模态数据之间的互补性和潜在的挑战。

参考答案：多模态数据融合可以将视觉、语音和文本信息结合起来，从而为 AI 系统提供更加全面和准确的理解。不同模态的数据可以互补，例如，图像提供直观的视觉信息，语音能够提供情感和语境，文本则能提供语义深度。在自动驾驶中，视觉数据可识别道路情况，语音数据可以提供驾驶员指令，而文本数据（如地图信息）则提供位置上下文。挑战在于如何有效融合不同模态的信息，使得系统能够在复杂的环境下做出准确决策。例如，如何在低光环境下通过语音信息补充视觉缺失，或者如何平衡不同模态之间的数据权重等。

第 4 章

1. 简述智能家居系统中物联网技术与人工智能的结合是如何实现设备的智能管理的。

参考答案：智能家居系统通过将物联网技术与人工智能相结合，实现了设备的智能管理。物联网技术通过各种传感器和连接设备将家中的各个设备互联，使它们能够相互通信和协作。人工智能则通过分析和处理这些设备收集到的数据，学习用户的习惯和偏好，从而自动优化设备的运行。例如，智能温控系统可以根据用户的日常作息自动调节室内温度；

智能灯光系统能够根据环境光线和用户活动自动调节灯光亮度和颜色；智能安防系统则可以实时监控家中的安全状况，自动识别异常情况并采取相应措施。通过这种结合，智能家居系统能够实现设备的自主调节和优化，提升生活的便利性和舒适度。

2. 请你举例你使用过的生成式人工智能工具。

参考答案：我使用过的生成式人工智能工具之一是 OpenAI 的 ChatGPT。ChatGPT 是一种基于深度学习的自然语言生成模型，能够理解和生成自然语言文本，应用广泛于聊天、内容创作、语言翻译等领域。例如，我可以使用 ChatGPT 来撰写文章、回答问题、生成代码、提供学习建议等。此外，我还使用过 DALL-E，它是一种生成式人工智能模型，可以根据文本描述生成逼真的图像，广泛应用于艺术创作、设计和视觉内容生成。这些生成式人工智能工具极大地提升了我的工作效率和创作能力，使我能够更快地完成任务和实现创意。

3. 语音识别技术在智能助理中的作用是什么？其主要工作流程包括哪些步骤？

参考答案：语音识别技术在智能助理中起着核心作用，通过五个主要步骤将用户的语音指令高效准确地转换为文本或命令，从而实现设备控制和信息获取。首先，麦克风采集用户的语音信号并将其转换为数字信号；其次，对信号进行去噪、回声抑制和增强处理以提高清晰度和识别准确性；然后，从预处理后的信号中提取关键特征；接下来，将这些特征与预先训练的深度神经网络、卷积神经网络或循环神经网络模型进行模式匹配，识别出相应的文字或指令；最后，对识别结果进行语法校正和上下文理解，生成最终的文本输出或执行指令。通过这一系列步骤，语音识别技术有效支撑了智能助理的各种功能，如设备控制、信息查询和任务管理，提升了用户的交互体验。

4. 协同过滤算法在推荐系统中的作用是什么？请区分基于用户的协同过滤和基于物品的协同过滤。

参考答案：协同过滤算法是推荐系统的核心，通过分析和预测用户偏好提供个性化内容推荐。主要分为两种类型：基于用户的协同过滤通过计算用户之间的相似度，找到具有相似偏好的用户并推荐他们喜欢的内容，但在用户和物品数量庞大时计算复杂且易受稀疏性和冷启动问题影响；基于物品的协同过滤则通过分析物品之间的相似性，推荐与用户已喜欢的物品相似的其他物品，具有较低的计算复杂度和更高的稳定性，适合处理大规模数据，但对新物品的推荐效果较差。综上所述，协同过滤算法通过用户行为数据提供个性化推荐，基于用户和基于物品的协同过滤各有优缺点，实际应用中常结合使用以提升推荐系统的效果和覆盖率。

5. 内容推荐算法如何解决冷启动问题？其主要优势和局限性是什么？

参考答案：内容推荐算法通过分析物品的内在特征，为用户推荐与其兴趣相似的内容，有效解决了协同过滤中的冷启动问题，即新用户或新物品缺乏足够历史数据导致推荐效果不佳。其解决方式包括分析新物品的内容特征并向感兴趣的用户推荐，以及基于新用户填写的兴趣偏好进行推荐。该算法的主要优势在于不依赖用户的历史行为数据，能够即时为新物品和新用户提供推荐，同时具有较强的解释性，如"因为你喜欢动作片，所以推荐这部新上映的动作片"。然而，内容推荐也存在推荐内容狭窄和依赖内容特征准确性的局限，容易导致推荐内容缺乏多样性，用户难以发现新颖的兴趣点。为了提升推荐效果，通常将内容推荐与协同过滤等其他推荐方法结合使用。

6. 生成式人工智能如何改变音乐和影视内容的创作与生产方式？请举例说明其影响。

参考答案：生成式人工智能通过自动生成新数据和内容，显著改变了音乐和影视的创作与生产方式，带来了创新和灵活性，提升了效率并扩展了创作可能性。在音乐创作中，生成式人工智能如 OpenAI 的 Jukedeck 和 Amper Music 能够根据特定风格和情感生成新曲目，降低创作门槛并拓展创意空间，例如 AIVA 通过学习经典作品创作新的交响乐。在影视制作中，生成式人工智能辅助剧本创作与情节设计，自动生成剧情和对话，提升特效和虚拟角色的生成效率与质量，如 GAN 技术减少手工制作时间和成本，同时人工智能还能根据剧情生成配乐与音效，增强观影体验，并创建沉浸式的虚拟现实和增强现实内容。具体实例包括 OpenAI 的 Sora 能够根据文字描述生成连贯视频，简化制作流程，Amper Music 则通过人工智能生成符合需求的背景音乐，降低创作成本。总体而言，生成式人工智能通过自动化创作、多样化创新和提升制作效率，深刻推动了音乐和影视产业的变革与发展，带来了巨大的行业机遇。

7. 车联网技术中的 V2V、V2I 和 V2P 通信模式分别有哪些功能？它们如何提升交通安全和效率？

参考答案：V2V、V2I 和 V2P 通信模式通过实时信息共享和协作，显著提升了交通系统的安全性和效率。V2V（车辆间通信）通过共享速度、位置和运动信息，实现协同驾驶和碰撞预警，减少事故发生并优化交通流。V2I（车辆与基础设施通信）通过与交通信号灯和道路传感器的实时通信，优化信号控制和行驶路线，缓解交通拥堵并提升道路通行效率，同时支持应急管理。在 V2P（车辆与行人通信）中，行人通过智能设备共享位置信息，车辆自动调整行驶行为以避免碰撞，并通过提示系统提醒驾驶员注意行人，从而保障行人安全并保持交通流畅。这些通信模式的综合应用推动了智能交通系统的发展，促进了智慧城市建设，提高了整体交通管理水平。

8. 简述 SAE 分级标准以及每一级的特征。

参考答案：SAE 分级标准由美国汽车工程师协会（SAE）制定，用于划分自动驾驶技术的发展阶段，从 0 级到 5 级，总共六个等级。这个分级标准的核心依据是自动驾驶系统中人类驾驶员的介入程度，以帮助评估自动驾驶技术的成熟度和实际应用能力。在 0 级（无自动化）下，车辆完全由人类驾驶员控制，没有任何自动化功能，驾驶员需要全程控制车辆，包括加速、刹车、转向等所有操作。而在 1 级（驾驶辅助）中，车辆提供某些辅助功能，如自适应巡航控制或车道保持，但驾驶员必须始终保持控制，并随时接管。当达到 2 级（部分自动化）时，车辆能够执行多个自动化任务，比如自适应巡航和车道保持系统同时工作，尽管如此，驾驶员仍需保持注意力，并在系统要求时立即接管控制。进入 3 级（有条件自动化），车辆能够在特定条件下完成所有驾驶任务，此时驾驶员可以将注意力转向其他活动。然而，在某些情况下，例如在高速公路上，驾驶员需要在系统请求时迅速介入。4 级（高度自动化）表示车辆可以在特定环境或条件下完成所有驾驶任务，驾驶员无须参与控制。这一等级的自动驾驶系统能够在城市道路或特定地理区域内全权负责驾驶，即使驾驶员没有准备好介入。最后，达到 5 级（完全自动化）是最高等级，车辆能够在任何环境和情况下独立完成所有驾驶任务，无须驾驶员干预。无论是城市街道还是高速公路，车辆都能自我驾驶，完全实现无人驾驶。总体而言，随着等级的提升，自动驾驶系统的能力不断增强，人类驾驶员的介入需求逐渐减少，最终达到完全自动化的无人驾驶。

9. 计算机视觉技术如何提升医疗影像分析的准确性和效率？请举例说明。

参考答案：计算机视觉技术通过模拟人类视觉系统，自动分析和解读医疗影像数据，显著提升了影像分析的准确性和效率。在准确性方面，计算机视觉通过深度学习模型自动识别病变区域，如肿瘤和结节，精确分割并测量其大小和形状，确保分析结果的一致性和标准化。在效率方面，人工智能能够快速处理大量影像数据，自动生成分析报告，并实现实时监控与诊断支持。例如，使用卷积神经网络分析乳腺 X 光影像自动检测早期乳腺癌，Google DeepMind 的人工智能系统准确识别肺部结节，提高肺癌早期发现率，以及通过分析 MRI 影像自动检测阿尔茨海默病和帕金森病的早期标志物。总体而言，计算机视觉技术不仅帮助医生更快速、准确地诊断疾病，减少工作负担，还提升了医疗服务的整体质量和效率，随着技术的不断进步，计算机视觉将在医疗影像分析中发挥越来越重要的作用，推动医疗行业的智能化发展。

10. 请你举例生活中的虚拟健康助手。

参考答案：许多虚拟健康助手应用在人们的生活中发挥着重要作用。它们使用人工智能技术为用户提供健康监测、咨询和管理服务。以 Apple Health 为例，这是苹果公司推出的一款健康管理应用。通过 iPhone 和 Apple Watch 等设备，Apple Health 收集用户的健康数据。这个应用帮助用户跟踪每日步数、运动量、心率和睡眠质量。此外，Apple Health 还能与第三方应用集成，提供个性化的健康建议。另一款类似的应用是 Google Fit，它专为 Android 设备和可穿戴设备设计，通过收集运动数据帮助用户设定健康目标。该应用兼容其他健康设备，提供步数、运动时长和卡路里消耗等信息。

总体而言，这些虚拟健康助手通过收集和分析用户的健康数据，利用智能算法提供个性化建议。随着技术的不断进步，它们在健康管理中的地位将愈加重要。

第 5 章

1. 提示工程的内涵包括哪些？

参考答案：

（1）对人工智能模型工作原理的深入理解。

（2）融合了跨学科的知识与技能。

2. 提示工程和提示词的区别是什么？

参考答案：

（1）提示词是用户与模型交互的具体文本输入，是提示工程的直接产物。

（2）提示工程是人工智能领域的一个新兴领域，针对人工智能模型设计和构建特定的提示，以引导模型按照预期的方式生成内容、执行任务或做出决策。

3. 简要概述提示工程的重要性。

参考答案：

（1）提升模型性能。

（2）拓展应用边界。

（3）增强人机协作。

（4）推动技术创新。

4. 如何设计一个好的提示？

参考答案：

（1）明确任务目标，即明确传达出希望模型完成的具体任务。

（2）提供足够的背景信息，使模型理解任务的背景和要求。

（3）使用清晰的语言并可以结合自身需求提供简单例子。

5. 基于样本数量的提示词技术和基于思考过程的提示词技术的适用范围有什么区别？

参考答案：

（1）基于思考过程的提示词技术通过引导模型逐步进行推理，模拟人类的思考过程，适用于需要多步推理和逻辑分析的任务。

（2）基于样本的提示词技术（如少样本提示）通过提供少量示例，帮助模型快速理解任务的模式和规则，适用于模式识别任务。

6. 简述如何用人工智能快速制作一张插画。

参考答案：

（1）确定自身对插画的需求。

（2）设计详细描述需求的提示词。

（3）选择合适的生成工具并进行插画的初步生成。

（4）结合自身需求进行后续编辑和优化。

7. 思考一下当前提示工程有哪些不足之处。

参考答案：

（1）提示可能因为描述等方面出现歧义，难以生成预期的结果。

（2）模型自身性能的限制。

（3）难以处理多模态融合的提示。

（4）伦理问题。

8. 提示工程有哪些实际应用？

参考答案：

（1）自然语言处理任务：问答系统、文本生成、翻译、情感分析等。

（2）代码生成与编程辅助：生成代码片段、优化编程任务。

（3）复杂任务分解：将复杂任务分解为多个子任务逐步完成。

（4）多模态任务：结合图像、音频等多模态数据提升协同工作效率。

（5）行业应用：报告生成、图片插画生成等。

9. 提示工程未来可能有哪些发展方向？

参考答案：

（1）多模态的提示工程，即将文本、图像、音频等多种数据格式结合在一起。

（2）自动化提示工具的发展，可以根据 AI 的输出动态调整提示，生成更加符合需求的答案，以减少人工迭代的需要。

第 6 章

1. 解释数据预处理的重要性，并描述如何使用 Python 处理缺失值、异常值等数据质量问题。

参考答案：数据预处理是机器学习和深度学习中至关重要的步骤，其目的是提高模型的训练效果和预测能力。通过处理缺失值、异常值以及其他数据质量问题，可以确保数据的一致性和可靠性。例如：

- **缺失值处理**：使用 Python 的 Pandas 库可以用均值、中位数或特定值填充缺失值，或者直接删除含有缺失值的样本。
- **异常值处理**：可以通过统计方法（如箱线图分析）识别异常值，并使用替换或删除方法进行处理。示例代码如下：

```
import pandas as pd
# 填充缺失值
df['column'] = df['column'].fillna(df['column'].mean())
# 删除异常值
df = df[df['column'] < threshold]
```

2. 解释学习率的概念及其对训练过程的影响，并举例如果学习率设置不当可能会导致什么问题。

参考答案：学习率是控制模型在每次迭代时参数更新幅度的超参数。较高的学习率可能使模型在优化过程中振荡或无法收敛，而较低的学习率可能导致收敛速度过慢甚至陷入局部最优。例如：

- **学习率过高**：模型可能在损失函数中跳跃，无法找到最优解。
- **学习率过低**：模型可能需要更多的训练时间，甚至停留在局部最优。

动态调整学习率（如使用学习率调度器）是常见的优化策略。

3. 在深度学习模型中，隐藏层的数量和神经元个数是如何影响模型的学习能力和复杂度的？

参考答案：隐藏层的数量和神经元的个数决定了模型的学习能力和复杂度。

- 隐藏层过少或神经元过少：模型可能欠拟合，无法捕捉复杂数据的特征。
- 隐藏层过多或神经元过多：模型可能过拟合，泛化能力较差。

模型的设计需要在复杂度和性能之间取得平衡。

4. 正则化在防止模型过拟合方面起着什么样的作用？

参考答案：正则化通过向损失函数中添加约束项，限制模型参数的大小，从而降低模型对训练数据的过度拟合。例如：

- L1 正则化：通过稀疏化参数使模型简单。
- L2 正则化：通过惩罚参数的平方值降低参数复杂度。
- Dropout：通过随机忽略部分神经元，减少过拟合。

5. 为什么在模型训练中要将数据集划分为训练集和测试集？两者之间的比例分配对模型性能评估有何影响？

参考答案：数据集划分为训练集和测试集是为了评估模型的泛化能力。

- 训练集：用于调整模型参数。
- 测试集：用于评估模型的性能。

通常，训练集和测试集的比例分配为 80:20 或 70:30。测试集过小可能导致评估不准确，而测试集过大会减少训练样本，影响模型性能。

6. 什么是批量大小（batch_size）？它对模型训练的影响是什么？请举例说明在不同的应用场景下如何选择合适的批量大小。

参考答案：批量大小是每次迭代中用于计算梯度的样本数。批量大小的选择影响模型的收敛速度和稳定性。

- 小批量（如 32 或 64）：计算资源需求小，适合小型数据集。
- 大批量（如 256 或 512）：训练速度快，但对显存需求较高。

示例场景：

- 小型数据集：选择较小的批量大小（如 32）。
- 大型数据集：选择较大的批量大小（如 256）。

7. 在执行模型训练时，为什么要记录每轮训练的损失值和准确率？

参考答案：记录每轮训练的损失值和准确率有以下作用。

- 帮助监控模型的训练过程。
- 识别潜在问题，例如过拟合或欠拟合。
- 判断模型是否收敛或需要调整超参数。

8. 损失函数在机器学习中的目的是什么？

参考答案：损失函数是衡量模型预测值与真实值之间差距的标准，目的是指导模型优化参数，使预测值更接近真实值。例如，回归问题中常用的均方误差（MSE）、分类问题中常用的交叉熵损失。

9. 可视化在数据分析和模型理解中的作用是什么？

参考答案：可视化能够直观展示数据的分布、模型的学习情况和预测结果，有助于发现数据中存在的异常或趋势、理解模型训练过程中的变化（如损失曲线）、对比不同模型的性能。

第 7 章

1. 请简要说明什么是算法歧视？

参考答案：算法歧视是指人工智能系统在决策过程中，由于算法设计不当或数据输入中的隐性偏见，导致某些群体或个体遭受不公平待遇。

2. 列举并简要说明四个可能导致算法歧视的主要原因和三种有效解决对策。

参考答案：

- **数据偏见**：数据收集时可能存在偏差，导致某些群体的特征未被充分反映或过度代表，从而影响算法决策的公正性。
- **历史偏见**：历史上某些群体因社会不公正遭受不平等待遇，历史数据中的偏见会被算法继承，导致偏见的延续。
- **算法设计缺陷**：算法设计时如果未充分考虑群体的多样性，或忽视公平性目标，可能导致对某些群体产生不公平的结果。
- **模型透明度和可解释性不足**：许多复杂的算法（如深度学习）缺乏透明度，难以追溯其决策过程，使得歧视性决策难以被发现和纠正。

三种有效对策是提升数据质量与多样性、使用公平性算法和偏差缓解技术、增强模型透明度与可解释性。

3. 人工智能在日常生活中的应用越来越广泛，在解决算法歧视问题时，政府、企业和学术界应如何协同合作？

参考答案：政府应制定相关法规和政策，规范人工智能的发展与应用，保障社会公平。企业应负责任地开发技术，确保算法公正，避免偏见；同时，企业可以使用技术工具（如公平性算法和偏差缓解技术）进行自我检查。学术界则可以提供理论支持，开展相关研究，为政府和企业提供决策依据，并参与到伦理标准的制定中。三方的合作可以确保人工智能技术符合伦理规范，推动技术的健康发展。

4. 简述《算法治理与发展：以人为本，科技向善》中提到的人工智能算法歧视的三类主要偏见。

参考答案：有损群体包容性偏见，有损群体公平性偏见，有损个体利益偏见。

5. 如何理解人工智能的透明度与可解释性，两者在人工智能伦理治理中的作用是什么？

参考答案：透明度指的是人工智能系统的内部机制是否可以被理解、审查和监督。透明的系统允许开发者、监管机构和用户理解人工智能如何做出决策，减少算法不透明带来的信任问题。可解释性是指在人工智能做出决策后，系统能提供易于理解的解释，说明其决策背后的逻辑和依据，帮助用户理解结果。

两者在人工智能伦理治理中的作用：透明度和可解释性可以帮助发现和纠正算法中的偏见，确保决策过程公平和公正；它们有助于增强公众和用户对人工智能系统的信任，特别是在涉及医疗、金融等关键领域时；监管机构可以通过透明和可解释的人工智能系统进行审计，确保其合规性和合法性。

智能科学与技术丛书